高等院校园林与风景园林专业系列教材

# 风景园林植物学

# Botany of Landscape Architecture

（附数字资源）

圣倩倩　祝遵凌◎主编

中国林业出版社
China Forestry Publishing House

## 内 容 简 介

本教材根据风景园林等专业课程设置及教学特点，从风景园林植物应用角度，立足于植物学基础知识，在植物学、园林植物学相关教材基础上，对风景园林植物学知识结构进行重新编排。内容包含两大部分，第一部分为总论，包括风景园林植物分类、风景园林植物基础、风景园林植物生长发育规律、风景园林植物与环境、风景园林植物景观设计等内容；第二部分是各论，包括风景园林树木（分为乔木类、灌木类、藤本类、棕榈类和竹类）和风景园林花卉（分为一、二年生花卉，宿根花卉，球根花卉，水生花卉，草坪草，仙人掌与多浆植物和蕨类植物）等内容，详细介绍每种植物的形态特征、分布与习性和园林应用，并配以图片和数字资源，力求提供较全面的信息。

本教材既可作为高等院校风景园林专业的教材，也可供园林、环境设计、城乡规划、建筑学等专业的师生及园林行业相关从业人员参考。

**图书在版编目（CIP）数据**

风景园林植物学 / 圣倩倩, 祝遵凌主编. —北京：中国林业出版社，2024.1
高等院校园林与风景园林专业系列教材
ISBN 978-7-5219-2302-5

Ⅰ. ①风…　Ⅱ. ①圣…　②祝…　Ⅲ. ①园林植物—植物学—教材　Ⅳ. ① S68

中国国家版本馆 CIP 数据核字（2023）第 150807 号

策划编辑：康红梅
责任编辑：田　娟　康红梅
责任校对：苏　梅
封面设计：时代澄宇科技有限公司

出版发行：中国林业出版社
（100009，北京市西城区刘海胡同 7 号，电话 83143551，83143634）
网址：www.forestry.gov.cn/lycb.html
印刷：北京中科印刷有限公司
版次：2024 年 1 月第 1 版
印次：2024 年 1 月第 1 次印刷
开本：889mm×1194mm　1/16
印张：16.5
字数：452 千字　　另附数字资源约 260 千字
定价：89.00 元

数字资源

# 《风景园林植物学》编写人员

## 主　编

圣倩倩　祝遵凌

## 副主编

王晓红　施　曼　岳远征

## 编写人员

（以姓氏拼音为序）


陈凌艳（福建农林大学）

栗　燕（河南农业大学）

圣倩倩（南京林业大学）

施　曼（浙江农林大学）

滕维超（广西大学）

王晓红（中南林业科技大学）

王彦杰（南京农业大学）

岳远征（南京林业大学）

赵　莹（海南大学）

赵凯歌（华中农业大学）

祝遵凌（南京林业大学）


## 主　审


芦建国（南京林业大学）

# 前 言

风景园林植物学是风景园林专业及其相关专业开设的一门专业课，是风景园林规划设计中植物景观规划设计的基础，在持续推进生态文明、美丽中国建设的进程中，为营建宜居的城乡生态环境，实现人与自然和谐共生，应坚持因地制宜、适地适绿，因此，风景园林植物选择及其配置越来越受到行业重视。为适应新时代园林发展对专业人才的需求，风景园林植物学课程也应站在新时代的高度，对课程结构及其内容进行优化调整。以园林产业链的视角，传授学生科学的风景园林植物相关基础知识，提高学生合理配置风景园林植物的能力。

风景园林专业培养方案中涉及植物的课程学时较少，多数学校把风景园林植物学课程作为该专业专业基础课，同时由于该专业课程总量的限制，该课程也成为风景园林专业唯一涉及植物的专业基础课。同时，风景园林植物学课程也是城市绿地系统规划、风景园林规划设计、风景园林工程、植物景观设计等课程的先行课程。为适应风景园林专业和学科发展，特组织南京林业大学、福建农林大学、河南农业大学、浙江农林大学、广西大学、中南林业科技大学、南京农业大学、华中农业大学、海南大学的专任教师编写本教材。

本教材根据风景园林专业课程设置及教学特点，从风景园林植物应用角度，立足于植物学基础知识，在植物学、园林植物学相关教材基础上，对园林植物知识结构进行重新编排。内容包含两大部分，第一部分是总论，包括风景园林植物分类、风景园林植物基础、风景园林植物生长发育规律、风景园林植物与环境、风景园林植物景观设计内容，让读者认知风景园林植物的基础知识。第二部分是各论，其中，将风景园林树木分为乔木类、灌木类、藤本类、棕榈类和竹类，将风景园林花卉分为一、二年生花卉，宿根花卉，球根花卉，水生花卉，草坪草，仙人掌与多浆植物，蕨类植物，详细介绍了每种植物的形态特征、分布与习性和园林应用，并配以图片和数字资源，力求提供与应用设计相关的相对全面的信息。本教材既可用于高等院校风景园林专业本科生教学，也可供园林、环境设计、城乡规划、建筑学等专业师生及园林行业相关从业人员参考。

本教材具有以下几个特点：

（1）引导读者快速入门：教材内容布局力求让工科“园林人”直观、快捷地认知园林植物。

（2）启用新形态教材的范式：应新时代人才培养的需求，充分应用线上视频、PPT 等，同步出版与纸质教材配套的数字资源，丰富教材内容和呈现形式。

（3）突出植物应用的导向：本教材梳理总结出常用园林植物 330 种，从园林应用的角度进行分类，介绍园林植物基本应用方法，各论部分裸子植物按照郑万钧系统，被子植物按照克朗奎斯特系统进行排序，部分克朗奎斯特系统未收录的植物，采用恩格勒系统进行排序，便于读者从应用的角度掌握植物的基础知识。

（4）注入课程思政的示范案例：本教材配套的课程 PPT 融合了教学方案设计的部分内容，收录了植物学文化课程相关思政元素，浸透着热爱自然、投身生态文明建设的时代使命。

本教材由圣倩倩和祝遵凌担任主编，王晓红、施曼、岳远征任副主编，芦建国担任主审。具体编写分工如下：第 1~2 章由圣倩倩、祝遵凌编写，第 3 章由圣倩倩、祝遵凌、王彦杰编写，第 4 章由祝遵凌、圣倩倩、滕维超编写，第 5 章由栗燕、圣倩倩、祝遵凌编写，第 6 章由施曼、祝遵凌、圣倩倩编写，第 7 章由圣倩倩、赵凯歌、祝遵凌、赵莹、陈凌艳编写，第 8 章由王晓红、圣倩倩、陈凌艳、祝遵凌、岳远征编写；手绘图由王奕绘制。全书由圣倩倩和祝遵凌负责统稿和整理工作。在本教材及配套数字资源策划和编写过程中，张慧会、赵儒楠、陈婕、武怀燕、李大璐、刘维、戴安琪、陈文静、黄涛、季亚欧、宋爽、梁宇翔、赵雅舒、周成宇等多位研究生承担了文字和插图校对、配套资源的整理和修改等工作。康红梅提供了部分照片。

本教材编写得到了中国林业出版社及编写人员所在单位的大力支持和帮助，全体编者付出了艰辛劳动。教材编写过程中参考并引用了同行大量有价值的资料，在此一并致谢！

由于编者水平有限，书中错漏及欠妥之处在所难免，诚望广大读者及同行予以批评指正。

圣倩倩

2023 年 7 月

# 目录

# 第1章 绪论

植物是城市生态环境的主体，具有美化和改善生态环境等作用，学习风景园林植物学的目的是在识别各种园林植物的基础上，了解其形态特征和生物学特性，掌握其观赏特点和园林用途，以期在各类园林景观设计中，科学选择和合理配置园林植物，以建设美丽和谐的园林景观。

## 1.1 风景园林植物与风景园林植物学

### 1.1.1 相关概念及其内涵

风景园林植物也叫观赏植物（ornamental plants），通常指具有一定观赏价值，适用于室内外布置、美化环境并丰富人们生活的植物，包括木本和草本的观花、观叶、观果和观姿的植物，以及适合布置园林绿地、风景名胜区和室内装饰用的植物（含林木和经济植物）。风景园林植物学（botany of landscape architecture）是研究植物的分类、生物学特性、生态习性、观赏特性及园林应用的一门学科，与植物学、植物生态学、景观生态学、风景园林规划与设计等学科有着密切的关系。

因此，风景园林植物学是以生态性、科学性和艺术性为前提的，既要考虑植物自身的生长发育规律、植物与生境及其他物种间的生态关系，又要满足景观功能的需要，符合园林艺术的构图原理及人们的审美需求，创造出美观且适用的空间环境，充分发挥风景园林植物的综合功能和作用，最终服务于人类。

### 1.1.2 风景园林植物功能

绿水青山就是金山银山，在我国现代化的城市发展中，人们的环保意识逐步提升。城市生态系统建设作为城市发展的重要组成部分，能有效改善城市生态环境。而了解和掌握风景园林植物的功能，可以最大化发挥风景园林植物的各项功能与价值，改善和优化城市的生态环境。

#### 1.1.2.1 风景园林植物生态功能

针对当前大气环境污染现状，人们常通过多种途径来改良、保护环境，其中最环保的方法是利用风景园林植物的生态功能来解决环境问题。其生态功能主要包括以下几方面。

**（1）改善空气质量**

空气是人类赖以生存、不可缺少的物质，风景园林植物通过光合作用吸收 $CO_2$，释放 $O_2$。通常 $1hm^2$ 的阔叶林在生长季每天可以吸收 1t $CO_2$，释放 0.73t $O_2$。当城市的工业生产和民用生活燃烧煤炭及汽车尾气等产生的空气污染物达到一定浓度时，就会严重污染环境。风景园林植物在其生命活动的过程中，对许多有害气体有一定的吸收性，在净化环境中起到积极作用。大部分风景园林植物由于具有大量的枝叶，其表面常凹凸不平，形成庞大的吸附面，能够阻截和吸附大量的尘埃，起到降低风速及阻挡、过滤、吸附飘尘的作用。而这些枝叶经过雨水的冲洗后，又恢复吸附作用。不同风景园林植物的滞尘能力存在差异，吸滞能力强的树种有：榆树、梧桐、泡桐、臭椿、‘龙柏’、圆柏、夹竹桃、构树、桑、紫薇、刺槐等。

**（2）调节气候**

一方面，风景园林植物蒸腾作用要吸收大量热量，使植物周围的温度降低，增加了大气湿度；同时，由于树冠遮挡了直射的阳光，树下的光照量只有树冠外的 1/5，从而可以调节温度。另一方面，当风穿过绿地时，树木的阻截、摩擦和过筛作用将气流分成许多小涡流，这些小涡流方向不一，彼此摩擦，消耗了气流的能量，可起到降低风速的作用。因此，城市绿地有“天然空调机”之称。

**（3）保护环境**

城市绿地系统作为城市结构中的自然生产力主体，应用适宜的风景园林植物可以建立一个相对健全的防护体系，来保证城市绿地各方面作用的正常发挥。根据防护功能的不同，可将防护体系分为以下四类：

①降低噪声　风景园林植物可以隔离和吸收噪声。植物减噪的效果与林冠层树叶的形状、大小、厚薄、软硬、叶面光滑与否、树冠外缘凹凸程度等有关。研究表明，10m 宽林带可以降低噪声 10 ~ 20dB，其中，减噪效果较好的风景园林植物有雪松、圆柏、‘龙柏’、水杉、悬铃木、梧桐、垂柳、云杉、薄壳山核桃、鹅掌楸、臭椿、女贞等。

②保持水土　当雨水落下时首先冲击树冠，然后穿透枝叶，不会直接冲击土壤表面，可以减少表土流失；树冠本身还可以储备一定量的雨水，使之不降至地面。同时，树木的根系在土壤中蔓延，能紧紧固持土壤而不被冲走。加之树林下往往有大量落叶、枯枝、苔藓等覆盖物，能吸收数倍于本身的水分，减少地表径流，降低流速，增加渗入土地中的水量。在下雨时，树冠可截留降雨量的 15%~40%，一般来说，枝叶茂密、叶面粗糙的树种容易截留更多的雨水，耐阴树种效果高于喜光树种。其中，截留雨量能力强的风景园林植物有垂柳、槭树、枫杨、水杉、云杉、冷杉、旱柳、侧柏、白檀、圆柏、紫藤、南蛇藤等。

③杀菌抑菌　一些风景园林植物本身可通过分泌杀菌素，合成丁香酚、肉桂油、柠檬油等挥发性油，对病菌的产生起着一定的抑制作用。其中，杀菌类树木以常绿针叶树及其他能挥发芳香性物质的树种为主，如雪松、湿地松、侧柏、圆柏、广玉兰、樟树、枫香、黄杨、木槿、紫薇等。

④监测环境　一些风景园林植物对环境污染十分敏感，通过叶片呈现受害症状而发出“敏感信号”。例如，雪松对有害气体十分敏感，特别是春季长新梢时，遇到 $H_2S$ 或 HF 危害，便会出现针叶发黄、变枯的现象，因此，能够及时而准确地监测污染物的存在和分布状况。掌握污染的动向等工作十分重要，而植物监测的方法简单、使用方便、成本低廉，且有利于群众性的报警工作。

#### 1.1.2.2　风景园林植物美学功能

富有艺术性的园林植物可以烘托构筑物、园林小品等要素，使游人身在其中，深深地感受环境的优美，心旷神怡，因此，风景园林植物具有美学功能。风景园林植物的美学功能具体表现在色彩、形态、体量、质感、意境等方面。

**（1）色彩美**

风景园林植物色彩的作用是多方面的，它可以使人镇定或激动，使人感到温暖或凉爽，进而影响人的情绪变化以及对环境的反应。根据特定需要，色彩的应用也可以使园林植物产生体量与空间尺度增大或减小的视觉效果，突出景物美感，增强景观层次。例如，暖色调的植物会给人一种亲近的感觉，产生放大的效果，而冷色调的植物会给人一种疏远的感觉，产生缩小的效果。在园林应用中，我们常常从风景园林植物的叶色、花色、果色、干色等方面来考虑配置（图 1-1）。

**（2）形态美**

风景园林植物种类繁多，体态各异，其中表现最直观的是风景园林植物的叶片形态千变万化，各有不同。奇特的叶形往往引起人们的注意，如鹅掌楸的叶（图 1-2a）、羊蹄甲的叶（图 1-2b）等。不同形态和大小的叶，具有不同的观赏特性，如棕榈的大型掌状叶（图 1-2c）给人以朴素之感，散尾

a. 银杏的色彩美　　b. 黄连木的色彩美

图1-1　风景园林植物的色彩美

a. 鹅掌楸的叶　　b. 羊蹄甲的叶　　c. 棕榈的叶　　d. 散尾葵的叶

图1-2　风景园林植物的叶片形态美

葵的羽状叶（图 1-2d）给人以轻快、洒脱的联想。

不同形态的叶片分布于树干上，叶片密度不尽相同，而不同形状的树木经过适宜的配置，可产生韵律感、层次感等多种艺术效果。

园林植物的基本树形如下（图 1-3）。

圆柱形：如钻天杨、塔柏等；

球形：如五角枫、臭椿等；

尖塔形：如雪松、冷杉、南洋杉等；

倒卵形：如‘千头’柏、刺槐等；

圆锥形：如水杉、落羽杉等；

丛生形：如十大功劳、红瑞木等；

匍匐形：如铺地柏、平枝栒子等；

扁球形：如构树、榆叶梅、枫杨等；

卵圆形：如樟树、球柏、悬铃木等；

伞形：如合欢、蓝花楹等；

钟形：如欧洲山毛榉等；

棕榈形：如棕榈、椰子等；

垂枝形：如垂柳、垂枝榆等；

龙枝形：如‘龙爪’槐、‘龙爪’柳等；

拱枝形：如连翘、迎春花等；

馒头形：如槐、栾树等。

不同树形的美化效果并非一成不变，常依据配置方式及周围景物的影响而有不同程度的变化。但总的来说，具尖塔形、圆锥形树形者，多呈现严肃庄严的效果；具柱状狭窄树形者，有高耸静谧的效果；具有圆钝、钟形树形者，有雄伟浓厚的效果；而一些垂枝形的树种则形成优雅和平的气氛；呈团簇丛生者，多有朴素之感，最宜配置树群树

圆柱形（钻天杨）

球形（五角枫）

尖塔形（雪松）

圆锥形（水杉）

丛生形（十大功劳）

倒卵形（刺槐）

扁球形（构树）

卵圆形（樟树）

伞形（合欢）

匍匐形（铺地柏）

棕榈形（棕榈）

垂枝形（垂柳）

龙枝形（‘龙爪’槐）

拱枝形（迎春花）

馒头形（栾树）

**图1-3　风景园林植物的基本树形**

丛的外缘或装点草坪、路缘及路基；呈拱枝形树形者，多有飘逸的姿态，宜供点景用或在自然山石旁适当配置；一些匍匐生长的常形成平面或坡面的绿色覆盖，宜作地被植物等。此外，还有植物的花、果、干、枝及附属物等多种形态的美。

**（3）体量美**

风景园林植物的体量影响着观赏效果，并与植物的其他观赏性状，特别是外形密切相关。离开了体量的配合，形态难以表现出预期的观赏效果。在园林景观中，风景园林植物的体量对空间的分割、构图、组景等都十分重要。依据植物在发挥功能与效益时的体量大小的不同，可将主要风景园林植物大致划分为以下几类：

①乔木型　植株体量较大，当人在树下近观时，人与树木间的大小对比十分悬殊，很难欣赏到树木形体的全貌，欣赏的重点将是叶、花的颜色与明暗变化以及树干的质地和色泽，会给人以巨大、宏伟的感觉；而远距离观赏的重点则是树本身的外形轮廓，营造一种气势恢宏的场面（图 1-4）。

②灌木型　植株低矮，体量较小，多作近距离观赏，可以清楚地观察到树木的完整形体与色彩。与乔木型相比，灌木型具有更好的协调、柔和环境的功效，由于灌木型树形及树种之间的不同组合，它们能给人不同的感受。例如，外形圆整的灌木，容易表达出生动、柔美的情调；多种花灌木群植或散点种植时，则会营造出五彩缤纷、绚丽灿烂或山花烂漫、充满野趣的气氛（图 1-5）。

③地被型　主要是指一些草坪草、草本花卉类，以及低矮、匍匐型木本植物。这类植物种类

近观鹅掌楸　　远观鹅掌楸

**图1-4　乔木型风景园林植物的体量美**

外形圆整灌木群植　　花灌木群植

**图1-5　灌木型风景园林植物的体量美**

图1-6　地被型风景园林植物的体量美

a. 粗质型（王莲）　　b. 中质型（紫荆）　　c. 细质型（地肤）

图1-7　风景园林植物的质感美

繁多、形态各异、色彩丰富，在园林中常起到不可或缺的点缀和烘托作用，是园林设计的重要组成部分，应用广泛（图 1-6）。

**（4）质感美**

风景园林植物的质感是指其单株或者植物群体所具有的直观粗糙感和光滑感，由于风景园林植物的形状、叶片大小等差异很大，给人的直观感受也是迥异的，由此可将质感分为三大类。

①粗质型　这类植物常常给人一种粗犷的感觉，具有十分强烈的视觉冲击力，给人一种植物向人靠近的感觉，即视觉效果小于植物与人的实际距离。这一类风景园林植物往往体量较大，分支粗壮，叶多而大，如悬铃木、广玉兰、毛白杨、龟背竹、王莲（图 1-7a）等。

②中质型　这类植物属于中间质感。大部分的植物属于中质型，一般体量适中，分支中等，叶量与粗质程度适中。如楝、无患子、黄连木、栾树、紫荆（图 1-7b）、朴树等。

③细质型　这类植物常常营造一种细腻的感觉，视觉冲击力很小，营造一种植物与人远离的感觉，即视觉效果大于植物与人的实际距离。这类风景园林植物往往体量较小，分支柔美，叶少而小，如合欢、珍珠梅、垂柳、地肤（图 1-7c）等。

**（5）意境美**

意境美是指树木除了色彩美、形态美之外的抽象美，是极富于思想感情的联想美。它与各国各民族的历史发展、各地区的风俗习惯、文化教育水平等密切相关。在我国，人们往往将植物"人格化"。如松、竹、梅称为"岁寒三友"，象征坚贞、气节和理想，代表着高尚的品质；松柏因四季常青，象征长寿；玉兰、海棠花、迎春花、牡丹、桂花象征"玉堂春富贵"。

除了色彩美、形态美、体量美、质感美、意境美外，还有嗅觉感知的芳香美、听觉感知的声音美等，风景园林植物在美化功能上具有不可或缺的重要性。

以上风景园林植物的美化功能形成的艺术效果并不是孤立的，而需全面考虑和安排，作为风景园林工作者，在美化配置之前必须深刻体会和全面掌握不同树种各部位的观赏特性，进行合理搭配，这样才能创造出优美的园林景观。

### 1.1.2.3 风景园林植物空间营造功能

在城市环境中，越来越注重空间的营造，风景园林植物可以在建筑、地形、山石、水体之间起到调和作用，也可以充当构成要素，成为室外空间的围合物。不同类型的植物，如乔、灌、草都有着不一样的视觉感官效果与实体围合效果，且同一植物不同季节的效果也存在差异性，一般植物的叶丛越浓密、体积越大，围合感越强。例如，利用风景园林植物创造一定的视线环境，可以增强环境的空间感，提升视觉和空间序列的质量，而营造视线一般有遮挡与引导两方面作用，即风景园林植物对景物的“藏”与“露”，园林景观设计的方法主要有障景、漏景、框景、隔景和夹景等，具体详见第6章。

利用风景园林植物可以塑造不同类型的空间，具体如下：

①开敞空间　即人的视线高于四周植物空间，常用低矮灌木及地被植物，或者草本花卉和草坪等形成开放式绿地，具有视野辽阔、视线通透的特点，给人自由开阔感，无隐秘性（图1-8a）。

②半开敞空间　在一定区域范围内，部分遮挡视线，可以形成半开敞空间，通常可以借助假山、小品或者地形等园林要素与风景园林植物围合而成（图1-8b）。

③封闭空间　与垂直空间相近，植物仍是封闭的垂直面，但封闭空间顶平面有覆盖，人们的视线受限。常见于密林景观中（图1-8c），可以强化近景感染力，无方向性，具有极强的隐秘性和隔离感。

### 1.1.2.4 风景园林植物生产和经济功能

风景园林植物生产和经济功能是指大多数植物具有生产物质财富、创造经济价值的作用。植物的全株或其一部分所分泌的汁液，可以入药、食用或者作工业原料等。植物的这些功能结合各类产业生产，能够为人类带来巨大的经济效益。例如，曹福亮等（2014）研究表明，银杏（*Ginkgo biloba*）是我国重要的经济生态型树种，其果、叶、花和木材均具有较高的经济价值，目前在世界各地已经作为果用林、叶用林和绿化观赏树种广泛栽培。风景园林植物的生产功能，按其用途不同可分为很多类别，有果品类、淀粉类、菜用类、芳香油类、鞣料类、橡胶类、药类、油脂类和纤维类等，因此，对各类的具体运用应视具体情况而定，不能生搬硬套，以致影响植物在园林中的美化、防护和改善环境的主要功能。

园林中，在发挥风景园林植物经济价值的同时，必须要因地制宜，处理好经济功能和其他功能的关系。风景园林植物的经济功能是次要的、派生的，不能过分强调经济功能而影响主导功能

a. 开敞空间　b. 半开敞空间　c. 封闭空间

**图1-8　风景园林植物营造不同类型的空间**

的发挥。在不影响风景园林植物生态、美化等功能的前提下，才可以从其生产的产品中获取经济价值。

#### 1.1.2.5 风景园林植物社会功能

人类的生活离不开自然环境，而园林是利用自然因素对生态环境的重塑，风景园林植物又是园林的基本要素。由风景园林植物构建的园林空间，不仅为人们提供休憩场所，还为开展各项有益的社会活动提供舒适的场地。

**（1）提供休憩空间**

园林植物景观的社会作用，首先是为人们提供休憩空间，建置于住宅区、医院、公园、广场等处的绿地，是供人们工作、学习、休憩和疗养的场所，尤其是老人和儿童的主要活动场地。

**（2）调节人类生理机能**

植物具有降温增湿、杀菌驱虫、固碳释氧、增加空气负离子等作用，能够为人类提供健康的环境。植物的有益挥发物可以促进人的身心健康，植物还能从视听嗅触等方面起到安神、舒缓情绪、释放压力等作用，如薰衣草、栀子花、桂花等分泌的芳香物质有利于安神或减轻精神压力，有的植物根茎、叶片、花或果实被烹饪食用之后有利于人类身体健康，如银杏、萱草、藿香、菊花等；有的植物叶色的变化使人心情愉悦舒畅，如枫香、银杏、云杉等。依据这些特点，许多医院和疗养院的植物配置常选用能够分泌有益挥发物、对人类身心有益的植物种类。

**（3）改善城市面貌和社会环境**

整洁优美的城市环境不仅可以改善居民的生活环境，提高生活质量，也体现了一个城市的面貌和精神文明程度。园林植物群落空间能带给人们美的感悟和享受，陶冶情趣，净化心灵，减少社会的不稳定因素，从而为城市经济发展提供巨大的潜力和竞争力。

在进行城市生态园林建设的同时还要把生态文化的内涵贯穿始终。以自然生态环境和地带性的植物为基础，将民俗风情、传统文化、宗教、历史、文物等融合在园林绿化中，使城市园林景观具有浓厚的地域性和特色。通过对风景园林植物的合理配置，创造景观，发挥其社会功能，实现功能和形式的统一。

## 1.2 我国风景园林植物资源概况

### 1.2.1 我国风景园林植物资源概要

**（1）我国风景园林植物资源庞大**

我国园林植物资源丰富，仅种子植物就逾25 000种，其中乔灌木种类约8000种。我国也是世界上植物资源最为丰富的国家之一，有30 000余种植物，仅次于世界植物最丰富的马来西亚和巴西，居世界第三位。其中苔藓植物106科，占世界科数的70%；蕨类植物52科，约2600种，占世界科数的80%和种数的26%；木本植物8000种，其中乔木约2000种。全世界裸子植物共12科71属750种，我国就有11科34属240多种。针叶树的种数占世界的37.8%，被子植物科属分别占世界总科属的54%和24%。

**（2）我国风景园林植物丰富多彩**

我国幅员广阔，地跨热带、亚热带、温带和寒温带，气候条件多种多样，加以地形地貌、地质和土壤条件复杂，小环境更是因地而异，这为植物的生长和分布创造了优越的条件，从而产生了丰富多彩的风景园林植物（图1-9）。

**（3）我国风景园林植物起源久远**

我国存在很多孑遗植物（也称作活化石植物），起源久远，在新生代第三纪或更早有广泛的分布。其中大部分已经因为地质、气候的变化而灭绝，只存在于很小的范围内，孑遗植物的近缘类群多已灭绝，因此也是比较孤立、进化缓慢的植物。由于第四纪冰川对中国的影响不大，许多古老的植物得以保存下来，有些植物在世界其他地方已经绝迹，但是在中国还有分布，并在生产实践中起重要作用，例如，水杉、银杏、水松、珙桐等都是中国特有的孑遗植物。

**（4）我国风景园林植物影响深远**

我国风景园林植物对世界各国有着深远影响，

热带雨林带 亚热带常绿阔叶林带 温带落叶阔叶林带 亚寒带针叶林带

温带草原带 温带荒漠带 寒带苔原带 高山植物区

图1-9 不同地域的植被景观

是世界园林的重要发源地之一。例如，我国的观赏植物很早就通过丝绸之路传入西方，原产我国的桃花、萱草约在2000年前就传入欧洲。18世纪下半叶，西方通过各种途径从我国输入花卉和观赏树木，包括蔷薇、月季、茶花、菊花、牡丹、银杏、荷包牡丹、槐、臭椿、栾树等。

植物是人类生活的重要资源，我国植物种类繁多，资源丰富，但分布不均匀，贮藏量有限，需要合理开发利用我国丰富的植物资源，把自然保护区建为植物资源开发利用的战略基地。在《中华人民共和国宪法》第九条中明确指示："国家保障自然资源的合理利用，保护珍贵的动物和植物。禁止任何组织或者个人用任何手段侵占或者破坏自然资源。"目前还有许多问题亟需深入探讨，需引起全民的高度重视，使植物种质资源的利用和保护体系科学有效地建立。

### 1.2.2 我国风景园林植物资源利用现状

我国独特的地理环境——地域广、特定的纬度位置、山地多样等因素造就了丰富的植物资源。我国植物资源可分为8个区：东北区、华北区、黄土高原区、西北区、华中区、华南区、西南区（云贵高原区）以及青藏高原区。目前，我国对野生植物资源的开发利用只有全国贮藏量的一小部分，已开发利用的很多风景园林植物种质资源已成为当地的优质特产，为当地经济与资源利用作出了巨大贡献，而绝大部分具有较高经济价值的植物资源仍处在待开发利用状态。至今我国虽然在开发与利用野生植物资源上有着很大进步，但是仍存在问题，列举如下。

**（1）部分植物资源利用失度**

我国部分地区由于缺乏全面的科学规划，在不了解植物种群的情况下，过分地采收进而引起植物灭绝。特别体现在许多药用植物和工业原料用的资源植物上，这些植物天然分布很多，但数量却越采越少。

**（2）对风景园林植物多功能研究不够**

任何一种风景园林植物都有其一定的功能用途，在开发利用园林植物多用途方向（如潜在的经济价值、内含物的开发利用等）研究相对较少，应加大风景园林植物开发利用的深度和广度，尽可能发挥其潜在的功能，拓展其用途。

**（3）风景园林植物研究成果推广力度不够**

我国很多高校、科研院所的专家学者，注重不同风景园林植物的的种质资源收集，研究其栽培繁殖技术，筛选出部分具有突出应用价值的植物，但由于缺少实践应用平台，推广普及力度还不够。

## 1.3 风景园林植物栽培应用前景

在未来的发展历程中我国风景园林植物将呈现以下三大发展趋势。

**（1）生态化**

每一种风景园林植物均有其不同的生态习性和应用特性，因此，风景园林植物应用于合理的场地，才能充分展现其魅力，维持正常生长。风景园林植物的应用朝着生态化的方向发展，符合层次性、多结构和多功能的趋势，结合色彩美、形式美和功能美于一体，使人们能够在舒适、良好的环境下生活和工作。

**（2）人性化**

在风景园林植物选取和设计的过程中，应紧紧围绕人性化需求这一关键点，满足人们的观赏需求和生活需求，展现出风景园林植物的存在价值和意义，为人们的生活和发展提供坚实的基础和前提，能够为人所接受，更加方便人们的生活。

**（3）艺术化**

在风景园林植物应用的过程中，应立足于土壤条件，结合自然环境、建筑造型、功能特征和结构等要素进行艺术化设计、布局植被群落，以期为人们提供不一样的精神和视觉享受。无论是在古代还是现代，风景园林植物应用均应跟随艺术化的脚步，展现出独特、优美的气息。

总之，我们应注重风景园林植物的多样化、功能性的配置方式，植物配置要考虑季相变化，着重开发利用乡土植物，加大管理力度和资金投入，让我国风景园林植物的发展更具有生态性、艺术性和科学性。要把祖国丰富多彩的植物种质资源充分发掘和利用起来，充分发挥本地资源的优势，营造健康和生态平衡的城市环境。

## 1.4 风景园林植物学学习方法与目标

风景园林植物学作为园林和风景园林以及相近专业的核心课程，是一门综合性很强的课程。该课程将风景园林植物的木本植物与草本植物结合，按照风景园林植物的观赏特点及其在景观设计中的用途进行整合，全面讲授风景园林植物的资源分布、区域、地域特点，风景园林植物的概念、分类、生长发育规律和繁殖方法，风景园林植物与环境的关系、功能及应用。讲授330余种风景园林植物的形态特征、分布习性和应用方式。

本课程以课堂教学为主，课外阅读为辅。课堂教学部分采用多媒体工具，通过课堂讲授重点培养学生认知植物的理论方法，利用线上课程巩固学生对植物分类基础方法的理解；通过现场实习教学环节，进一步巩固学生对不同种植物的生物学特性、生态学习性、园林实践应用和功能的掌握，以便在风景园林设计中能够正确认识、有选择性地运用植物，为学习种植设计、风景园林规划和设计等课程奠定坚实的理论和实践基础。

## 小　结

风景园林植物是城市生态环境的永恒主题，具有不可忽视的价值，时刻服务于人们生活。了解风景园林植物的资源概况以及应用，对风景园林事业的发展具有举足轻重的促进作用和实践价值。为了更好地掌握风景园林植物学这门综合性课程，除了园林植物理论知识外，还需结合相应的实践方法，用理论指导实践，在实践中拓展所学，从而获得更深层次的理解。

## 思考题

1. 试阐述风景园林植物与风景园林植物学的概念。
2. 试分析我国植物资源概况的特点。
3. 我国园林有着非常悠久的历史，谈谈我国风景园林植物的栽培应用现状和发展前景。

# 第2章 风景园林植物分类

现存于地球上的植物逾 50 万种（其中种子植物 25 万种左右）。要对数目如此众多的植物进行研究，必须先根据它们的自然性质，由粗到细、由表及里地进行分类。风景园林植物分类，是研究风景园林植物的常见类群，探索风景园林植物之间的亲缘关系和系统演化，是实现风景园林植物的功能应用和实践价值的基础。

## 2.1 植物分类术语

### 2.1.1 植物分类单位

将自然界数量繁多的植物种类按一定的分类等级进行排列，并以此表示每一种植物的系统地位和归属，是植物分类的一项主要工作。常用的植物分类等级单位主要有：界、门、纲、目、科、属、种，其中种是最基本的分类单位，由亲缘关系相近的种集合为属，由相近的属组合为科，以此类推。在每个等级单位内，如果种类繁多，还可划分更细的单位，如亚科、族、组、亚种、变种、变型等。每一种植物通过系统分类，既可以显示出其在植物界的地位，也可表示出它与其他植物种的关系。

现以银杏为例，说明它在植物分类上的各级单位：

界　植物界（Regnum vegetabile）
　门　裸子植物门（Gymnospermae）
　　纲　银杏纲（Ginkgopsida）
　　　目　银杏目（Ginkgoales）
　　　　科　银杏科（Ginkgoaceae）
　　　　　属　银杏属（*Ginkgo*）
　　　　　　种　银杏（*Ginkgo biloba* L.）

种（species）：分类学上最基本的单位，是具有相同的形态学、生理学特征和一定自然分布区的生物群，种内个体间能自然交配产生正常能育的后代，种间存在生殖隔离。种是客观存在的分类单位，它既有相对稳定的形态特征，又处在进化发展中。一个种通过遗传、变异和自然选择，可能发展成另一个新种。

亚种（subspecies，subsp.）：种内类群，是指同一种内由于地域、生态或季节上的隔离而形成的个体群。如中国沙棘（*Hippophae rhamnoides* L. subsp. *sinensis* Rousi）。

变种（variety，var.）：种内的种型或个体变异，是指具有相同分布区的同一种植物，由于微生境不同而导致植物间具有可稳定遗传的一些细微差异。如毛叶槐 [*Styphnolobinm* L. var. *pubescens*（Tausch.）Bosse] 是槐（*Styphnolobinm* L.）的变种。

变型（form，f.）：指分布没有规律，仅有微小的形态学差异的相同物种的不同个体，如毛的有无、花的颜色等。如五叶槐 [*Styphnolobinm* f. *oligophyllum*（Spach）H. Ohashi]。

品种（cultivar，cv.）：不是植物分类学中的分类单位，而是属于栽培学上的变异类型，也称栽培变种。通常把人类培育或发现的有经济价值的变异（如大小、颜色、口感等）列为品种，实际上是栽培植物的变种或变型。如圆柏 [*Juniperus chinensis* (L.) Ant. var. *chinensis*] 的观赏品种‘龙柏’[*Juniperus chinensis* (L.) Ant. var. *chinensis* ‘Kaizuca’ Hort.]。

### 2.1.2 植物分类时期和领域

#### 2.1.2.1 植物分类时期

植物分类学史经历了三个时期：

①人为分类系统时期（1830 年前） 代表人物有林奈。

②进化论发表前的自然系统时期（1763—1920 年） 代表人物有亚当森、裕苏、拉马克、德堪多、本瑟姆、虎克。

③系统发育系统时期（1883 年后） 代表人物有艾希勒、恩格勒、哈钦松、塔赫他间、克朗奎斯特、佐恩、田村道夫等。

#### 2.1.2.2 植物分类学涉及的学科领域

植物分类主要依据植物的生态学和解剖学特征进行，同时结合植物的地理分布。随着科学的发展，植物学的其他领域不断为分类提供大量证据，使得植物分类出现许多分支领域。

**（1）形态分类学**

形态分类学是依据植物外部形态特征，对植物全面观察和对比分析，研究其相似性与变异性，区别和确定不同的植物类群。随着电子显微镜的诞生与应用，形态分类学已由宏观描述进入微形态学领域，以便更详尽地观察和描述植物的形态特征。

**（2）实验分类学**

实验分类学是采用栽培对照的实验方法，研究植物形态变异本质的学科，其方法是把要研究的不同生境中的植物引种到环境条件相似的实验园里进行栽培对照试验，同时进行杂交试验，以确定其遗传型变异和表现型变异及生殖隔离情况。

**（3）细胞分类学**

细胞分类学也叫染色体分类学，其实质是利用染色体的数目、形态结构、核型资料探讨分类学问题。染色体资料在植物分类中的应用表现在植物分类、植物系统学和物种生物学方面。用来鉴别和区分类群的特征，揭示类群之间的亲缘关系、物种形成机制和类群进化方向，指示植物区系特点和成因以及植物类群分布规律的意义。

**（4）孢粉分类学**

孢粉分类学是指利用植物孢粉学资料，解决植物分类学问题。孢粉是指植物的性孢子和花粉。种子植物的花粉形态特征比较稳定，可用于一些科、属、种的正确划分以及有关植物演化关系的探讨。绝大多数被子植物的花粉形状和萌发结构各不相同，被子植物花粉的孔、沟数目、位置、花粉壁的结构和纹饰等特征可用于植物分类学研究。

此外，化学分类学、分子生物学、数量分类学也为植物分类学提供相关依据和支撑。

### 2.1.3 常见风景园林植物分类

风景园林植物一般通过植物基本形状、生长环境以及其生活期的长短做简单划分。

#### 2.1.3.1 根据风景园林植物性状分类

可将植物分为木本植物和草本植物。

**（1）木本植物**

木本植物的木质部比较发达，一般比较坚硬，寿命较长。

**（2）草本植物**

植物体的木质部不发达，茎较柔软，如二月蓝、石竹、麦冬等。

#### 2.1.3.2 根据植物生长环境分类

①陆生类 植物生长于陆地，通常茎生于地上，根生于地下。陆生环境丰富多样，生活在以沙粒为基质沙土生境的植物，为沙生植物；生于盐碱地的，体内含有大量盐分，叫盐生植物；生于高寒山地的，个体低矮，茎叶多毛，有的匍匐生长或者像垫子一样铺在地上，称为“垫状植物”，也就是高山植物。

②水生类 植物体部分或全部沉浸在水中。例如，生于沼泽地的植物通气组织发达，为沼生植物。

③附生类　植物附着生长于他种植物体上，但能自养，无需吸取被附者的养料而独立生活的植物。

④寄生类　寄生于他种植物体上，营寄生生活的植物，如菟丝子以其特殊的吸根吸取寄主养料。

#### 2.1.3.3 根据植物生活期的长短分类

①一年生类　植物的生活周期在一个生长季节内完成。种子当年萌发，生长，并于开花结果后枯死，生活期比较短。如十字花科的一些短命和类短命植物，如二月蓝、'白花'甘蓝等。

②二年生类　生活周期在两个年份内完成，种子当年萌发，生长，第二年开花结果后枯死，如羽衣甘蓝、金盏菊等。

③多年生类　植物生活期在3年及以上者。乔木、灌木年复一年地生长，长者可达千年之久。多年生草本则地上部分于当年开花结果后枯死，而地下部分多年生，年年萌发新的地上枝，即多次结实，如芦苇、君子兰等；也有少数多年生植物，仅结实一次而全株枯死的。

生长环境也可改变植物的习性，如观赏蓖麻等植物，在北方为一年生植物，在华南则为多年生植物。

## 2.2 植物命名法则

自然界植物种类繁多，这样就出现了许多同物异名和同名异物现象，如二月蓝、诸葛菜指的是同一种植物；马褂木、鹅掌楸也是同物异名，这些现象在植物名称上造成极大的混乱。为了促进全世界植物名称的统一和稳定，瑞典植物学家卡尔·林奈（Carl Linnaeus）创立双名命名法，后来于1867年国际植物学会上正式通过奥古斯丁·彼拉姆斯·德堪多（Alphonso de Candolle）提出的《国际植物命名法规》（*International Code of Botanical Nomenclature*，ICBN），并以林奈1753年发表的《植物种志》（*Species Plantarum*）一书所载的植物全部用双名命名法为起点，凡此书已经命名的植物均为有效名。ICBN成为国际植物命名的法规准则。

种的学名由拉丁文或拉丁化的属名+种加词+命名人缩写构成，这种命名方式称为双名命名法，如银杏 *Ginkgo biloba* L. 等。属名的第一个字母大写，是名词；种加词一律小写，为形容词；命名人缩写的第一个字母须大写。

如果是亚种、变种或变型，命名时要在其种名后加上亚种（subspecies）、变种（variety）或变型（form）的缩写 subsp.、var.、f.，然后再加上亚种、变种或变型加词，最后仍要有命名人的姓氏或其缩写。如糯稻是稻的一个变种，其学名是：*Oryza sativa* L. var. *glutinosa* Matsum。

植物被命名后经后人研究认为需要改变其分类位置或等级时，必须进行重新组合，更正后需将原命名人用括号保留在学名中，如射干 *Belamcanda chinensis* (L.) DC. 这种植物的名称是重新组合后形成的，最先由林奈在1763年命名，当时学名是 *Iris chinensis* L.，是作为鸢尾属（*Iris*）中的一个种。到1807年，经德堪多研究后认为射干放在鸢尾属不合理，应把它从鸢尾属中剔除并把它重新组合到射干属（*Belamcanda*）中，而成射干属中的一种，所以这种植物的学名更为 *Belamcanda chinensis* (L.) DC.，同时将原命名人林奈用括号保留在学名中。

每一种植物只能有一个合法学名，如果出现异名则写于合法学名之后的括号内或在其合法学名之后加 Syn.，如 *Belamcanda chinsensis* (L.) DC. (*Ixia chinensis* L.) 或 *Belamcanda chinensis* (L.) DC. Syn. *Ixia chinensis* L.。

有些植物学名在命名人之后有 ex 再有另外一个命名人，前者为命名人，后者为发表作者，如藏麻黄 *Ephedra saxatilis* Royle ex Florin，意为该种曾由 Royle 研究过，但是没有正式发表，后来由 Florin 正式发表。

如果某种植物是新种，则在学名后加 sp. nov.，如云南萝芙木 *Rouwolfia yunnanensis* Tsiang sp. nov.。其他如新属 gen. nov.、新亚种 ssp. nov.、新变种 var. nov.、新变型 f. nov. 等。

## 2.3 植物常用分类系统

### 2.3.1 植物分类系统

长久以来，植物分类学家根据植物的形态结构、生态学特性等多方面的特征，将植物分成许多不同等级的类群。自进化论问世以后，不少分类学家结合古植物学上的证据，试图探究各植物类群的起源、发生、进化途径、系统演化过程，以及彼此间的亲缘关系，提出了植物分类系统。由于被子植物种类繁多，古老的原始类型和中间类型已大部分绝灭，而化石资料还不丰富，考证不足。因此，要建立一个反映被子植物真实演化过程的分类系统，还非常困难。一百年来，分类学家们根据被子植物形态演化的趋势，结合古植物学和其他现有资料，提出了各种各样的分类系统。被子植物的分类系统较多，尚无完全统一的看法和比较完美的分类系统。1999 年，Judd 等人在 *Plant Systematics* 发表了一个维管植物新分类系统，还有待认可。当前，影响较大的分类系统主要有以下四个。

**（1）恩格勒系统**

恩格勒系统是德国植物学家恩格勒（A. Engler）于 1892 年编制的一个分类系统。在他与普兰特（K. Prantl）合著的《植物自然分科志》（1897）和他独著的《植物自然分科纲要》中均应用了这一系统。恩格勒系统包括整个植物界，将植物界分为 13 门，1~12 门为隐花植物，第 13 门为种子植物门。恩格勒系统是被子植物分类学史上第一个比较完善的分类系统，是将被子植物由渐进到复杂化而排列的，不是由一个目进化到另一个目的排列方法，而是按花的构造、果实种子发育情况，有时按解剖知识，在进化理论指导下作出的合理的自然分类系统。

**（2）哈钦松系统**

哈钦松（J. Hutchinson），英国著名植物分类学家。著有《有花植物科志》一书，分两册于 1926 年和 1934 年出版，在书中发表了其分类系统。至 1973 年已经几次修订，由原先的 332 科增至 411 科。哈钦松系统把多心皮类作为演化起点，阐述了被子植物的演化关系，有很大进步。该系统问世后，很快引起了各国的重视和引用，许多学者对此进行了多方面修订，塔赫他间系统、克朗奎斯特系统都是在此基础上发展起来的。

**（3）塔赫他间系统**

塔赫他间（A. Takhtajan），苏联植物学家，于 1954 年出版《被子植物起源》一书，发表了该系统，到 1980 年已做过多次修改。塔赫他间 1980 年发表的分类系统中，将被子植物分为 2 纲 10 亚纲 28 超目。该分类系统打破了离瓣花和合瓣花亚纲的传统分法，增加了亚纲，调整了一些目、科，各目、科的安排更为合理。不足的是，增设“超目”分类单元，科数过多，太繁杂，不利于学习与应用。

**（4）克朗奎斯特系统**

克朗奎斯特（A. Cronquist），美国植物分类学家，1957 年在所著《双子叶植物目科新系统纲要》一书中发表了该系统，1968 年所著《有花植物分类和演化》一书中进行了修订，1981 年又做了修改。克朗奎斯特系统接近于塔赫他间系统，但个别亚纲、目、科的安排仍有差异。该系统简化了塔赫他间系统，取消了“超目”，科的数目有了压缩，在各级分类系统的安排上，似乎比前几个分类系统更合理，更完善。但其中部分内容和论点，又存在着新的争论。

### 2.3.2 植物分类检索表

植物分类检索表是植物分类学中识别鉴定植物的钥匙。检索表的编制是根据法国人拉马克（Lamarck）的二歧分类原则，将要编制的检索表中需容纳的所有植物，选用一对以上显著不同的特征分成两类；然后又从每类中再找出相对的特征区分为两类；如此下去，直到所需要的分类单位（如科、属、种等）出现。植物检索表常用的表达方式有定距（等距）检索表和平行（阶梯）检索表两种。

#### 2.3.2.1 定距检索表

定距检索表是最常采用的一种，在这种检索表中，将每一对相对的特征编为同样号码，并列在书页左边同样距离处，每一对相同的号码在检索表中只能使用一次，如此继续下去，逐级向右错开，描写行越来越短，直至追寻到科、属或种为止。这种检索表的优点是每对相对性状的特征都被排列在相同距离，一目了然，便于查找。不足之处是当种类繁多时，左边空白太大，浪费篇幅。以苔藓植物门、蕨类植物门、裸子植物门、被子植物门为例：

1. 植物无花，无种子，以孢子繁殖。
    2. 小型绿色植物，结构简单，仅有茎、叶之分或有时仅为扁平的叶状体，不具真正的根和维管束………苔藓植物门 Bryophyta
    2. 通常为中型或大型草本，很少为木本植物，分化为根、茎、叶，并有维管束……………………… 蕨类植物门 Pteridophyta
1. 植物有花，以种子繁殖。
    3. 胚珠裸露，不为心皮所包…………………………………裸子植物门 Gymnospermae
    3. 胚珠被心皮构成的子房包被…………………………………被子植物门 Angiospermae

#### 2.3.2.2 平行检索表

平行检索表是把每一对相对特征的描述并列在相邻的两行里，便于比较。在每一行后面或为一植物名称，或为一数字。如为数字，则另起一行重写，与另一对相对性状平行排列，如此直至终止。这种检索表的优点是排列整齐、节省篇幅，缺点是不如定距检索表那么一目了然。如：

1. 植物无花，无种子，以孢子繁殖…………2
1. 植物有花，以种子繁殖……………………3
2. 小型绿色植物，结构简单，仅有茎、叶之分或有时仅为扁平的叶状体，不具真正的根和维管束………………苔藓植物门 Bryophyta
2. 通常为中型或大型草本，很少为木本植物，分化为根、茎、叶，并有维管束……………………………………蕨类植物门 Pteridophyta
3. 胚珠裸露，不为心皮所包……………………………………………裸子植物门 Gymnospermae
3. 胚珠被心皮构成的子房包被……………………………………………被子植物门 Angiospermae

常用的检索表有分科、分属和分种检索表，可以分别检索出植物的科、属、种。要正确检索一种植物，首先要有完整的检索表资料。其次，要掌握检索对象的详细形态特征，并能正确理解检索表中使用的各项专用术语的含义，如稍有差错、含糊，就难以找到正确的答案。因此，在检索过程中，需要十分细心，并有足够的耐心。

## 2.4 风景园林植物应用分类

从园林建设应用的角度，主要有三种分类方法。

### 2.4.1 按风景园林植物生物学特性和生态习性分类

①乔木类　树体高大（6m 以上），具有明显高大的主干，可分为常绿乔木和落叶乔木。常绿乔木，如广玉兰、雪松、‘龙柏’（图 2-1a）等；落叶乔木，如枫杨、鹅掌楸、元宝枫、悬铃木、栾树、七叶树、合欢、银杏、水杉、凤凰木（图 2-1b）等。又可以依其高度的不同，分为伟乔（31m 以上）、大乔木（21~30m）、中乔木（11~20m）、小乔木（6~10m）四级。

②灌木类　树体矮小（通常在 6m 以下），主干低矮或无明显主干，呈丛生状（丛木状）。可分为常绿灌木和落叶灌木。常绿灌木，如山茶、黄杨、夹竹桃、金叶女贞、海桐、十大功劳、八角金盘（图 2-1c）、吊灯扶桑等；落叶灌木，如蜡梅、月季、紫荆、金丝桃、‘彩叶’杞柳（图 2-1d）等。

③藤本类　能缠绕或攀附他物而向上生长的木本植物，可分为常绿藤本和落叶藤本。常绿藤本，如常春藤、络石等；落叶藤本，如紫藤、葡萄、地锦、凌霄（图 2-1e）等。又可依生长特点分为缠绕类（如紫藤、葛藤）、吸附类（如地锦、凌霄）、卷

须类（如葡萄）、钩刺类（如藤本月季、木香）。

④草本类　该类植物茎内的木质部不发达，含木质化细胞少，支持力弱。主要包括草坪草及观赏花、一些地被植物和草本花卉。常见草坪草及观赏花指用以构成园林草坪的植物材料，主要为禾本科和莎草科的植物，如结缕草、狗牙根等；地被植物和草本花卉是指株丛密集、低矮，经简单管理即可用于覆盖地表的植物，如鸢尾、半枝莲、葱莲（图 2-1f）等。

⑤棕榈类　该类植物一般都是单干直立，不分支，叶大，集中在树干顶部，多具掌状分裂或羽状复叶的大叶，如棕榈、三药槟榔、酒瓶椰子、贝叶棕（图 2-1g）等。

⑥竹类　竹类植物是一种特殊的森林资源，分布广、适应性强，生长周期短、产量高，具有较好的水土保持及保护生态环境功能，如毛竹、紫竹、方竹（图 2-1h）等。

### 2.4.2 按风景园林植物观赏特性分类

①观形类　指形体及姿态有较高观赏价值的一类植物，如雪松（图 2-2a）、‘龙柏’、榕树、‘龙爪’槐、羽衣甘蓝、君子兰等。

②观干类　这类植物的枝干具有独特的风姿，或有奇特的色彩，或具奇异的附属物，具有很强的观赏效果，如白皮松、梧桐、红瑞木、白桦（图 2-2b）等。

③观叶类　这类植物的叶的色彩、形态、大小等有独特之处，可供观赏，如鹅掌楸、七叶树、银杏、棕榈、金钱松、枫香、黄栌（图 2-2c）、‘紫叶’李、‘紫叶’小檗、一品红、吊兰等。

④观花类　在花形、花色、花量、花香等诸多方面具有特色的植物，如梅、月季、贴梗海棠、石榴、牡丹、合欢、紫荆、蜡梅、紫藤、紫丁香、紫玉兰、木槿、五色梅、木绣球（图 2-2d）等。

⑤观果类　指果实形状奇特、色泽鲜艳、经久耐看，且不污染环境的植物，如石榴、木瓜、紫珠、山楂、火棘（图 2-2e）、南天竹等。

此外，还有观根类，如落羽杉有膝状根（图 2-2f）、榕树具有气生根等，这些在园林中均可用作观赏。

a. 常绿乔木类（‘龙柏’）

b. 落叶乔木类（凤凰木）

c. 常绿灌木类（八角金盘）

d. 落叶灌木类（‘彩叶’杞柳）

e. 藤本类（凌霄）

f. 草本类（葱莲）

g. 棕榈类（贝叶棕）

h. 竹类（方竹）

图2-1　按风景园林植物生态习性分类

a. 观形类（雪松）

b. 观干类（白桦）

c. 观叶类（黄栌）

d. 观花类（木绣球）

e. 观果类（火棘）

f. 观根类（落羽杉）

**图2-2 按风景园林植物观赏特性分类**

### 2.4.3 按风景园林植物在园林绿化中的用途分类

①园景树（孤植树、标本树、独赏树）类 可独立成景，主要展现树木的个体美，通常作为庭院和园林局部的中心景物，赏其树形（图2-3a）、花、果、叶等。一般要求树体雄伟高大，树形美观，或具独特的风姿，或具特殊的观赏价值，且寿命较长。常见于公园入口或园路交叉处。如圆柏、雪松、紫薇、枫香、‘龙柏’、白玉兰、‘紫叶’李、‘龙爪’槐等。

②庭荫树类 指植于庭院、公园（图2-3b）、广场、风景区等以取绿荫为目的的树种。庭荫树应具备树形优美，枝叶繁茂，有一定的枝下高，冠幅较大等特性。如梧桐、银杏、广玉兰、樟树、榕树等。

③行道树类 栽植在道路（如公路、园路、街道等）两侧，以遮阴、美化为目的的乔木树种（图2-3c）。主要功能是为车辆及行人庇荫，减少路面辐射热及反射光，降温、防风、滞尘、减弱噪声、装饰并美化街景。行道树应树形高大、冠幅大、枝叶茂密、枝下高较高，发芽早、落叶迟，生长迅速，寿命长，耐修剪，根系发达、不易倒伏，抗逆性强，病虫害少，无不良污染物，抗风，种苗来源容易，移栽易成活，如悬铃木、槐、樟树、栾树、合欢等。

④攀缘植物类 应用形式灵活多样，是各种棚架、凉廊、栅栏、围篱、墙面、拱门、灯柱、山石、枯树等的良好绿化材料（图2-3d），对提高绿化质量、丰富园林景色、美化建筑立面等方面有独到之处，如紫藤、凌霄、络石、地锦、常春藤、葡萄、金银花、铁线莲、木香等。

⑤绿篱植物类 适于栽作绿篱的树种。主要用于分隔空间、屏蔽视线、衬托景物等。用作绿篱的树种（图2-3e），一般都是耐修剪，多分支和生长较慢的树种。如圆柏、杜松、黄杨、女贞、

a. 孤植树类

b. 庭荫树类

c. 行道树类

d. 攀缘植物类

e. 绿篱植物类

f. 花坛花境植物类

**图2-3　按风景园林植物在园林绿化中的用途分类（1）**

珊瑚树等。

⑥花坛花境植物类　一般指用于花坛与花境装饰的观花、观果、观叶及其他有观赏价值的草本类和木本类植物的总称，这类植物种类繁多，观赏效果显著，在园林绿地中应用广泛（图 2-3f），如海棠花、榆叶梅、连翘、丁香、月季、山茶、杜鹃花、牡丹、木芙蓉、栀子、紫珠、火棘、郁金香、鼠尾草、万寿菊等。

⑦草坪与地被植物类　草坪类是指用于草坪绿化的植物，常又分为暖季型草坪草和冷季型草坪草（图 2-4a），前者最适生长温度为 25~30℃，在冬季呈休眠状态，早春开始返绿，多在长江流域及以南地区栽培，如野牛草、结缕草、狗牙根；后者适生温度在 15~25℃，耐寒性较强，但夏季不耐炎热，适合于我国北方地区栽培，如高羊茅、匍匐剪股颖、早熟禾。地被植物类是指用于对裸露地面进行绿化覆盖的低矮、匍匐的灌木或藤本，如铺地柏、平枝栒子、箬竹、金银花、地锦、常春藤等。

⑧桩景类（盆栽、地栽）　要求生长缓慢，枝叶细小，耐修剪，易造型，耐旱瘠，易成活，寿命长（图 2-4b），如六月雪、日本五针松等。

⑨其他类　主要指耐阴性强、观赏价值高、常盆栽放于室内观赏的植物（图 2-4c），如散尾葵、绿萝、文竹、君子兰等。

## 小　结

风景园林植物分类是风景园林植物识别与应用的基础，它根据植物的亲缘关系和进化地位对植物进行描述记载、鉴定、分类和命名；而常见的风景园林植物分类则是以实用性为主，一般按照植物的生长习性、观赏特性、园林用途等分类。学好风景园林植物的分类是我们进行植物鉴定与应用的第一步，也是十分重要的一步。

## 思考题

1. 举例说明常见的植物分类术语。
2. 阐述普通植物分类与风景园林植物分类的差异之处。
3. 试述如何按照风景园林植物的生物学特性和生态习性进行其应用分类。

a. 草坪植物类

b. 桩景类

c. 其他类

图2-4　按风景园林植物在园林绿化中的用途分类（2）

# 第3章 风景园林植物基础

植物的基本特征要素是认识和掌握风景园林植物的基础。认知风景园林植物营养器官与生殖器官，是识别与区分不同植物类型最直接、最主要的方式之一。

## 3.1 根

根是植物长期适应陆地生活过程中发展起来的器官，构成植物体的地下部分。根由种子的胚根发育而成，向地下伸长，使植物体固着在土壤里，并从土壤中吸取水分和营养物质。根一般不分节，不生芽。一株植物全部根的总体称为根系，全部根系占植株体总量的25%~ 30%。根是植物主要营养器官，也是植物主要营养物质的传输者，了解根的结构类型等，非常重要。

### 3.1.1 根的结构

（1）根据发生部位不同，根可分为主根和侧根（图3-1a）。

①主根　由胚根直接发育而成的根。

②侧根　当主根生长到一定长度时，在一定部位侧向从内部生出许多支根，称为侧根。

（2）根据根的来源不同，可以分为定根与不定根。

①定根　主根和侧根都来源于胚根，位置固定，所以称为定根。

②不定根　指由茎、叶、老根或胚轴上产生的根，这种不是由根部产生，位置也不固定的根，统称为不定根。

### 3.1.2 根系类型

根系是一株植物上所有根的总和，不同植物的根系千差万别，一般可以归为直根系与须根系两类。

①直根系　由主根和侧根组成的根系叫直根系，直根系主根发达，长而粗，侧根短而细；直根系的主根与侧根在形态上有明显的区别，并在土壤中延伸较深，称为深根系。直根系也是绝大多数双子叶植物和裸子植物根系的特征，如雪松、金钱松、杉木、圆柏、樟树、银杏（图3-1a）、枫杨、白玉兰、栾树、鸡爪槭、‘紫叶’李、油菜、蒲公英等。

②须根系　由不定根组成的根系叫须根系，须根系主根不发达，不定根多而发达。须根系的主根不发达或早期停止生长，由茎基部生出许多较长、粗细

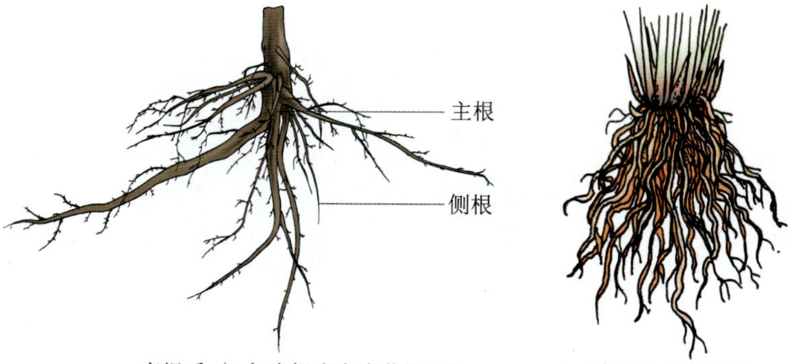


a. 直根系（4年生银杏实生苗根系）　b. 须根系（灯芯草）

图3-1　根系类型

相似的不定根，呈须状根系，在土壤中延伸较浅，也称浅根系，这是大多数单子叶植物根系的特征，如香蒲、水鳖、百合、芒、荻、灯芯草（图3-1b）、羊茅等。

风景园林植物的根系，可以根据其发生和来源，分为实生根系、茎源根系、根蘖根系三种：

①实生根系　用种子繁殖和实生砧木嫁接繁殖的根系。它来源于种子的胚根，并发育形成树木的主根，是树木根系生长的基础。一般主根发达，根系较深，生理年龄小，生活力旺盛，对外界环境适应能力强，如松科植物等。

②茎源根系　指用茎繁殖，如扦插、压条、埋干等形成的根系。它是由茎、枝形成层和维管束组成的根原始体所生长出的不定根。其特点是主根不明显，根系较浅，生理能力较差，生活力弱，但个体间差异较小，如西番莲、无花果等。

③根蘖根系　指植物的根系形成不定芽后分株繁殖个体的根系，如石榴、樱桃、泡桐等形成的根蘖苗，或应用根插形成独立植株后所具有的根系。它是母株根系的一部分，其特点与茎源根系相似。

## 3.1.3　根的变态

在正常情况下，植物根系生长在土壤中，但有少数树种，如池杉、榕树、水松等，为适应特定环境的需要，常产生根的变态，在地面上形成大部分植物没有的特有根系。根的变态可分为以下几种类型。

**（1）贮藏根**

主要功能是贮藏养料，因而呈现肥厚多汁、形状多样，常见于二年生或多年生的草本植物。贮藏根是越冬植物的一种适应，所贮藏的养料可供来年生长发育，使根上能抽出枝来，并开花结果。根据来源，可分为肉质直根和块根两类。

①肉质直根　由主根发育而成的肥大直根，粗大，一般不分支，仅在肥大的肉质直根上有细小须状的侧根，如甜菜、胡萝卜（图3-2a）等。

②块根　由不定根或侧根的局部膨大而形成的。在组成上不含下胚轴和茎的部分，一株上可形成多个块根，如大丽花、番薯（图3-2b）等。

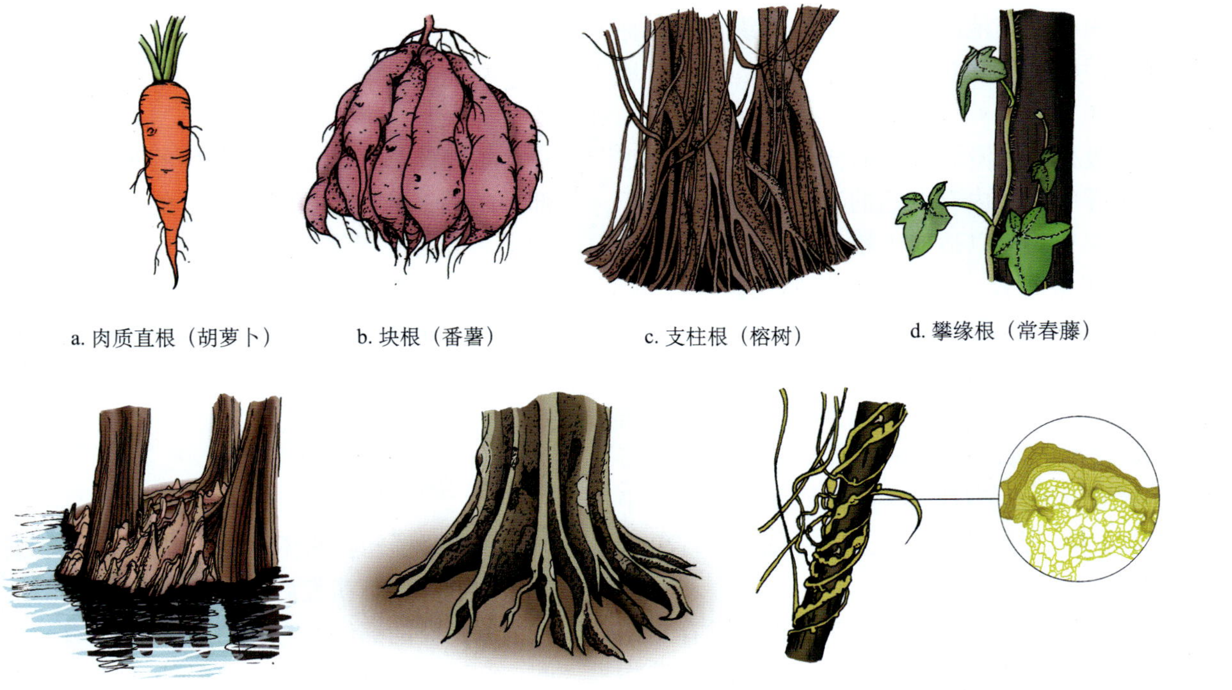

a. 肉质直根（胡萝卜）　b. 块根（番薯）　c. 支柱根（榕树）　d. 攀缘根（常春藤）

e. 呼吸根（落羽杉）　f. 板状根（人面子）　g. 寄生根（菟丝子）

图3-2　根的变态

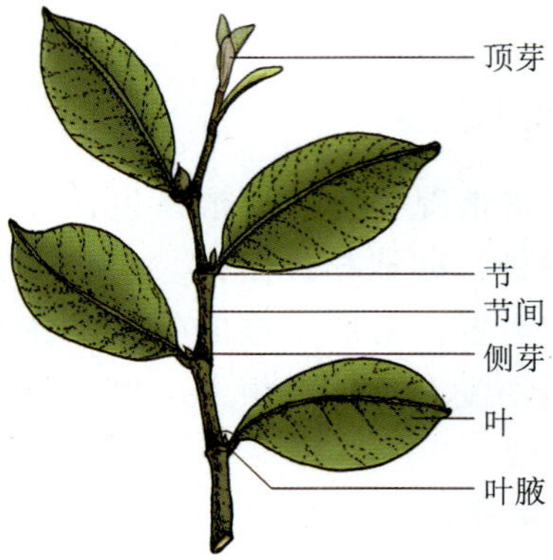


图3-3　茎的外部形态（含笑）

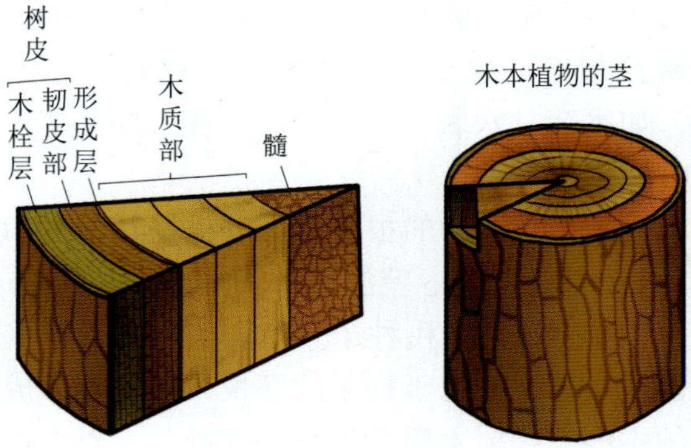


图3-4　木本植物茎的结构

**（2）气生根**

气生根是生长在地面以上的、暴露在空气中的不定根，一般无根毛。根据其生理功能的不同，可分为支柱根、攀缘根、呼吸根、板状根。

①支柱根　在较近地面上的茎节上生出的不定根；或从枝上生出的下垂的气生根，如榕树（图3-2c）。支柱根先端深入土中，并继续产生侧根，成为增强植物整体支撑力量的辅助根系，具有支持和吸收作用。

②攀缘根　细长柔弱不能直立的茎上生的不定根，以固着在其他的物体表面而攀缘上升，称为攀缘根，如常春藤（图3-2d）、络石、凌霄、地锦等。

③呼吸根　从淤泥中膝曲向上生长的根，呼吸根外有呼吸孔，内有发达的通气组织，有利于通气和贮存气体，以适应土壤中缺氧的情况，维持植物的正常生长，具有根部气体交换的作用，如红树、水松、落羽杉（图3-2e）、池杉等。

④板状根　常见于热带树种中，是在特定环境中，主根发育不良，侧根向上侧隆起生长，与树干基部相接部位形成发达的木质板状隆脊。有的板根可达数米，增强了对巨大树冠的支持力量，如中山杉、高山榕、野生荔枝、人面子（图3-2f）等。

**（3）寄生根**

高等植物中的寄生植物，是通过根发育出的吸器，深入寄主植物的根或茎中，以获取营养物质，因此这种结构称为寄生根。通过寄生根生长的植物称为寄生植物。根据寄主器官的不同，寄生植物可分为茎寄生植物和根寄生植物，如菟丝子（图3-2g）、桑寄生、槲寄生等植物属于茎寄生植物，列当、肉苁蓉、檀香树则属于根寄生植物。

除了以上可以根据特定性状进行植物识别以外，大部分植物仅仅通过根系来鉴别还是存在一定难度的，因为形态指标较少。近年来植物根系识别是植物间相互作用领域的研究热点，很多研究证实了植物根系间存在自我与非自我、亲缘与非亲缘的识别现象，这对植物的识别具有不可忽视的推动作用。

## 3.2　茎

植物的茎来源于植物胚胎的胚芽。胚轴组成部分的茎，准确地说是子叶下的部分。茎是指植物根和叶之间起输导和支持作用的植物体重要的营养器官，如大多数植物可见的主干。茎下接根，通过木质部将根部吸收到的水分和矿质营养往上运输到各营养器官，通过韧皮部将光合作用的产物往下运输。

### 3.2.1　茎的结构

茎是种子幼胚的胚芽向上生长的部分，通常在叶腋生有芽，芽萌发后形成分支（或开花）。茎和枝上着生叶的部位称为节；两节之间的茎、枝叫节间；叶柄与茎、枝相交的内角称为叶腋（图3-3）。

风景园林植物中大部分木本植物的茎由树皮、形成层、木质部、髓组成（图3-4）。随着植物的生长，茎上生出多种侧生器官，包括叶、枝、芽、花或果。树皮是树木识别和鉴定的重要特征之一，狭义的树皮包括三层：木栓、木栓形成层和栓内层，以及外部的各种死组织，广义的树皮还包括韧皮部。

### 3.2.2 茎的类型

根据植物茎的生长形态可以分为：

①直立茎　茎垂直地面，直立生长，大多数植物的茎为这种类型，如雪松、金钱松、杉木、柳杉、侧柏、圆柏（图3-5a）、马褂木、垂柳、西府海棠、红枫、向日葵等。

②平卧茎　茎平卧贴地生长，不能直立，如铺地柏、酢浆草、蒺藜、地锦草（图3-5b）等。

③匍匐茎　茎沿地面或靠近地面生长，但节上生不定根，如翠云草、虎耳草、活血丹、积雪草（图3-5c）、匍匐剪股颖、野牛草等。

④攀缘茎　茎上发出卷须、吸器等攀缘器官，借此使植物攀附于他物，如常春藤、薜荔、绿萝（图3-5d）、葡萄、地锦、葎草、鸡矢藤、打碗花等。

⑤缠绕茎　茎不能直立生长，靠茎本身螺旋缠绕他物上升，如紫藤（图3-5e）、茑萝、忍冬、牵牛、菜豆等。

### 3.2.3 茎的识别

对树皮、茎枝、髓、芽、附属物等进行分析，便于植物的鉴别。

#### 3.2.3.1 树皮

广义的树皮是指伐木时从树干上剥下来的皮，它包括形成层以外的部分，包括硬树皮和软树皮。不同种植物的树皮存在很大的差异性，同一种植物树皮的形态又受到树龄、生长速度、生境等影响，因此，可以通过树皮的质地、颜色、开裂和剥落方式等特征来识别与鉴定树木。

根据树皮外观形态的不同，可以分为：

①光滑树皮　表面平滑无裂，如核桃幼树、梧桐（图3-6a）。

②横纹树皮　表面呈浅而细的横裂状，如山桃、樱花（图3-6b）等。

③片裂树皮　表面呈不规则的片状脱落，如白皮松、悬铃木（图3-6c）等。

④丝裂树皮　表面呈纵而薄的丝状脱落，如青年期柏类。

a. 直立茎（圆柏）　b. 平卧茎（地锦草）　c. 匍匐茎（积雪草）　d. 攀缘茎（绿萝）　e. 缠绕茎（紫藤）

图3-5　茎的类型

a. 光滑树皮（梧桐）　b. 横纹树皮（樱花）　c. 片裂树皮（悬铃木）　d. 纵沟树皮（板栗）

图3-6　风景园林植物树皮外观形态

⑤纵裂树皮　表面呈不规则的纵条状或近于“人”字状的浅裂，多数树种均属于本类。

⑥纵沟树皮　表面纵裂较深，呈纵条或近于“人”字状的深沟，如板栗（图 3-6d）、老年核桃等。

⑦长方形裂纹树皮　表面呈长方形的裂纹，如柿、君迁子等。

⑧粗糙树皮　表面既不平滑，又无较深沟纹，而呈不规则脱落之粗糙状，如云杉等。

⑨疣突树皮　表面有不规则的疣突，暖热地方的老龄树可见到这种情况。

树皮的颜色除了最常见的黑色、褐色外，还有如红瑞木的红色、梧桐的绿色、白桦的白色等颜色。枝干为构造树体的骨架，也具有色彩美，但其掩盖在树丛中，只有当叶片掉落后，其色彩才能表现出比较明显的观赏效果。褐色或灰褐色为枝干的普通颜色，如白蜡、榆树等植物的枝干，并不太受人关注，但是一些特殊的颜色，如红色系的红瑞木（图 3-7a）、赤枫、山桃、血皮槭；黄色系的黄桦、‘金枝’槐（图 3-7b）、‘金枝’垂柳、‘金枝’梾木、金竹；绿色系的梧桐、毛竹、棣棠（图 3-7c）；白色系的白桦（图 3-7d）、白桉、老年白皮松、粉单竹；紫色系的紫竹（图 3-7e）；以及斑驳色系的黄金间碧竹（图 3-7f）、绿皮黄筋竹、木瓜等，则会引起人们极大的观赏兴趣。具有这些特殊颜色的枝干树木，若配合冬季雪景，能使景观意境更加丰富。此外，有些树皮内部存在不一样的花纹等特征，也可以作为风景园林植物的识别要点。

### 3.2.3.2　茎的分枝

常见的风景园林植物分支方式有：

①总状分支　也称为单轴分支，指顶芽不断向上生长，成为粗壮主干，各级分支由下向上依次细短，树冠呈尖塔形。多见于裸子植物，如松杉类的水杉（图 3-8a）、银杉，以及部分被子植物，如山毛榉等。

②合轴分支　在茎的生长过程中，顶芽生长迟缓，或者很早枯萎，或者顶芽分化为花芽，顶芽下面的腋芽迅速开展，代替顶芽的作用，如此反复交替进行，成为主干。这种主干是由许多腋

a. 红色系树皮（红瑞木）　b. 黄色系树皮（‘金枝’槐）　c. 绿色系树皮（棣棠）

d. 白色系树皮（白桦）　e. 紫色系树皮（紫竹）　f. 斑驳色系树皮（黄金间碧竹）

图3-7　风景园林植物树皮的色彩

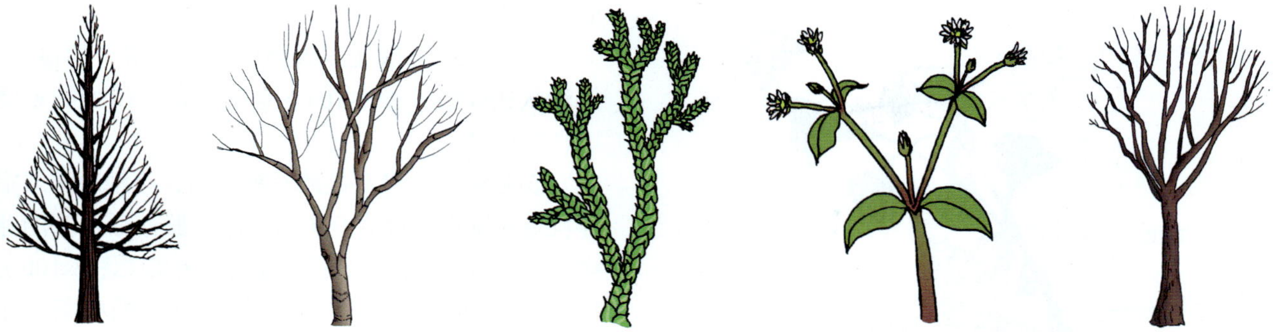

a. 总状分支（水杉） b. 合轴分支（桑） c. 二叉分支（卷柏） d. 假二叉分支（繁缕） e. 多歧式分支（臭椿）

图3-8 常见风景园林植物的分支方式示意图

芽发育的侧枝组成，称为合轴分支。合轴分支的植株，树冠开阔，枝叶茂盛，有利于接受足够的阳光，是一种较为进化的分支类型。大多见于被子植物，如桉树、桃、李、梅、桑（图3-8b）、苹果、无花果等。

③二叉分支 顶端分生组织在发育一段时间后平分为均等的两部分，各形成一个分支，并以这种方式重复产生次级分支。二叉分支常见于石松、卷柏（图3-8c）等蕨类植物，但不存在于种子植物中。

④假二叉分支 具有对生叶（芽）的植物，在顶芽停止生长或顶芽分化为花芽后，由顶芽下的两侧腋芽同时发育成二叉状分支，称为假二叉分支。这种分支，实际上是合轴分支的变型，与真正的二叉分支有根本区别。假二叉分支多见于被子植物木樨科、石竹科，如毛泡桐、紫丁香、接骨木、茉莉、石竹、繁缕（图3-8d）等。

⑤多歧式分支 这类植物顶芽在生长期末，生长不充实，侧芽之间的行间短或在顶梢直接形成3个以上长势均等的侧芽，下个生长季节梢端周边能抽出3个以上的新梢同时生长，称为多歧式分支。具备这类分支的植物通常主干低矮，如苦槠、臭椿（图3-8e）等。

在风景园林植物的识别中，还可以通过植物的枝条长短和茎上的痕迹来进行鉴别。

**（1）长枝和短枝**

在植株生长过程中，枝条延伸生长的强弱影响到节间的长短。不同种的植物，节间的长度是不同的。在木本植物中，节间显著伸长的枝条，称为长枝；节间短缩，各个节间紧密相接的枝条，称为短枝。银杏（图3-9）、苹果、梨等植株上有长枝和短枝之分，短枝上能开放花朵，形成果实，又称为花枝或果枝。

此外，根据短枝顶芽的发育情况可以分为无限短枝和有限短枝。前者每年形成顶芽，具有伸长短枝的功能，如银杏、金钱松，有时因为节间的伸长，短枝顶端可以发育成长枝；后者则不形成顶芽，顶端常和叶片形成一个整体，这种短枝仅在松属经常出现。另外，有些树种还具有特殊的营养枝，也叫脱落性小枝，常常一年生，到了秋季与叶片一起脱落，如水杉、落羽杉。

**（2）常见茎上痕迹**

①叶痕 是叶子脱落后在枝上留下的伤痕，这个伤痕很快被茎的周皮所封闭，形成叶痕（图3-10a）。

②维管束痕 是叶痕上点线状的突起，是叶柄中的维管束在叶脱落后留下的痕迹（图3-10b）。维管束痕的数目在不同类群的树种中有一定的差异。

叶痕的形状和维管束痕的数目及排列形式，因植物的种类而异，可作为鉴别处于落叶状态的木本植物的依据之一，如冷杉小枝上的圆形叶痕是其与云杉的主要区别之一。

③叶迹 是在茎中原本就具有的维管束，即茎内的维管束穿过皮层，到叶柄基部为止的这一段。叶迹数目由一个至多个不等，随植物种类而异，但同种植物的叶迹数目是一定的。叶脱落后，可在叶

图3-9 银杏的长枝和短枝

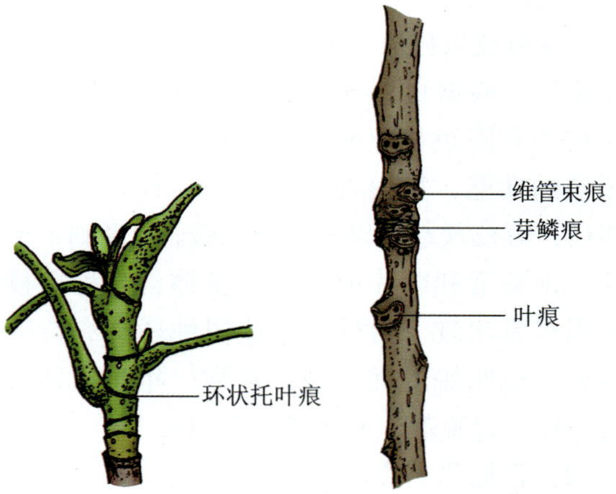


a. 环状托叶痕（杂交鹅掌楸） b. 叶痕、维管束痕、芽鳞痕（杨）

图3-10 风景园林植物的常见茎上痕迹

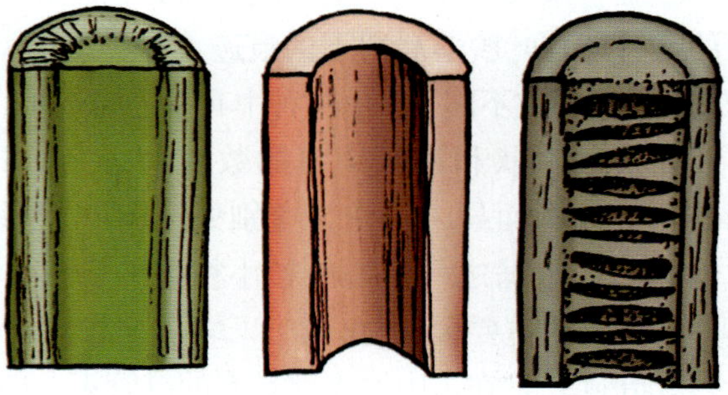

a. 实心髓（花叶鹅掌柴） b. 空心髓（粗叶榕） c. 分隔髓（刺桐）

图3-11 根据植物髓的质地划分髓的类型

痕上看到叶迹。

④托叶痕　指托叶脱落后在茎上留下的痕迹。如环状托叶痕（图 3-10a）是木兰科等植物的重要识别特征之一。

⑤芽鳞痕　鳞芽的鳞片展开后，芽鳞脱落或宿存在新枝基部，称为芽鳞痕。鳞片脱落后留下的芽鳞痕，因为无明显的节间，芽鳞痕密集（图 3-10b），易于与叶痕区分，所以可以根据其判断枝条的年龄和年伸长量。

### 3.2.3.3　髓

风景园林树木的髓是指其枝条中部的组织，髓心俗称树心，可以通过其质地、形状、颜色等来进行树种识别。

**（1）根据髓的质地分类**

①实心髓　大多数树种为实心髓（图 3-11a），包括海绵质髓和均质髓。海绵质髓由松软的薄壁组织组成，如臭椿、楝、接骨木；均质髓由厚壁组织或石细胞组成，如麻栎、栓皮栎。

②空心髓　髓心部分为中空的髓腔，如连翘、溲疏、粗叶榕（图 3-11b）等。

③分隔髓（片状髓）　髓有空室的片状横隔，如枫杨、杜仲、金钟花、刺桐（图 3-11c）等。

**（2）根据髓的形状分类**

①圆形髓心　如花叶鹅掌柴（图 3-12a）、白榆、白蜡等。

②椭圆形髓心　如桂花（图 3-12b）。

③三角形髓心　如红花夹竹桃（图 3-12c）、赤杨等。

④四棱形髓心　如黄荆（图 3-12d）。

⑤五角星形髓心　如龙眼（图 3-12e）、杨树的萌生枝等。

⑥花瓣状髓心　如盆架子（图 3-12f）。

也可以根据髓的颜色进行辨析，例如，葡萄属的髓部颜色为褐色，而蛇葡萄属的髓部颜色为白色。

### 3.2.3.4　芽

芽是未伸展的枝、花或花序，也就是枝、花

或花序尚未发育的雏体。有些植物的芽，在幼叶的外面还包有鳞片。花芽由未发育的一朵花或一个花序组成，其外面也有鳞片包围，由于芽存在于茎上，也可以借此来识别植物种类。

依照芽着生的位置、性质、构造和生理状态等，可把芽分为：

①顶芽、侧芽和不定芽　一般生长在枝条上的，具有一定位置的芽称为定芽，其中着生在枝顶端的叫顶芽，着生在叶腋处的称侧芽或腋芽。与定芽相对应的为不定芽，是指从老茎、老根和叶片上所产生的芽，如刺槐根上，落地生根的叶片上形成的芽。一些植物体受伤后，也可在伤口附近产生不定芽，如秋海棠叶上，或砍伐后的柳树桩上所产生的芽。

②鳞芽与裸芽　芽的外面包有鳞片称为鳞芽。温带及寒带地区的木本植物的芽，如杨树、松树等，都为鳞芽。生长在湿润的热带地区的木本植物及温带地区的草本植物，芽的外面无鳞片，仅为幼叶所包裹，如枫杨、核桃、美国薄壳山核桃的雄花芽，都是裸芽。

③单芽和复芽　依同一节上芽的数量分类，在一个节位上只着生一个明显的芽称单芽，如仁果类果树。在同一节上着生两个明显的芽称为复芽，如核果类果树。

④主芽和副芽　依芽在叶腋间的位置和形态分类，位于叶腋中央而又最充实的芽为主芽。位于主芽上方或两侧的芽为副芽。副芽的大小、形状和数目因树种而异。当副芽位于两侧时，称为并生芽（如山桃、桃、牛鼻栓、郁李等）；当副芽位于主芽上方时，这些芽为叠生芽（如桂花、皂荚、核桃、野茉莉、流苏树等）。

⑤叶芽、花芽和混合芽　是依芽的性质来划分的。芽开放后形成枝叶（苗）的称为叶芽，如榆树；发展为花或花序的为花芽，如小檗；如果一个芽开放后既形成枝叶，又形成花，称作混合芽，如苹果、梨和海棠。

### 3.2.3.5　茎上附属物

风景园林植物的茎上常附有一些枝条的变态或者附属物，这也是用作分类和识别的重要依据，

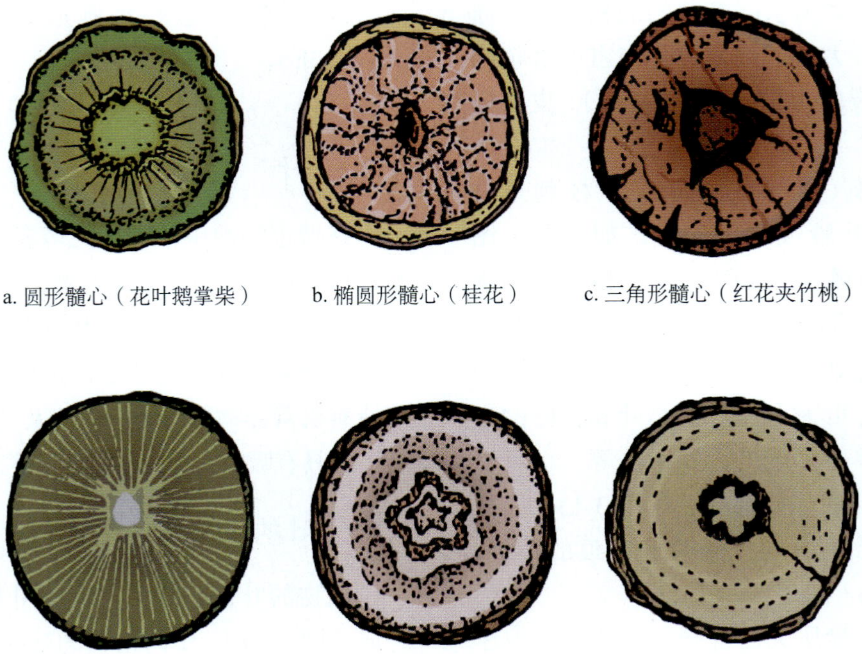

a. 圆形髓心（花叶鹅掌柴）　b. 椭圆形髓心（桂花）　c. 三角形髓心（红花夹竹桃）

d. 四棱形髓心（黄荆）　e. 五角星形髓心（龙眼）　f. 花瓣状髓心（盆架子）

图3-12　根据植物髓的形状划分髓的类型

a. 皮孔（山樱花）　b. 枝刺（皂荚）　c. 皮刺（刺楸）　d. 叶刺（锦鸡儿）　e. 托叶刺（刺槐）

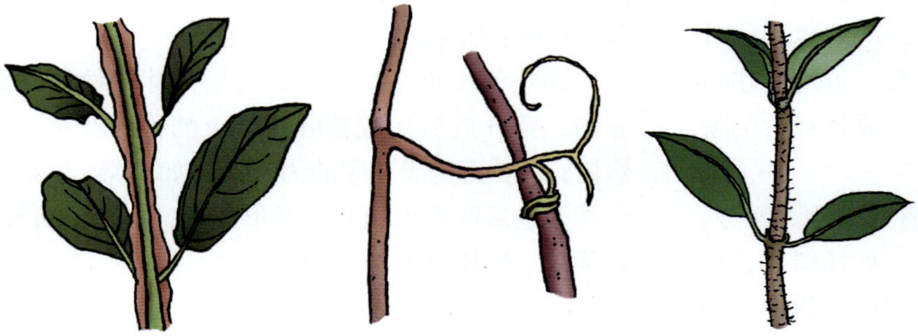

f. 木栓翅（栓翅卫矛）　g. 茎卷须（葎叶蛇葡萄）　h. 毛被（络石）

图3-13　植物茎上附属物

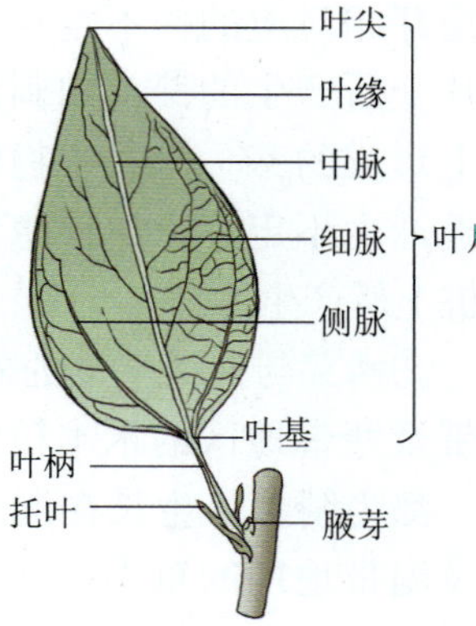


图3-14　叶的组成

根据附属物的不同，大致可以分为：

①皮孔　指一些风景园林植物的枝条上的通气结构，其形状、大小、颜色、分布密度因植物而异，如皮孔横裂的山樱花（图 3-13a）、皮孔横生的白桦等。

②枝刺、皮刺、叶刺和托叶刺　枝刺是枝条的变态，生于叶腋或枝条先端，如皂荚（图 3-13b）、刺榆、沙棘等；皮刺是表皮和树皮的突起，位置不固定，除了枝条外，其他器官如叶、花、果实、树皮等处均可出现皮刺，如月季、刺楸（图 3-13c）等；叶刺和托叶刺是叶和托叶的变态，叶刺可以是单叶形成的，如小檗等，也可以是由复叶和叶轴形成，如锦鸡儿（图 3-13d），托叶刺则常常成对出现，位于叶片和叶痕的两侧，如枣、酸枣、刺槐（图 3-13e）等。

③木栓翅　木栓质突起呈翅状，如栓翅卫矛（图 3-13f）、大果榆、黑榆等。

④茎卷须　枝条的变态，如葡萄、扁担藤、葎叶蛇葡萄（图 3-13g）等。

⑤毛被　由表皮细胞形成的毛茸，如络石（图 3-13h）。

## 3.3　叶

在城市绿地中常常可见多姿多彩的植物叶片，有的形状奇异，有的色彩斑斓。叶是维管植物营养器官之一，是由芽的叶原基发育而成，通常绿色，有规律地着生在茎的节上，是植物进行光合作用、制造有机营养物质、蒸腾水分及气体交换的主要器官，还具有吸收、分泌、繁殖、贮藏等功能。

### 3.3.1　叶的结构

植物的叶，一般由叶片、叶柄和托叶三部分组成（图 3-14），不同植物的叶片、叶柄、托叶的形状是多种多样的。具有叶片、叶柄、托叶三部分的叶，称为完全叶，如桃、月季、白梨等；有些叶只具有其中一个或两个部分，则称为不完全叶，其中无托叶的比较普遍，如丁香。有些植物的叶具托叶，但会早落。

### 3.3.2 叶的类型

叶的类型包括单叶和复叶。一个叶柄上只生一个叶片的称为单叶。一个叶柄上生有二至多数叶片的称作复叶。复叶的叶柄仍叫作叶柄，也可称总叶柄，叶柄以上的轴叫叶轴。叶轴两侧所生的叶片叫作小叶，小叶的柄叫作小叶柄。复叶依小叶排列情况不同可分为以下几种类型：

**（1）羽状复叶**

小叶排列在叶轴的两侧呈羽毛状，羽状复叶又分为：

①奇数羽状复叶　顶端生有一顶生小叶，小叶的数目为单数的羽状复叶，如刺槐、核桃、‘龙爪’槐（图 3-15a）、蔷薇、化香等。

②偶数羽状复叶　顶端生有两片顶生小叶，小叶的数目为偶数的羽状复叶，如黄连木、无患子（图 3-15b）、锦鸡儿等。

若总叶轴的两侧有羽状排列的分支，此分支叫作羽片，分支上再生羽状排列的小叶，这样的叶子叫作二回羽状复叶，如合欢、皂荚；如羽片像总叶柄一样再次分支，叫作三回羽状复叶，如楝；依次羽片再次分支，叫作多回羽状复叶，如蒿属、南天竹等。

**（2）掌状复叶**

小叶在总叶柄顶端着生在一个点上，向各方展开而成掌状的叶，如七叶树（图 3-15c）、木通、多叶羽扇豆、五叶地锦等。

**（3）三出复叶**

仅有三个小叶着生在总叶柄顶端。有羽状三出复叶与掌状三出复叶之分，前者是顶生小叶生于总叶柄顶端，两个侧生小叶生于总叶柄顶端以下，如迎春花、大豆、菜豆、胡枝子（图 3-15d）、苜蓿等；后者是三个小叶都生于总叶柄顶端，如酢浆草（图 3-15e）、橡胶树等。

**（4）单身复叶**

两个侧生小叶退化，总叶柄顶端只着生一个小叶，总叶柄顶端与小叶连接处有关节，如金橘、柑橘、柚、甜橙、香橼（图 3-15f）等。在单身复叶中，叶轴的两侧通常或大或小向外作翅状扩展。

### 3.3.3 叶的识别

在鉴别树种的时候，叶具有明显的独特的容易观察和比较的形态特征，是比较和识别树种的一个重要指征。叶片是叶的主要组成部分，在鉴定中常可以通过叶色、叶序、叶形、叶尖、叶基、叶缘、叶裂、叶脉及叶片附属物等加以判断。

#### 3.3.3.1 叶色

叶的颜色有极大的观赏价值，叶色变化的丰富，难以用笔墨形容，虽为高超的画家也难调出其所具有的色调，园林工作者若能充分掌握并加以精巧安排，必能形成神奇之笔。根据叶色的特点可分为以下几类：

**（1）绿色类**

绿色虽属叶子的基本颜色，但详细观察则有嫩绿、浅绿、鲜绿、浓绿、黄绿、赤绿、褐绿、蓝绿、墨绿、亮绿、暗绿等差别。将不同绿色的树木搭配在一起，能形成美妙的色感。例如，在暗绿色针叶树丛前，配置黄绿色树冠，会形成满树黄花的效果。现以叶色的浓淡为代表，举例如下：

①叶色呈深浓绿色者　油松、圆柏、雪松、云杉、青杆、侧柏、山茶、女贞、桂花、大叶冬青（图 3-16a）、槐、榕、毛白杨、构树等。

②叶色呈浅淡绿色者　水杉、落羽杉、落叶松、金钱松、七叶树、鹅掌楸、玉兰等。

应加以说明的是叶色的深浅、浓淡会受环境及本身营养状况的影响而发生变化，所以上述分法应以正常情况为准。为深入掌握叶色的变化规律，在观察记载时应记录环境条件及植物本身的生长状况。

**（2）春色叶类及新叶有色类**

树木的叶色常因季节的不同而发生变化，例如，栎树在早春呈鲜嫩的黄绿色，夏季呈正绿色，秋季则变为褐黄色。除对树木在夏季的绿叶加以

a. 奇数羽状复叶（‘龙爪’槐）　b. 偶数羽状复叶（无患子）　c. 掌状复叶（七叶树）　d. 羽状三出复叶（胡枝子）　e. 掌状三出复叶（酢浆草）　f. 单身复叶（香橼）

图3-15　复叶的类型

a. 绿色叶片（大叶冬青）　b. 春色叶片（山麻杆）　c. 秋色叶片（火炬树）　d. 紫色叶片（‘紫叶’李）　e. 黄色叶片（金叶女贞）　f. 双色叶片（胡颓子）　g. 斑色叶片（变叶木）

图3-16　植物的叶色

研究外，在园林工作中尤其应注意其春季及秋季叶色的显著变化。对春季新发生的嫩叶有显著不同叶色的，统称为“春色叶树”，例如，山麻杆的春叶呈红色（图 3-16b），黄连木春叶呈紫红色等。在南方暖热气候地区，有许多常绿树的新叶不限于在春季发生，而是不论季节只要发出新叶就会具有美丽色彩而有宛若开花的效果，如铁力木等，这一类统称为新叶有色类。为了方便起见，也可将此类与春季发叶类统称为春色叶类。

本类树木如种植在浅灰色建筑物或浓绿色树丛前，能产生类似开花的观赏效果。

**（3）秋色叶类**

凡在秋季叶子能有显著变化的树种，均称为“秋色叶树”，各国园林工作者均极为重视。

①秋叶呈红色或紫红色者　鸡爪槭、五角枫、茶条槭、糖槭、枫香、地锦、五叶地锦、小檗、樱花、火炬树（图 3-16c）、漆树、盐肤木、野漆、黄连木、柿、黄栌、南天竹、石楠、花楸、百华花楸、乌桕、红槲、卫矛、山楂等。

②秋叶呈黄色或黄褐色者　银杏、白蜡、鹅掌楸、加拿大杨、柳、梧桐、榆、槐、白桦、无患子、复叶槭、紫荆、栾树、麻栎、栓皮栎、悬铃木、胡桃、水杉、落叶松、金钱松等。

以上仅示秋叶之一般变化，实则在红与黄中，又可细分为许多类别。在园林实践中，由于秋色期较长，早为各国人民所重视。例如，在我国北方每于深秋观赏黄栌的红叶，而南方则以枫香、乌桕的红叶著称。在欧美的秋色叶中，红槲、桦类最为夺目。而在日本，则以槭树最为普遍。

**（4）常色叶类**

有些树的变种或变型，其叶常年均成异色，而不必待秋季来临，特称为常色叶树。全年树冠呈紫色的有‘紫叶’小檗、紫叶欧洲槲、‘紫叶’李（图 3-16d）、紫叶桃等；全年叶均为金黄色的有金叶鸡爪槭、金叶雪松、金叶圆柏、金叶女贞（图 3-16e）等；全年叶均具斑驳彩纹的有金心黄杨、

‘银边’黄杨、变叶木、洒金珊瑚、红花檵木等。

**（5）双色叶类**

某些树种，其叶背与叶表的颜色显著不同，在微风中就形成特殊的闪烁变化的效果，这类树种特称为“双色叶树”。如银白杨、胡颓子（图3-16f）、栓皮栎、青紫木等。

**（6）斑色叶类**

绿叶上具有其他颜色的斑点或花纹。如桃叶珊瑚、变叶木（图3-16g）等。

除了上述关于叶的各种观赏特性以外，还应注意叶在树冠上的排列，在上部枝条的叶与下部枝条的叶之间，常呈各式的镶嵌状，因而组成各种美丽的图案，尤其当阳光将这些美丽图案投影在铺装平整的地面上时，会产生很好的艺术效果。

有些树木的叶会挥发出香气，如松树、樟科树种及柠檬桉等，均能使人感到精神舒畅。

此外，叶还可有音响的效果。针状叶树种最易发音，所以古来即有“松涛”“万壑松风”的匾额来赞颂园景之美，至于响叶杨，即是坦率地以其能产生音响而命名。

这些园林树木艺术效果的形成并不是孤立的，园林工作者在进行美化配置之前，必须对叶的各种观赏特性有深刻的领悟，才能营造出优美的景色，才能充分发挥出它们的观赏特性。

### 3.3.3.2 叶序

叶在茎或枝条上的排列方式叫叶序。常见的有：

①互生　每节上只着生一片叶，如杨、喜树（图3-17a）、朴树、乌桕、苹果、茶梅、含笑花、石楠等。

②对生　每节上相对着生两片叶，如丁香、石竹、女贞、黄杨（图3-17b）、云南黄素馨、薄荷、金丝桃等。

③轮生　每节上着生三个或三个以上的叶，如夹竹桃（图3-17c）、梓树、黄蝉、茜草科植物等。

④簇生　二个或二个以上的叶着生于极度缩短的短枝上，如银杏、油松、落叶松（图3-17d）、毛杜鹃等。

⑤基生　叶着生在茎基部近地面处，如蒲公英、车前草、紫花地丁（图3-17e）、红花酢浆草、三色堇、报春花等。

### 3.3.3.3 叶形

叶形，通常是指叶片的形状，是按照叶片长度和宽度的比例以及最宽处的位置来划分的，是识别植物的重要依据之一。有关叶形的术语，同样也适用于托叶、萼片、花瓣等器官。常见的风景园林植物叶形可分为以下几种。

①卵形　形如鸡卵，长约为宽的2倍或稍少，中部以下最宽，向上渐狭，如女贞、垂丝海棠（图3-18a）、溲疏、冬青卫矛、枳椇等。

②倒卵形　是卵形的颠倒，如紫云英、海桐（图3-18b）、泽漆等。

③阔卵形　长宽约相等或长稍大于宽，最宽处近叶的基部，如苎麻（图3-18c）。

④倒阔卵形　是阔卵形的颠倒，如玉兰（图3-18d）。

⑤圆形　长宽相等，形如圆盘，如小檗、马

a. 互生（喜树）　b. 对生（黄杨）　c. 轮生（夹竹桃）　d. 簇生（落叶松）　e. 基生（紫花地丁）

图3-17　植物的叶序

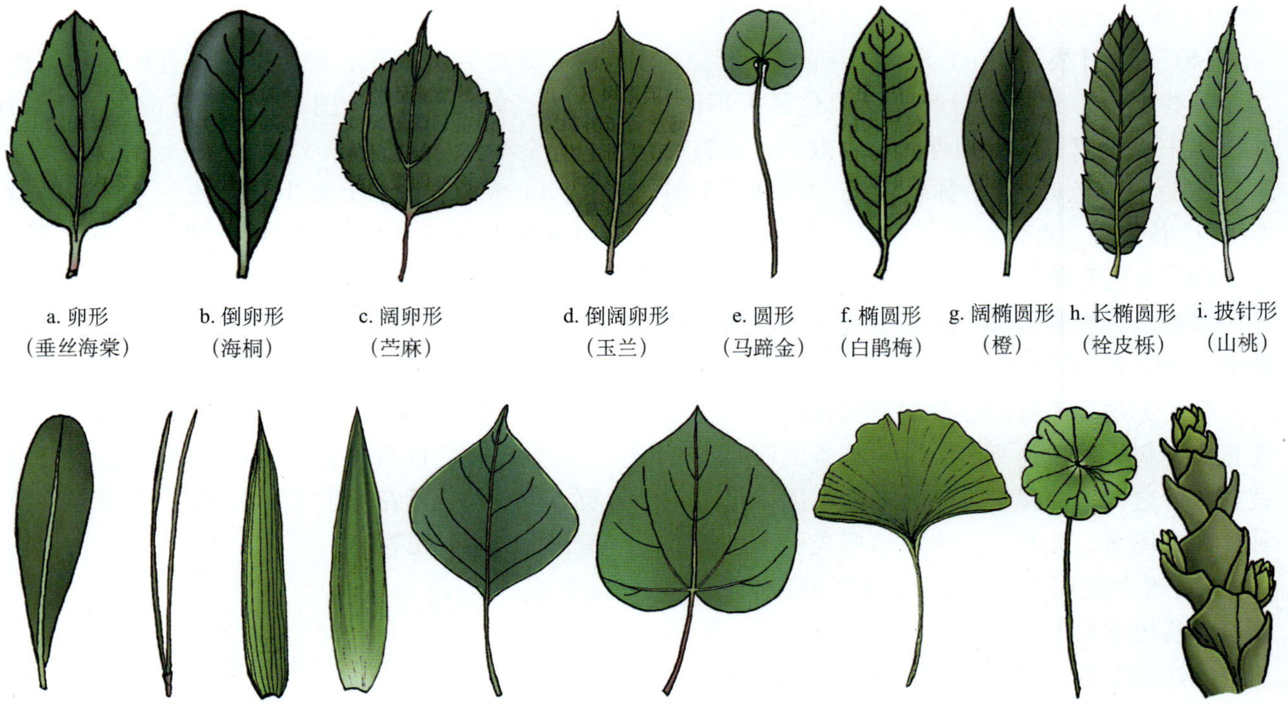


图3-18 植物的叶形

蹄金（图 3-18e）等。

⑥椭圆形　叶片中部宽而两端较狭，两侧叶缘呈弧形，如枫杨、长叶肾蕨、肖竹芋、白鹃梅（图 3-18f）、玫瑰、薜荔等。

⑦阔椭圆形　长为宽的 2 倍或较少，中部最宽，如橙（图 3-18g）。

⑧长椭圆形　长为宽的 3~4 倍，最宽处在中部，如栓皮栎（图 3-18h）。

⑨披针形　长为宽的 3~4 倍，中部以下最宽，向上渐狭，如山桃（图 3-18i）、柳、郁金香等。

⑩倒披针形　是披针形的颠倒，中部以上最宽，向下渐狭，如杨梅、细叶小檗、雀舌黄杨（图 3-18j）、金光菊等。

⑪针形　叶细长，先端尖锐，这种叶形以松科植物最多，如雪松、黑松（图 3-18k）、白皮松、华山松、油松、马尾松、湿地松、黄山松、日本五针松等。

⑫线形　长约为宽的 5 倍以上，且全长的宽度略等，两侧边缘近平行，如小麦（图 3-18l）、韭菜等。

⑬剑形　长而稍宽，先端尖，常稍厚而强壮，形似剑，如剑麻、鸢尾（图 3-18m）、香蒲、龙血树等。

⑭菱形　叶片呈等边斜方形，如菱、乌桕（图 3-18n）等。

⑮心形　长宽比例如卵形，但基部宽圆而微凹，先端急尖，全形似心脏。如紫荆、巨紫荆（图 3-18o）、泡桐、牵牛等。

⑯扇形　形状如扇，如银杏（图 3-18p）。

⑰盾形　形似盾，叶柄着生在叶的下表面，而不在叶的基部或边缘，如莲、旱金莲、蓖麻、野天胡荽（图 3-18q）等。

⑱鳞形　叶状如鳞片，如柽柳、日本香柏、侧柏（图 3-18r）、‘千头’柏、柏木、日本花柏、砂地柏、圆柏等大多数柏科植物。

以上只是叶片的基本形状，很多植物叶形常呈中间类型，这样的叶形常用复合名词来描述，如大叶桉的叶为卵状披针形，加拿大杨的叶为三角状卵形。

### 3.3.3.4 叶尖

叶尖，是指叶片尖端的形状，常见的风景园林植物叶尖形状如下：

①渐尖　叶尖较长，或逐渐尖锐，尖头延长而有内弯的边，如三尖杉、红豆杉、旱柳、阔瓣含笑（图3-19a）、杏、榆叶梅等。

②急尖　尖端成一锐角形而有直边，如女贞、万年青（图3-19b）、迎春花等。

③尾尖　先端呈尾状延长，如郁李、红姜花（图3-19c）、梅、乐昌含笑等。

④钝形　先端钝或狭圆形，如厚朴、紫薇（图3-19d）、卫矛、琼花等。

⑤倒心形　叶尖宽圆而凹缺，如酢浆草、心叶球兰（图3-19e）等。

⑥短尖（凸尖）　叶尖钝形，有中脉延伸于外形成一短尖头，如胡枝子、紫穗槐、玉兰（图3-19f）等。

⑦微缺　叶尖具浅的凹缺，如黄杨、野豌豆（图3-19g）等。

⑧截形　叶端平截，几乎呈一直线，如鹅掌楸、小巢菜等（图3-19h）。

### 3.3.3.5 叶基

叶基，是指叶片基部的形状，常见的风景园林植物叶基形状如下：

①心形　于叶柄连接处凹入成缺口，两侧各有一圆裂片，如梧桐、珙桐（图3-20a）、丁香、巨紫荆、山麻杆、地锦、'金叶'过路黄、牵牛花等。

②耳垂形　叶片基部的两侧呈耳垂状，如芋（图3-20b）、紫芋、苦荬菜等。

③剑形　基部两侧的小裂片向后并略向内，如慈姑（图3-20c）、旋花等。

④楔形　中部以下向基部两边渐变狭状如楔子，如垂柳、旱柳（图3-20d）、杜英、桂花、杨梅、菊花、千日红。

⑤戟形　基部两侧的小裂片向外，如菠菜、天剑、打碗花（图3-20e）等。

⑥圆形　基部呈半圆形，如苹果、柞木、三叶木通（图3-20f）、天女花等。

⑦偏斜形　基部两侧不对称，如朴树、榆树（图3-20g）、榔榆、美国山核桃、檵木、秋海棠等。

⑧匙形　叶基向下，逐渐狭长，如金盏菊（图3-20h）。

a. 渐尖（阔瓣含笑）　b. 急尖（万年青）　c. 尾尖（红姜花）　d. 钝形（紫薇）　e. 倒心形（心叶球兰）　f. 短尖（凸尖）（玉兰）　g. 微缺（野豌豆）　h. 截形（小巢菜）

图3-19　植物的叶尖

a. 心形（珙桐）　b. 耳垂形（芋）　c. 剑形（慈姑）　d. 楔形（旱柳）　e. 戟形（打碗花）　f. 圆形（三叶木通）　g. 偏斜形（榆树）　h. 匙形（金盏菊）　i. 下延形（烟草）

图3-20　植物的叶基

⑨下延形　叶片向下延长，而着生在茎上成翅状，如烟草（图 3-20i）、山莴苣等。

### 3.3.3.6　叶缘

叶缘，是指叶片的边缘，常见的风景园林植物叶缘有以下几种：

①全缘　叶缘成一连续的平线，不具任何锯齿或缺刻，如木莲、女贞、丁香、蜡梅、樟树、浙江桂、南天竹、叶子花（图 3-21a）等。

②锯齿状　边缘具尖锐的锯齿，齿端向前，如垂柳、旱柳、杜仲（图 3-21b）、海棠花、苹果、月季、红叶石楠等。

③重锯齿　叶缘有较大的锯齿与小锯齿相间，如榆、樱花、鸡爪槭、棣棠、落新妇（图 3-21c）、郁李等。

④牙齿状　边缘具尖锐齿，两侧边近等长，齿端向外，如苎麻、灰藜（图 3-21d）等。

⑤钝齿状　边缘具钝头的齿，如‘金边’大叶黄杨、秋牡丹、蛇莓（图 3-21e）等。

⑥波状　边缘起伏如微波，如白栎、槲栎（图 3-21f）、万年青、茄子等。

⑦皱缩状　叶缘波状曲折较波状更大，如羽衣甘蓝（图 3-21g）。

⑧芒状　叶缘刺芒状，如麻栎（图 3-21h）、栓皮栎、冬青等。

### 3.3.3.7　叶裂

叶片边缘常有深浅和形状不一的凹陷，此凹陷称为缺刻，两缺刻之间的叶片部分称为裂片。按缺刻深浅、裂片排列方式，叶裂类型主要分为下列几种。

**（1）羽状分裂**

叶片长形，裂片自主脉两侧排列成羽毛状，依其缺裂深浅程度分为：

①羽状浅裂　缺裂深度不超过叶片宽度 1/4 的羽状分裂，如一品红（图 3-22a）、二月蓝等。

②羽状深裂　缺裂深度超过叶片宽度 1/4，如山楂（图 3-22b）、牻牛儿苗等。

③羽状全裂　缺裂深度直达中脉，如白屈菜（图 3-22c）、白苞蒿等。

**（2）掌状分裂**

叶近圆形，裂片呈掌状排列，依其缺裂的深度不同，可分为：

①掌状浅裂　缺裂深度不超过叶片宽度 1/4，如熊掌木（图 3-22d）。

②掌状深裂　缺裂深度超过叶片宽度 1/4，如鸡爪槭（图 3-22e）、八角金盘等。

③掌状全裂　缺裂深度直达叶片中心叶柄处，

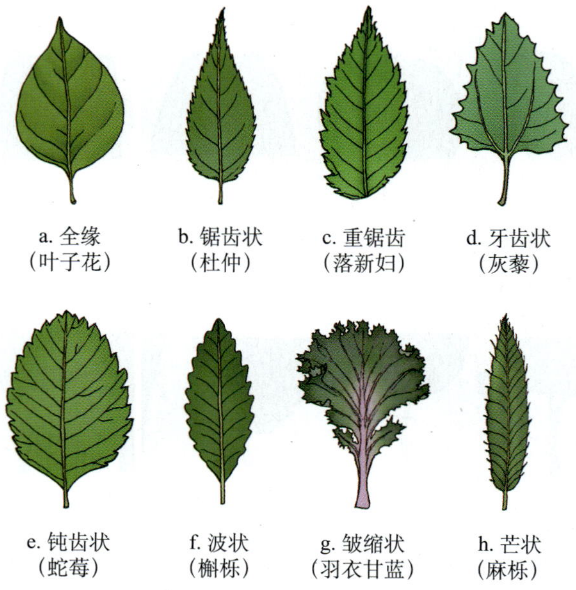


图3-21　植物的叶缘

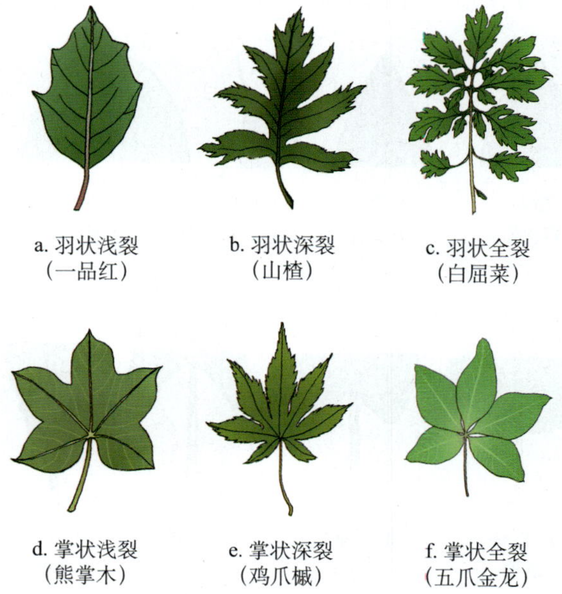


图3-22　植物的叶裂

如大麻、五爪金龙（图 3-22f）等。

#### 3.3.3.8 脉序

脉序，是指叶脉在叶片上分布的方式，常见的风景园林植物的脉序类型如下。

**（1）网状脉**

细脉分支交错，连接成网状。大多数双子叶植物和少数单子叶植物的脉序属此种类型。网状脉又分为两类：

①羽状网脉　或称羽状脉，中脉明显，侧脉由中脉两侧分出，细脉连接成网状，如白榆、槲树、麻栎、苹果、郁香忍冬（图 3-23a）等。

②掌状网脉　或称掌状脉，叶柄顶端同时有数条大脉成掌状射出，细脉连接成网状。若具三条自叶基发出的主脉，称为基生三出脉，如朴树（图 3-23b）；若三条主脉稍离叶基发出，则称为离基三出脉，如樟树（图 3-23c）。

**（2）平行脉**

侧脉与中脉平行达叶尖或自中脉分出走向叶缘而没有明显的小脉连结，如绝大多数单子叶植物的脉序。平行脉可分为：

①直出平行脉　侧脉与中脉平行达叶尖，如竹（图 3-23d）等。

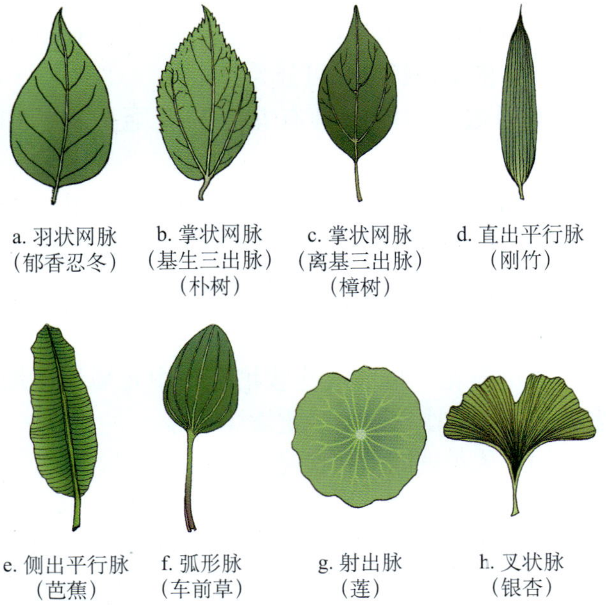


图3-23　植物的脉序

②侧出平行脉　侧脉自中脉两侧分出走向叶缘，彼此平行，如香蕉、芭蕉（图 3-23e）、美人蕉等。

③弧形脉　各脉自基部平行出发，但彼此逐渐远离，稍作弧形，最后集中在叶尖汇合，称为弧状平行脉或弧形脉，如玉簪、紫萼、车前草（图 3-23f）等。

**（3）射出脉**

多数叶脉由叶片基部辐射出，如棕榈、蒲葵、莲（图 3-23g）等。

**（4）叉状脉**

见于蕨类植物和少数种子植物。这类脉序的每一条叶脉都进行 2~3 级分叉，为较原始的脉序，如银杏（图 3-23h）。

#### 3.3.3.9 叶片附属物

常见的叶片附属物有毛被，是指一切由表皮细胞形成的毛茸，根据叶片被有的毛被不同，可以分为以下几种类型。

①柔毛　毛被柔软，不贴附表面，如柿树、小蜡等。

②绢毛　毛被较长，柔软而贴附，有丝绸光泽，如三桠乌药。

③绒毛　毛被柔软棉状，常缠结或呈垫状，如银白杨。

④硬毛　毛被短粗而硬直，如蜡梅、葛藤等。

⑤睫毛　毛被成行生于叶缘，如探春。

⑥星状毛　毛被从中央向四周分支，呈星状，如溲疏。

⑦腺毛　毛被顶端具有膨大的腺体，如核桃楸。

此外，裸子植物的叶片上方或者下方常常会有气孔排列而成的气孔带，这也是分类和识别的依据之一。

## 3.4　花

花，常称为花朵，是被子植物（又称有花植物或开花植物）的繁殖器官，其生物学功能是结合雄性精细胞与雌性卵细胞以产生种子。这一进

图3-24　花的结构图（山樱花）

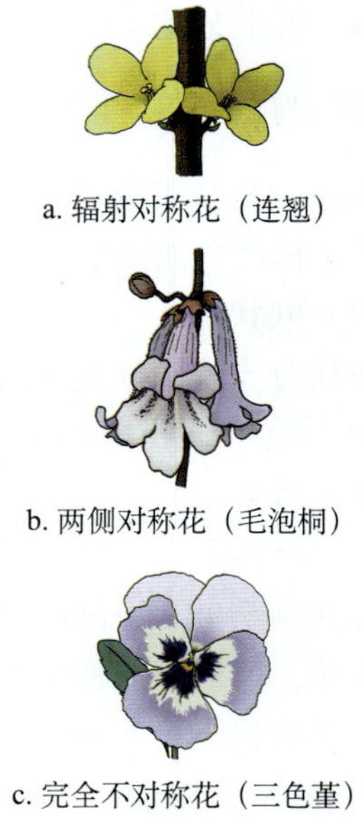


图3-25　依花被排列状况划分花的类型

程始于传粉，接着受精，最后形成种子并加以传播。对于高等植物而言，种子便是其下一代，而且是植物自我繁衍的主要手段。

### 3.4.1　花的结构

典型的花由花梗、花托、花萼、花冠、雄蕊和雌蕊六个部分组成（图 3-24）。从外向里分别是花萼、花瓣、雄蕊群、雌蕊群，花梗与花托位于下方。花萼和花冠合称花被。花被保护着雄蕊和雌蕊，并有助于传粉。雄蕊和雌蕊完成花的有性生殖过程，是花的重要组成部分。

### 3.4.2　花的类型

（1）依花的组成状况，可分为：

①完全花　指一朵花中花萼、花冠、雄蕊、雌蕊四部分均具备的花，如桃、梅、茶等。

②不完全花　指一朵花中花萼、花冠、雄蕊、雌蕊四部分缺少任何一部分或几部分的花。如黄瓜的雄花和雌花、杨树的花。

（2）依雌雄蕊发育状况，可分为：

①两性花　一朵花中的雌雄蕊都存在，且能正常发育的花，如桃花、樱花、蔷薇、百合等。

②单性花　一朵花只存在雌蕊或雄蕊且正常发育的花。其中只有雄蕊的花叫作雄花；只有雌蕊的花叫作雌花；雌花和雄花生于同一植株上叫作雌雄同株，如乌桕、核桃、油桐等；雌花和雄花生于不同植株上叫作雌雄异株，如银杏、杨、柳、桑、棕榈等。

③无性花　一朵花中的雌雄蕊均不具备，如向日葵花序中的边花。

④杂性花　指一种植物既有单性花，又有两性花，如朴树、漆树、无患子、荔枝等。

⑤孕性花　指雌蕊发育正常，能够结种子的花。

⑥不孕性花　指雌蕊发育不正常，不结种子的花。

（3）依花被状况，可分为：

①两被花　同时具有花萼与花冠的花，如桃等。

②单被花　一般指只有花萼或花冠的花，如桑等。

③无被花（裸花）　不具花萼和花冠的花，如杨、柳、核桃等。

④重瓣花　指在一些栽培植物中花瓣层数增多的花，如月季、晚樱、重瓣棣棠等。

（4）依花被的排列状况，可分为：

①辐射对称花　一朵花的花被片大小、形状相似，通过它的中心可以有两个以上对称面，又叫整齐花，如桃、海棠花、连翘（图 3-25a）、向日葵等。

②两侧对称花　一朵花的花被片大小、形状

不同，这种花通过中心时，只有一个对称面，又叫不整齐花，如刺槐、毛泡桐（图3-25b）、金银花、唇形科植物等。

③完全不对称花　一朵花的花被片大小、形状不同，通过它的中心没有对称面，也是一种不整齐花，如美人蕉、三色堇（图3-25c）等。

## 3.4.3 花的识别

### 3.4.3.1 花序

花序，是指花在花序轴上的排列方式，花序生于枝顶端的叫作顶生；生于叶腋的叫作腋生。一朵花单独生于枝顶端或叶腋时叫作单生花，整个花序的轴叫作花序轴。如果花序轴自地表附近及地下茎伸出，不分支，不具叶，叫花莛。如果花序轴上有多数花，除顶花以外，其余各花都是由侧生变态叶的叶腋生出，这种变态叶较小而简单，叫作苞片，有些是苞片集生在花序基部，叫作总苞。花序的类型复杂多样，根据主轴的长短、分支与否、花柄的有无以及各花的开放顺序，可分为无限花序和有限花序两类。

**（1）无限花序**

这是一种类似总状分支的花序，又称向心花序，开花顺序是花序轴下部或周围的花先开放，渐及上部或向中心依次开放，而花序轴可继续生长。

无限花序分为以下几种常见类型：

①总状花序　花有梗，排列在一不分支且较长的花序轴上，花多数，有近等长的小梗，随开花而花序轴不断伸长。如刺槐、皂荚、双荚决明、紫藤、商陆（图3-26a）、飞燕草等。

②穗状花序　花轴直立，较长，花的排列与总状花序相似，但花无柄或近无柄，直接生长在花序轴上，呈穗状。如马鞭草（图3-26b）、蜀葵等。

③肉穗花序　穗状花序轴膨大或肉质化，呈棒状，花无柄，单性，小花密生于肥厚的轴上，外包大型苞片。如棕榈、椰子、散尾葵、香蒲、马蹄莲、红掌（图3-26c）等。大多数花序下面有大型的佛焰苞片，故也称佛焰花序。

④柔荑花序　花序轴柔软下垂，上面由许多无柄的单性无被花组成，开花后雄性花序脱落，雌性花序在果实成熟后脱落。如垂柳（图3-26d）、

a. 总状花序（商陆）　b. 穗状花序（马鞭草）　c. 肉穗花序（红掌）　d. 柔荑花序（垂柳）

e. 伞形花序（石蒜）　f. 伞房花序（垂丝海棠）　g. 头状花序（构树雌花序）　h. 隐头花序（无花果）

图3-26　植物的无限花序

核桃、杨、桑、枫杨等。

⑤伞形花序　花序轴极短，许多花从顶部一起生出，花柄近等长或不等长，状如张开的伞，如君子兰、天竺葵、报春花、石蒜（图3-26e）、大花葱、常春藤、香菇草、点地梅、四季报春、朱顶红、五加科植物等。若花序轴顶端丛生若干长短相等的分支，每分支各自成一伞形花序，则为复伞形花序。如刺楸等。

⑥伞房花序　花序轴较短，下部花柄较长，向上渐短，近顶端的花柄最短，花排列在一个平面上，如豆梨、苹果、垂丝海棠（图3-26f）、樱花、鸡爪槭、海桐、百合等。花序轴上的分支呈伞房状排列，每一分支又自成一伞房花序，即为复伞房花序，如花楸、石楠、粉花绣线菊等。

⑦头状花序　花轴短缩而膨大，花无柄，集生于一平坦或隆起的总花托上，而呈一头状或扁平状，如构树的雌花序（图3-26g）、柘树、四照花、含羞草、菊科植物等。

⑧隐头花序　花序轴特别肥厚膨大而呈凹陷状，很多无柄小花着生在凹陷的腔壁上，几乎全部隐没不见，仅留一小孔与外方相通，为昆虫进出腔内传布花粉的通道。小花多单性，一般上部为雄花，下部为雌花，如无花果（图3-26h）、榕树、薜荔等。

**（2）有限花序**

有限花序或离心花序，也叫聚伞花序。花序中最顶端或最中心的花先开放，渐及下边或周围，花序轴不再延长。

①单歧聚伞花序　主轴开花后，侧枝又在顶端开花，逐次继续下去，各次分支的方向又有变化，包括：

螺旋状聚伞花序　一侧发育而卷曲如螺旋状的聚伞花序，如附地菜（图3-27a）、勿忘草等。

蝎尾状聚伞花序　侧生聚伞花序左右间隔形成，如虎耳草、雄黄兰（图3-27b）、唐菖蒲、委陵菜、黄花菜等。

②二歧聚伞花序　每次具有两个分支的聚伞花序，如冬青、石竹、大叶黄杨（图3-27c）等。

③多歧聚伞花序　从主轴分出两个以上分支的聚伞花序，如泽漆（图3-27d）、天竺葵等。

④轮伞花序　聚伞花序着生在对生叶腋，花序轴及花梗极短呈轮状排列，如益母草（图3-27e）、夏至草等。

另外，有些植物在同一花序上既有有限花序又有无限花序的花序就叫混合花序，这类花序的主花序轴形成无限花序，侧生花序轴形成有限花序，如丁香。

### 3.4.3.2　花相

花或花序在树冠、枝条上的排列方式及其所表现出来的整体表现形貌称为花相，可以分为纯式和衬式两大类。纯式花相指在开花时，叶片尚未展开，全树只见花不见叶的一类，故称纯式；衬式花相指在展叶后开花，全树花叶相衬，故称衬式。

每种植物的花相差异很大，常见风景园林植物的花相分为以下几种类型：

①独生花相　花序一个，生于干顶，如苏铁（图3-28a）。

a. 螺旋状聚伞花序（附地菜）　b. 蝎尾状聚伞花序（雄黄兰）　c. 二歧聚伞花序（大叶黄杨）　d. 多歧聚伞花序（泽漆）　e. 轮伞花序（益母草）

图3-27　植物的有限花序

a. 独生花相（苏铁）

b. 干生花相（紫荆）

c. 线条花相（金钟花）

d. 星散花相（鹅掌楸）

e. 团簇花相（白玉兰）

f. 覆被花相（七叶树）

g. 密满花相（东京樱花）

图3-28 植物的花相

②干生花相　花或花序生于老茎上，形成“老茎生花”现象。主要产于热度湿润地区，如槟榔、波罗蜜、可可、鱼尾葵、紫荆（图 3-28b）等。

③线条花相　花或花序排列在小枝上，形成细长的花枝，如迎春花、连翘、金钟花（图 3-28c）、笑靥花等。

④星散花相　花或花序数量少，疏布于树冠的各个部分，如白兰花、鹅掌楸（图 3-28d）等。

⑤团簇花相　花或花序大而多，密布于树冠的各个部分，如白玉兰（图 3-28e）、紫玉兰、木本绣球等。

⑥覆被花相　花或花序分布于树冠的表层，形成覆伞状。如合欢、七叶树（图 3-28f）、泡桐、珍珠梅、接骨木、金银木等。

⑦密满花相　花或花序生于全树的各个小枝，使树冠宛如一个大花团，如东京樱花（图 3-28g）、毛樱桃、榆叶梅等。

#### 3.4.3.3　花萼

花萼由萼片组成，常小于花瓣，质较厚，通常为绿色，是花被的最外一轮或最下一轮。

根据花萼的离合程度，有离萼和合萼之分。萼片彼此完全分离的称为离萼，如枣等；部分或完全合生的叫合萼，如蔷薇等。合萼大多上部分离成萼片，基部联合成萼筒。有些植物具有两轮萼片，外轮花萼称为副萼，如锦葵。花萼通常花后脱落，但也有花萼不脱落，与果实一起发育的，成为宿萼，如枸杞、柿等。菊科植物的萼片常变态成羽毛状、鳞片状、针形、刺状，称为冠毛。

#### 3.4.3.4　花冠

花冠由花瓣组成，由于花瓣分离或连合，花瓣形状、大小、花冠筒长短不同，形成各种类型的花冠，主要有下列几种。

①蔷薇花冠　花瓣5片或更多，等大，分离，每片呈广圆形，呈辐射对称排列，无瓣片与瓣爪之分，如桃、梨、蔷薇、月季（图3-29a）等蔷薇科植物。

②“十”字形花冠　花瓣4片，分离，排列成“十”字形，如十字花科植物（图3-29b）。

③蝶形花冠　花瓣5片，离生，呈两侧对称排列，最上（外）一片花瓣最大，常向上扩展，称为旗瓣；侧面两片较小，且不同形，常直展，称为翼瓣；最下面两片常稍合生，并弯曲成龙骨状，称为龙骨瓣，如红花槐、紫藤（图3-29c）等蝶形花科植物。

④假蝶形花冠　是指苏木科植物（又称云实科）的花冠（图3-29d），呈上升覆瓦状排列。区别于蝶形花科植物的花冠为蝶形花瓣（花左右对称，两个龙骨瓣连合）。

⑤唇形花冠　花瓣5片，基部合生成筒状，上部裂片分成二唇状，两侧对称，如薄荷、一串红（图3-29e）等唇形科植物。

⑥漏斗形花冠　花瓣5片全部合生成漏斗形，如牵牛、碧冬茄（图3-29f）、六月雪、枸杞等。

⑦管状花冠　花瓣连合成管状，花冠裂片向上伸展，如醉鱼草（图3-29g）、向日葵花序的盘花等。

⑧舌状花冠　花瓣基部连生成短筒，上部连生并向一边开张成扁平状，如向日葵的边缘花、百日菊、蒲公英（图3-29h）等一些菊科植物。

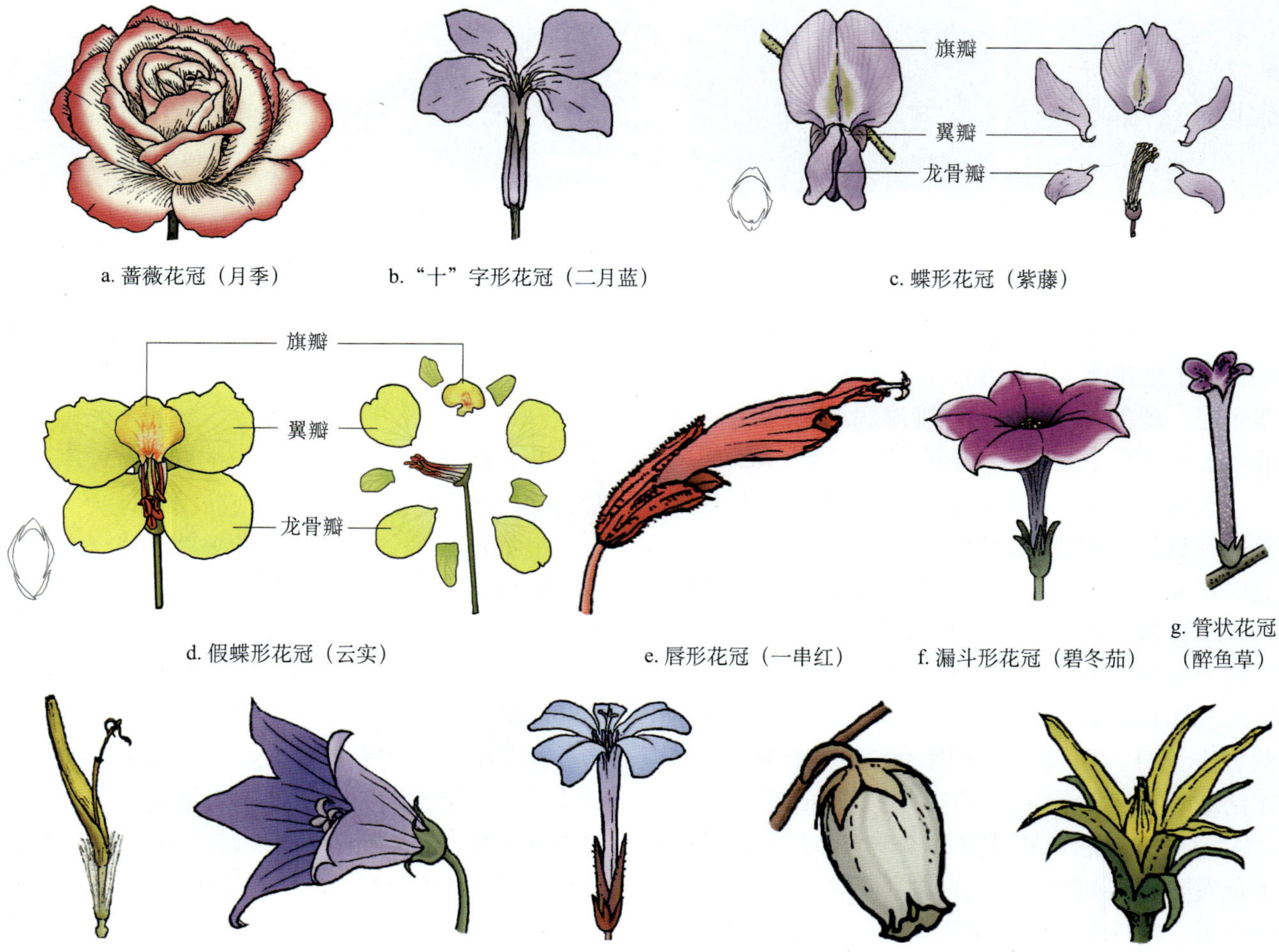


a. 蔷薇花冠（月季）　b.“十”字形花冠（二月蓝）　c. 蝶形花冠（紫藤）

d. 假蝶形花冠（云实）　e. 唇形花冠（一串红）　f. 漏斗形花冠（碧冬茄）　g. 管状花冠（醉鱼草）

h. 舌状花冠（蒲公英）　i. 钟形花冠（桔梗）　j. 高脚碟状花冠（蓝雪花）　k. 坛状花冠（乌饭树）　l. 辐射状花冠（番茄）

图3-29　植物的花冠

⑨钟形花冠　花冠筒宽而稍短，上部扩大成钟形，如桔梗（图 3-29i）等。

⑩高脚碟状花冠　花冠下部是狭圆筒状，上部突然呈水平状扩展成碟状，如水仙、迎春花、蓝雪花（图 3-29j）、络石、长春花、蔓长春花等。

⑪坛状花冠　花冠筒膨大成卵形，上部收缩成一短颈，然后短小的冠裂片向四周辐射状伸展，如柿树、葡萄风信子、乌饭树（图 3-29k）等。

⑫辐射状花冠　花冠筒极短，花冠裂片向四周辐射状伸展，如枸杞、番茄（图 3-29l）等。

此外，花瓣与花萼在花芽中排列的方式也随植物种类不同而异，常见的有下列几种：

①镊合状　指花瓣或萼片各部分的边缘彼此接触，但不相互覆盖，如黄常山等。

②旋转状　指花瓣或萼片每一片的一边覆盖着相邻一片的边缘，而另一片又被另一相邻片的边缘所覆盖，如黄花夹竹桃等。

③覆瓦状　与旋转状排列相似，但必有一片完全在外，有一片则完全在内，如桃、梨等。

### 3.4.3.5　雄蕊

雄蕊由花丝和花药两部分组成，位于花冠的内轮，而有的植物无花丝。花丝的先端着生花药，基部通常着生于花托上或插生于花冠基部与花冠愈合，也有着生于花盘上的。

在花粉传播过程中，花药成熟后开裂散出花粉。开裂方式很多，主要的花药开裂方式有：

①纵裂　花药沿长轴方向纵裂，是一种最常见的开裂方式，如百合、桃、梨等。

②横裂　沿花药中部横向裂开，如木槿、蜀葵等。

③瓣裂　花药的每个药室有活板状的盖，成熟时花粉由活板盖掀开的孔散出，如小檗、樟树等。

④孔裂　药室顶端成熟时开一小孔，花粉由小孔中散出，如杜鹃花等。

根据花药在花丝上着生的方式，又可以分为：

①全着药　指花药全部着生在花丝上。

②基着药　指花药的基部着生在花丝顶端。

③背着药　指花药的背部着生在花丝上。

④丁字药　花药的背部中央着生在花丝顶端。

⑤个字药　花药基部张开，花丝着生在汇合处，形如“个”字。

⑥广歧药　花药两个半药完全分离，叉开成一直线，花丝着生在汇合处。

雄蕊群是一朵花内全部雄蕊的总称，在完全花中，位于花被和雌蕊群之间。不同植物的雄蕊群，由于花丝的长短、雄蕊的数目与合生程度的不同，因而形成各种各样的形态类型。

①离生雄蕊　一朵花中雄蕊的花丝、花药全部分离，如桃、梨等。

②单体雄蕊　一朵花中雄蕊的花丝互相连合成一体，而花药分离，如木槿、楝等。

③二体雄蕊　一朵花中雄蕊的花丝连合并分成二组（两组的数目相等或不等），如刺槐等。

④多体雄蕊　一朵花中雄蕊的花丝连合成多束，如蓖麻、金丝桃等。

⑤聚药雄蕊　一朵花中雄蕊的花丝分离，花药合生，如菊科植物。

⑥二强雄蕊　一朵花中雄蕊 4 枚，2 枚长，2 枚短，如荆条等一些唇形科植物。

⑦四强雄蕊　一朵花中雄蕊 6 枚，4 枚长，2 枚短，如十字花科植物。

⑧冠生雄蕊　一朵花中雄蕊着生在花冠上，如丁香等。

### 3.4.3.6　雌蕊

雌蕊位于花的中央部分，是花的最内轮，由子房、花柱及柱头三部分组成。柱头在雌蕊的先端，是传粉时接受花粉的部位。雌蕊的基部为子房，是雌蕊的主要部分，子房内孕育着胚珠。花柱连接着柱头和子房，是柱头通向子房的通道。

雌蕊群是一朵花内全部雌蕊的总称。一朵花中可以有一至多个雌蕊，心皮是构成雌蕊的基本单位，是具有生殖作用的变态叶。心皮的数目、合生情况和位置也是植物识别的基础，是科、属分类的重要特征。

根据组成雌蕊的心皮数目、离合情况可分为以下类型：

①单雌蕊　一朵花中只由一个心皮构成的雌蕊称单雌蕊，如桃、豆科植物等。

②离生雌蕊　一朵花中有由数个心皮形成彼此分离的雌蕊，如草莓、牡丹、木兰科植物等。

③复雌蕊　一朵花中有由两个或两个以上心皮相互联合形成的雌蕊，可分为三种：

——柱头、花柱分离，子房合生，如梨。

——柱头分离，花柱、子房合生，如南瓜、向日葵等。

——柱头、花柱、子房都合生，如油菜。

植物的子房是雌蕊基部的膨大部分，有或无柄，着生在花托上，由于与花托连生的情况不同，可分以下几种类型：

①子房上位　花托多少凸起，子房只在基底与花托中央最高处相接，或花托多少凹陷，与在它中部着生的子房不相愈合。即分为：

下位花　花的其余部分着生位置低于子房，如牡丹、山茶等。

周位花　花托或花筒凹陷，花的其余部分着生在凹陷花托或花筒上端边缘，围绕子房，如桃、月季等蔷薇属的植物。

②子房半下位　子房下半部与花托或花筒愈合，子房上半部、花柱和柱头仍独立露出，花的其余部分着生在子房周围，这种花也为周位花，如圆锥绣球、太平花、马齿苋等。

③子房下位　整个子房埋于花托或花筒中，且与花托全部愈合，或者与外围花部的下部也愈合，花的其余部分着生在子房上部，这种花称为上位花，如白梨、苹果、黄瓜等。

而在子房室内着生的是胚珠，其所处位置叫作胎座。胎座一般都发生在心皮边缘相结合的部分，即腹缝线上，但有的也发生在心皮基部。常见胎座类型有边缘胎座、侧膜胎座、中轴胎座、特立中央胎座、基生胎座、顶生胎座等多种。

胚珠在生长时，珠柄和其他各部分的生长速度，并不相同，因此，胚珠在珠柄上的着生方位也就有着不同的类型，常见的有直生胚珠、弯生胚珠、倒生胚珠、横生胚珠和拳卷胚珠等。

#### 3.4.3.7　花梗与花托

花梗，也称花柄，是着生花的小枝，也是花朵和茎相连的短柄，其结构与茎相似。花梗主要起支持花的作用，也是茎向花输送养料和水分的通道。不同植物的花梗长度差异很大，也有的植物不具花梗，称为无柄花。

花托，是花梗的顶端部分，花部按一定方式排列其上，形态各异，一般略呈膨大状，还有圆柱状（如白玉兰）、凹陷呈碗状（如桃）、壶状（如多花蔷薇）等；有时花托在雌蕊基部形成膨大的盘状，称为花盘，如葡萄、枣、鼠李等。

#### 3.4.3.8　花色

花色主要是指花冠或花被，有些种类（如珙桐、叶子花、一品红等）为苞片的颜色。我国的花木种类众多，花色极其丰富，为园林增辉添彩。根据花色可大致将植物分类如下：

①红色系花　红花夹竹桃、樱花、贴梗海棠、石榴、海棠花、山茶、杜鹃花、紫薇、杏、梅、碧桃（图 3-30a）、锦带花、蔷薇、月季、玫瑰、一串红等。

②黄色系花　桂花、蜡梅、结香、黄刺玫、

a. 红色系（碧桃）　b. 黄色系（金丝桃）　c. 白色系（广玉兰）　d. 蓝紫色系（高翠雀花）

图3-30　植物的花色

棣棠、金钟花、金丝桃（图 3-30b）、小檗、迎春花、迎夏、连翘、黄木香、蒲公英、金鸡菊、金盏菊、万寿菊等。

③白色系花　广玉兰（图 3-30c）、玉兰、女贞、白花夹竹桃、溲疏、珍珠梅、琼花、木绣球、栀子、梨、百合、茉莉、白晶菊、络石等。

④蓝紫色系花　蓝花楹、泡桐、油麻藤、紫藤、紫丁香、醉鱼草、八仙花、桔梗、薰衣草、矢车菊、葡萄风信子、六倍利、二月蓝、高翠雀花（图 3-30d）、紫菀、紫花地丁、紫堇等。

## 3.5　果实

### 3.5.1　果实结构

被子植物的雌蕊经过传粉受精，由子房或花的其他部分（如花托、萼片等）参与发育而成的器官，称为果实。果实一般包括果皮和种子两部分。果皮又可分为外果皮、中果皮和内果皮。种子起传播与繁殖的作用。由于果实的类型较多，这也是识别植物的一个重要特征。

### 3.5.2　果实类型

#### 3.5.2.1　根据形成发育分类

**（1）真果**

单纯由子房发育而来的果实，如桃。

**（2）假果**

除子房外，还有其他部分（如花托、花被等）参与果实组成，如苹果、梨、瓜类等。

#### 3.5.2.2　根据雌蕊数分类

**（1）单果**

一朵花中只有一枚雌蕊，只形成一个果实。

**（2）聚合果**

一朵花中有许多离生雌蕊，每一枚雌蕊形成一个小果，相聚在一个花托上，如望春玉兰（聚合蓇葖果）、领春木（聚合翅果）、蔷薇（聚合瘦果）。

**（3）聚花果**

果实由整个花序发育来的，也称花序果，或称复果，如桑、无花果、凤梨等。

#### 3.5.2.3　根据果皮性质分类

**（1）肉果**

果实成熟时，果皮或其他组成果实的部分肉质多汁。常见的有：

①核果　通常由单雌蕊发展而成，外果皮较薄，中果皮厚，多为肉质化，内果皮坚硬，包于种子之外而形成果核，通常含一粒种子。主要食用的部分是中果皮。如银杏、罗汉松、珊瑚树、天目琼花、接骨木、丝葵、蒲葵、桃（图 3-31a）、李、梅、杏、椰子等。

②梨果　多为下位子房的花发育而来，果实由花托和心皮部分愈合后共同形成，属于假果，如枇杷、梨、苹果（图 3-31b）、山楂、石楠、火棘等。

③浆果　肉果中最常见的一类，由一个或几个心皮形成，一般柔嫩、肉质而多汁，内含多数种子，如葡萄、番茄、柿（图 3-31c）、忍冬等。

其中，枸橘的果实也是浆果，特称为柑果，由多心皮具中轴胎座的子房发育而成，食用部分是内果皮，外果皮坚韧革质，有很多油囊分布。而一些瓜类由子房和花托共同发育而成的肉质部分，称为瓠果，如南瓜、冬瓜等，食用部分主要是果皮。

**（2）干果**

果实成熟时，果皮干燥无汁。由果实的开裂状况，干果又可分为裂果与闭果。

①裂果　干果的果实成熟后，果皮开裂，称为裂果，依开裂方式不同，分为以下几种：

荚果　单心皮发育而成，成熟后沿背缝和腹缝两面裂开，如大豆、豌豆、蚕豆等；也有不开裂的，如合欢、皂荚、巨紫荆（图 3-31d）、苜蓿等。

角果　由 2 心皮发育而成，子房 1 室，后被假隔膜分隔成 2 室，成熟后，果皮由基部向上沿 2 腹缝裂开，种子附在假隔膜上，如荠菜（图 3-31e）等十字花科植物的果实。

蒴果　由多心皮的复合雌蕊发育而成，子房

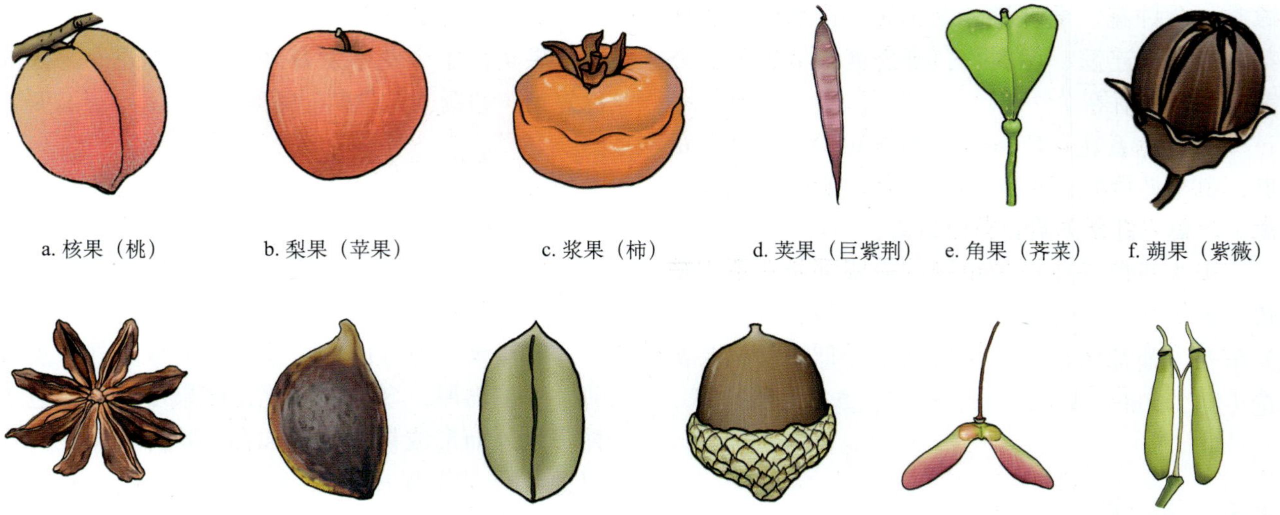

a. 核果（桃） b. 梨果（苹果） c. 浆果（柿） d. 荚果（巨紫荆） e. 角果（荠菜） f. 蒴果（紫薇）

g. 蓇葖果（八角） h. 瘦果（毛茛） i. 颖果（小麦） j. 坚果（槲栎） k. 翅果（鸡爪槭） l. 双悬果（峨参）

**图3-31 根据果皮性质分类的果实类型**

a. 红色果实（珊瑚树） b. 黄色果实（枇杷） c. 蓝色果实（沿阶草） d. 黑色果实（女贞）

**图3-32 植物的果色**

一至多室，每室种子多数，成熟后多种方式开裂，如乌桕、梓树、黄金树、紫薇（图 3-31f）、木芙蓉、牵牛、罂粟、金丝桃等。

蓇葖果 由单心皮发育而成，子房 1 室，成熟时果皮仅在一面开裂，如玉兰、芍药、牡丹、八角（图 3-31g）、梧桐等。

②闭果 干果的果实成熟后，果皮不开裂，则称为闭果，通常仅具有单粒的种子，又可分为以下几种：

瘦果 由一至多心皮发育而成，果皮硬，不开裂，果内含一枚种子，成熟时果皮和种皮仅在一处相连，易分离，如蜡梅（聚合瘦果）、白头翁、毛茛（图 3-31h）等。

颖果 果皮薄，革质，只含一粒种子，果皮与种皮紧密愈合不易分离，果实小，一般误认为种子，如水稻、小麦（图 3-31i）、玉米等禾本科植物特有的类型。

坚果 外果皮坚硬木质，含一粒种子的果实，如板栗、麻栎、槲栎（图 3-31j）等。

翅果 果皮延展成翅状，如榆属、槭属（图 3-31k）等。

双悬果 由 2 心皮的子房发育而成，成熟后心皮分离成两瓣，并悬挂在中央果柄的上端，种子仍包于心皮中，以后脱落，果皮干燥，不开裂，如小茴香、胡萝卜、窃衣、峨参（图 3-31l）等。

### 3.5.2.4 根据果色分类

风景园林植物果色丰富，变化多端，常见果

色为红色，如火棘、冬青、枸骨、南天竹、珊瑚树（图3-32a）等；黄色者如枇杷（图3-32b）、金橘、枳、柚、银杏、木瓜、沙棘等；蓝色者如海州常山、蓝莓、桂花、沿阶草（图3-32c）等；黑色者如女贞（图3-32d）、刺楸、君迁子等。在观赏上，果色以红紫为贵，黄色次之。

由于自然界里许多植物的果实都是在草木枯萎，花凋叶落，景色单调的秋冬季成熟，此时，累累果实挂满枝头，能给人以丰盛的感受，为园林景观增色添彩。

## 3.6 种子

### 3.6.1 种子的结构

种子由胚珠经过传粉受精形成，裸子植物和被子植物特有的繁殖体。一般由种皮、胚和胚乳三部分组成（图3-33），有的植物成熟的种子只有种皮和胚两部分。

### 3.6.2 种子的分类

**（1）根据有无胚乳分类**

有胚乳种子：银杏、油桐（图3-33）、梧桐、毛竹、芍药等。

无胚乳种子：慈姑、泽泻、柑橘、向日葵、板栗等。

图3-33 种子组成结构图（油桐）

**（2）根据胚中子叶的数目分类**

单子叶植物种子：龟背竹、浮萍、吊竹梅、美人蕉、兰科花卉等。

双子叶植物种子：樟树、栾树、白兰花、山茶、月季。

### 3.6.3 种子的识别

植物种类繁多，所产生种子的形态、构造各异。掌握种子形态构造的差异，是进行种子鉴别、纯度检测、清选分级、加工包装、安全贮藏的基础，同时也可以作为识别风景园林植物的一个依据。

一般通过种子的外部形态来辨别种子，从而确定植物种类，而种子的外部形态包括外形及种被上的构造。

**（1）种子外形**

植物种子外形千姿百态。外形由形状、颜色、大小三方面性状构成。形状有圆球形（如柑橘）、椭圆形（如黑松）、心形（如杏树）、肾形（如豌豆）、三棱形（如荞麦）、卵形（如罗汉松）、扁卵形（如赤松）、纺锤形（如大麦）等。而种子因存在不同的色素而呈现各种颜色，不同种子色素存在部位不同，如存在颖壳、果皮、种皮、糊粉层、胚乳、子叶等部位。常见种子颜色有绿色（如绿豆）、黑色（如旱金莲）、红色（如枸杞）、紫色（如葵花）、黄色（如玉米）等。种子大小的表示方法有两种，一种是长、宽、厚，多用于清选分级；另一种是千粒重，用于表示种子重量并计算播种量。不同植物的种子大小差异极悬殊，既使同一作物不同品种的种子大小差异也很大，且易受环境条件影响。常见大型种子植物有椰子，中型种子植物有蓖麻，小型种子植物有小麦。

**（2）种被上的构造**

真正的种子由胚珠发育而成，种皮上常留有胚珠时期的遗迹；果实由子房发育而成，果皮上也多留有子房的遗迹，而假果的果皮外还常附有宿存的花被。不同植物不同品种间这些遗迹在着生部位、大小、颜色、形状等方面有明显差异，是进一步鉴别的重要依据。

①种脐 种子从种柄上脱落时留下的疤痕，或说是种子附着在胎座上的部位。所有种子均有种脐，尤以豆类最明显。种脐的形状、颜色、凹凸因植物种类、品种而不同。有些种子脱落时种柄的残片附着在脐上，称为脐褥或脐冠。

②发芽口 又称种孔，是珠孔的遗迹，位置正对着胚根的尖端，种子萌发时胚根由此伸出。

③脐条 又称种脊或种脉，是倒生或半倒生胚珠从珠柄通到合点的维管束遗迹。

④内脐 是胚珠时期合点的遗迹，位于脐条的终点部位，稍呈突起状。

⑤种阜 靠近种脐部位，种皮上的瘤状突起，由外种皮细胞增殖或扩大形成。

## 小 结

风景园林植物的形态是进行植物描述、比较、鉴定的重要基础知识，熟知风景园林植物的形态，正确使用植物形态术语是学习风景园林植物学的重要基础。

## 思考题

1. 简述植物根的结构和常见类型，并举例说明。
2. 简述植物茎的结构和常见类型，并举例说明。
3. 简述植物叶的结构和常见类型，并举例说明。
4. 简述植物花的结构和常见类型，并举例说明。
5. 如何看待植物各器官（根、茎、叶、花、果、种子）要素在风景园林景观配置中的作用?

# 第4章 风景园林植物生长发育规律

风景园林植物生长发育的规律，指的是植物由种子萌发，经过幼苗、幼树发育到开花结实，最后衰老死亡的整个生命过程，包括植物外形、生长速度、寿命长短、繁殖方式、开花结实等特性。所有的风景园林植物，从繁殖开始或长或短都要经过一段时间的生长，才能开花结实并完成其生命的过程。对植物生长发育规律知识的掌握，对正确选用风景园林植物和制定栽培技术方法，有预见性地调节和控制植物的生长发育，做到快速育好苗，使其在移植成活并健壮生长的基础上，发挥园林绿化功能，具有十分重要的意义。

通过细胞分裂和扩大，造成体积、重量不可逆的增加称为生长，在其生长中，建立在细胞、组织、器官分化基础上的结构和功能变化称为发育。掌握风景园林植物的生命周期及年周期，各器官的生长发育规律，生长发育的整体性以及群体生长规律尤为重要，为制定科学的栽培管理技术提供依据。

## 4.1 风景园林植物器官的生长发育

在风景园林植物的应用中，通常把植物分为地上和地下两大部分，地上部分包括茎干、枝条、芽、花、果实及种子等，地下部分则为根系。为了更科学地应用风景园林植物，必须了解植物各个器官的生长发育规律及其相互关系。

### 4.1.1 根系的生长发育

植物根系没有自然休眠期，只要条件合适，就可全年生长或随时可由停顿状态迅速过渡到生长状态，其生长势的强弱和生长的大小，因条件而异。

**（1）根系的年生长动态**

根的伸长生长在一年中是有周期性的，一般植物根系生长要求的温度比萌芽低，春季植物地下部分的根开始生长的时间比地上部分早。春季，植物根开始生长后即出现第一个生长高峰，然后地上部分开始迅速生长，而根系生长则趋于缓慢，当地上部分生长趋于停止时，根系生长出现一个大高峰，落叶前植物根系生长可能会出现小高峰。一年中根系生长出现高峰的次数和强度与树种、树龄有关。

**（2）根系的生命周期**

不同类别植物以一定的发根方式（侧生式，二叉式）进行生长，幼树期植物根系生长较快，一般都超过地上部分的生长速度，植物幼年期根系领先生长的年限因树种而异，随植物种类年龄增加，根系生长速度趋于缓慢，并逐年与地上部分的生长保持一定的比例关系，整个生命过程中，植物根系始终发生局部的自我更新。

**（3）影响根系生长的因素**

①土壤温度　不同植物种类发根所需要的土壤温度不同。在一定的温度范围内，土壤温度越高，植物的生长发育越快。

②土壤湿度　当土壤含水量达最大水量的60%~80%时，最适宜植物根系生长，土壤过干易促使根木栓化和自疏，过湿则抑制根的呼吸作用，造成植物根系停长或腐烂死亡。

③土壤通气　通气良好的根系密度大，分支多，须根量大；相反则发根少，生长缓慢或停止，易引起植物生长不良和早衰。

④土壤营养　土壤养分状况不是植物根系生长的限制因素，但一定程度上会影响植物根的质量，如根系的发达程度、细根密度、生长时间的长短等。

⑤ 有机养分　根的生长主要依赖于地上部分供应的有机物，当土壤条件好时，植物根的总量主要取决于植物有机养分的多少，若植物叶片受害或结实过多，则根的生长受到阻碍，即使施肥，短时间也难以致效，需采用保叶或疏果的方式进行改善。

### 4.1.2　枝干的生长发育

风景园林植物枝干系统及所形成的树形，取决于枝、芽特性，芽抽枝与枝生芽，两者关系极为密切。了解植物的枝芽特性，对风景园林植物的整形修剪具有重要意义。

**（1）枝芽特性**

芽是多年生植物为适应不良环境和延续生命活动而形成的重要器官，它是枝、叶、花的原始体，也是植物生长、开花结实、更新复壮、保持母株性状和营养繁殖的基础，在研究风景园林植物特征之前须了解芽的特性。

①芽的异质性　同一枝条上不同部位的芽在发育过程中，由于枝条内部的营养状况、外界环境的差异，存在着大小、饱满程度以及其他特性的差异，称为芽的异质性。

②芽的早熟性和晚熟性　早熟性是指芽不经过冬季低温休眠，能够当年萌发的特性。树种分支较多，进入结果期较早，如茉莉、月季。晚熟性是指芽当年一般不萌发，必须经过一定的低温时期来解除休眠，翌年春季才能萌发成枝的特性，如银杏、毛白杨。也有比较特殊的，如葡萄兼具两种特性，副芽是早熟性芽，主芽是晚熟性芽。

③萌芽力和成枝力　植物母枝叶芽萌发抽枝的能力称为萌芽力。萌芽力强的风景园林植物如悬铃木、榆树，萌芽力弱的如梧桐、广玉兰。萌芽力强的植物一般耐修剪，外观易成型。枝条上的叶芽萌发后能够抽成长枝的能力称为成枝力。成枝力强的风景园林植物如悬铃木；成枝力弱的如银杏、西府海棠。

④芽的潜伏力　植物枝条基部的芽或上部的某些副芽，在一般情况下不萌发而呈潜伏状态，这类芽称为潜伏芽，也称隐芽。当植物衰老或枝条受到某种刺激时，潜伏芽萌发抽生新梢的能力称为芽的潜伏力。潜伏芽寿命长的植物容易更新复壮，甚至能多次更新，所以这种植物的寿命也较长。

**（2）枝的加长生长与加粗生长**

一年内枝条生长达到的粗度与长度称为年生长量，一定时间内枝条加长、加粗生长的快慢称为生长势。它们是衡量植物生长强弱和某些生命活动状况的重要指标，也是风景园林植物应用是否得当的判断依据之一。

①枝的加长生长　指新梢的延长生长。主要分为以下三个生长阶段：

开始生长期　芽幼叶萌动，生长速度慢，叶面积小，节间短，叶脉稀疏，寿命短，易枯黄，叶腋芽变潜伏芽。

旺盛生长期　枝、叶生长速度快，叶面积大、节间伸长、寿命长、叶腋芽变饱满芽。

缓慢与停长期　枝、叶生长速度慢，叶变小，寿命短，枝长渐木质化形成顶芽或停止生长。

枝条停长早晚因树种、生长部位及环境条件而异，与进入休眠相同，北方早于南方；成年树早于幼年树；花、果的短枝、内膛枝早；徒长枝最晚。

②枝的加粗生长　是形成层细胞分裂、分化、增大的结果。新梢由下而上增粗，每发次枝，树增粗一次。幼树形成层活动停止较晚，老树较早；同一株树上新梢比老枝早，大枝、主干自上而下，停止期依次延迟，根颈结束加粗生长最晚。

**（3）枝干的生长类型**

风景园林植物枝干依生长习性可分以下四类。

①直立型　茎干明显背地垂直向上，枝条生长直立或斜生于空中。按枝的生长方向又可以分

为垂直型、斜生型、水平型、扭旋型等。

②下垂型　此类植物具有明显的向地性，当萌芽呈水平或斜向伸出后，随着枝条的生长而逐渐向下弯曲，易形成伞形景观，如‘龙爪’槐。

③攀缘型　茎枝细长、柔软，自身不能直立，但能缠绕或具有适应攀附他物的器官（卷须、吸附根、钩刺等），借他物为支柱，向上生长。

④匍匐型　茎枝细长、自身不能直立又无攀附器官，如偃柏、铺地柏等。

风景园林植物的枝干生长不是一成不变的，许多风景园林植物的枝干生长类型和分支方式随树龄发生改变。了解树木的分支习性，对研究植物的观赏树形、整形修剪、用材树种的选择以及培育都具有重要意义。

### 4.1.3　叶的生长发育

叶片是由叶芽中前年形成的叶原基发展起来的，其大小与前一年或前一生长时期形成叶原基时的树体营养和当年叶片生长日数、迅速生长期的长短有关。单个叶自展叶到叶面积停止增长的过程和时间因不同树种、品种和不同枝梢而异，因此不同部位和不同叶龄的叶片，其光合能力也不同。

叶幕是指叶在树冠内的集中分布区，它是树冠叶面积总量的反映。风景园林植物的叶幕，随树龄、整形、栽培目的与方式不同，其叶幕形成和体积也不相同。幼年树，由于分支尚少，内膛小枝存在，内外见光，叶片充满树冠，其树冠的形状和体积也就是叶幕的形状和体积。自然生长无中心干的成年树，叶幕与树冠体积并不一致，其枝叶一般集中在树冠表面，叶幕往往仅限冠表较薄的一层，多呈弯月形叶幕；具中心干的成年树，多呈圆头形，老年多呈钟形叶幕，具体依树种而异。

### 4.1.4　花的生长发育

一个正常的花芽，当花粉粒和胚囊发育成熟，花萼与花冠展开，这种现象称为开花。不同风景园林植物开花的顺序有别，有的植物开花的先后与花芽萌动先后一致，而不同植物开花早晚不同，同种植物的不同品种开花早晚也不同。并且，雌雄同株异花植物开花先后也不确定，雌、雄花既有同时开放的，也有雌花先开或雄花先开的。此外，同一植物上不同部位枝条开花早晚也不同，一般短花枝先开，长花枝、腋花芽后开等。

根据花、叶生长关系，可将风景园林植物分类如下：

①先花后叶类　如迎春花（图4-1a）、白玉兰、梅、杏等。

②花叶同放类　如日本晚樱（图4-1b）、海棠花、苹果、核桃等。

③先叶后花类　如木槿、紫薇、油茶（图4-1c）、槐、枇杷等。

风景园林植物在整个发育过程中，最明显的质变就是由营养生长转变为生殖生长，而花芽分化及开花正是生殖发育的标志。风景园林植物新梢生长到一定程度后，体内积累了大量的营养物

a. 先花后叶类（迎春花）

b. 花叶同放类（日本晚樱）

c. 先叶后花类（油茶）

图4-1　植物开花类型示意图

质，一部分叶芽内部的生理和组织状态便会转化为花芽的生理和组织状态，这个过程称为花芽分化。

**（1）花芽分化的特点**

花芽分化一般具有生理分化期、形态分化期、性细胞形成期三个阶段，其具备以下特点。

①风景园林植物的花芽分化临界期因树种、品种而异，且由于花芽分化的长期性与不一致性，大多数树木的花芽分化期并非绝对集中于一个短时期内，而是相对集中又有些分散，对整个植株而言，是分期分批陆续进行的，这与各生长点在植物各部位枝上所处的内外条件和营养生长停止时间有密切关系。

②各种植物花芽分化的开始期和盛花期在不同年份存在一定的差别，但差距不大，且花芽分化的相对集中性和相对稳定性与气候条件和物候期有着密切关系。此外，花芽分化所需时间因植物和品种而异，从生理分化到雄蕊形成所需时间，因植物、品种而异。

③花芽分化早晚因条件而异，植物花芽分化期不是固定不变的，例如一般幼树比成年树晚，旺树比弱树晚，同树上短枝、中长枝及长枝上花芽形成相对较晚。一般停止生长早的枝分化早，但花芽分化多少与枝长短无关，大年时新梢停止生长早，但因结实多，植物花芽分化变晚。

**（2）花芽分化的类型**

在花叶分化的基础上，根据花芽分化的季节，植物开花可以分为四种类型。

①夏秋分化型　绝大多数早春和春夏间开花的植物，前一年春夏开始花芽分化，经冬季休眠，翌年春夏开花，如海棠花类、榆叶梅、樱花、连翘、迎春花、玉兰、紫藤、丁香、牡丹、枇杷、杨梅、杜鹃花、泡桐、栀子、‘紫叶’小檗、广玉兰、合欢。

②冬春分化型　原产于温暖地区的荔枝、龙眼、柑橘类，12月秋梢停止生长后至翌年春季萌芽前，花芽逐渐分化与形成，不需要休眠就能开花。

③当年分化型　许多夏秋开花的风景园林植物，如木槿、紫薇、槐、珍珠梅、荆条，当年新梢上形成花芽并开花，不需要经过低温。

④多次分化型　一年中多次抽梢，且每抽梢一次，就分化一次花芽并开花，如茉莉、月季、四季桂、无花果、葡萄、八角、榕树。

### 4.1.5　果实的生长发育

从花谢后至果实达到生理成熟时为止，需经过细胞分裂、组织分化、种胚发育、细胞膨大和细胞内营养物质的积累和转化等过程，此过程称为果实的生长发育。

**（1）果实生长发育特点**

风景园林植物各类果实成熟时在外表上表现出成熟颜色的特征为形态成熟期。果熟期与种熟期有的一致，有的不一致。其长短因树种和品种不同，如榆树、柳类等最短，桑、杏次之；松属植物因第一年春传粉时球花还很小，翌年春季才能受精，种子发育成熟需要两个生长季，故果熟跨年。

**（2）果实生长时期**

风景园林植物果实生长发育要经过两个时期，第一个是生长期，果实生长没有形成层活动，而是靠果实细胞的分裂与增大而进行，果实先是以伸长生长（即纵向生长）为主，后期以横向生长为主；第二个时期是成熟期，即果实内含物的变化，其中肉质果的变化较显著。

## 4.2　风景园林植物的生命周期

风景园林植物的生命周期是指从繁殖（如种子萌发、扦插等）开始，经过多年的生长、开花或结果，直至树体死亡的整个时期，它反映了树木个体发育的全过程。由于风景园林植物种类的不同，其生命周期也存在很大差异，有的能活上百年甚至上千年，如银杏，而有的只能活几十年，如樱花。

### 4.2.1　生命周期的划分

根据风景园林植物繁殖方式的不同，植物可以分为实生类与营养繁殖类。前者是指由种子开始繁殖的个体，后者指的是由营养器官进行繁殖的个体。

实生类风景园林植物的生命周期，可分为种子期、幼年期、青年期、壮年期和衰老期五个时期，每个时期都必须按照特定的管理要求进行栽培与养护，才能保证实生类风景园林植物的正常生长（图 4-2）。

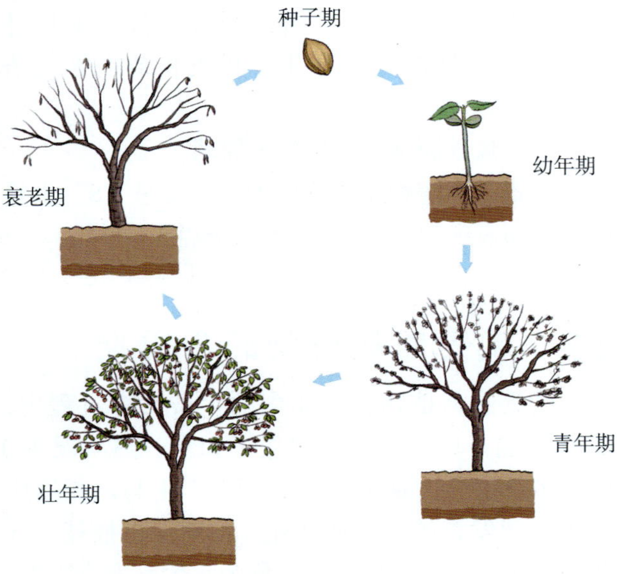


图 4-2 实生类植物生命周期示意图

①种子期 是指从卵细胞受精形成合子开始，胚胎具有萌发能力并以种子形态存在的时期。

②幼年期 是指从种子萌发形成幼苗到该植物特有的营养形态构造基本形成，并具有开花潜能的时期。

③青年期 是指从植株第一次开花到花朵果实性状逐渐稳定的时期。

④壮年期 是指从植物生长势自然减慢，大量开花结实开始，到结实量大幅下降，树冠外缘小枝出现干枯的时期。

⑤衰老期 是指从植物骨干枝生长处有显著衰退到整个植株死亡的时期。

营养繁殖类是母体组织与器官发育的延续，故其没有种子期，不经过个体发育全过程，只包括幼年期、青年期、壮年期和衰老期。

### 4.2.2 风景园林植物生命周期变化规律

①离心生长 风景园林植物自我繁殖成活后，以根颈为中心，根具有向地性，向纵深发展，在土壤中逐年发生并形成各级骨干根和侧生根；地上茎具有背地性，向空中发展，形成各级骨干枝和侧生枝。这种根颈向两端不断扩大其空间的生长称为离心生长。

②离心秃裸 在风景园林植物的离心生长过程中，以离心方式出现的根系“自疏”和树冠的“自然打枝”，统称为离心秃裸。

③向心更新和向心枯亡 更新和枯亡的发生一般都是由外（冠）向内（膛）、由上（顶部）而下（基部），直至根颈部进行的，故称为“向心更新”和“向心枯亡”。

### 4.2.3 不同风景园林植物的更新特点

①具有潜伏芽的植物 具有长寿潜伏芽的树种，依靠潜伏芽萌生的徒长枝进行多次主侧枝的更新。如果潜伏芽寿命短，一般很难自然发生向心更新，若由人工更新，锯掉衰老枝后也很难发出新枝来，发出来的树冠也不理想，如樱花、桃、等。藤本类大都具有潜伏芽，可以进行向心更新，如紫藤、凌霄等。

②无潜伏芽的植物 只有离心生长和离心秃裸，没有向心更新，如马尾松、油松、黑松等松属的许多种。

③具有顶芽无侧芽的植物 只有顶芽延伸的离心生长，而无侧生枝的离心秃裸，也就无向心更新，如棕榈。

④根蘖更新的植物 如竹类，当年萌发的竹笋在短期内就达到离心生长的最大程度，地上部分不能向心更新，而以竹鞭进行根蘖更新。

⑤灌木类植物 可向心更新，但多以从茎枝基部及根上发生的萌蘖更新为主，如法国冬青、石楠、黄杨等。

### 4.2.4 风景园林植物生长发育的相关性

风景园林植物是一个结构复杂且完善的有机

整体，其各个器官间、生长发育各阶段间都存在着相互依赖、相互调节的关系。

**（1）各器官之间的相关性**

①顶芽与侧芽、根端与侧根的相关性　顶端优势即顶芽生长抑制侧芽发生和侧枝生长，另外，正在生长的根系顶端对侧根的形成有抑制作用。

②果与枝的相关性　果实争夺养分，对营养枝生长和花芽分化有抑制作用。结实过多，出现开花结实的“大小年”现象。

③植株高与直径的相关性　往往增高生长会抑制直径的生长。

④营养器官与生殖器官的相关性　营养器官与生殖器官的形成都需要光合产物，而生殖器官需要的营养物质是营养器官提供的，两者常出现营养上的竞争。

⑤其他器官之间的相关性　叶面水分的蒸腾与根系吸收水分的多少有关，花芽分化的早晚与新梢生长停止期的早晚有关，枝量与叶面积大小有关，种子多少与果实大小及发育有关。

**（2）地上部分与地下部分的相关性**

①地上部分与地下部分的动态平衡　根系生命活动所需要的营养物质和某些特殊物质，主要是由叶片光合作用产生的，这些物质沿着韧皮部向下运输以供应根系；同时，地上部分生长所需要的水分和矿质元素，则主要由根系吸收，并沿木质部向上运输。

②根系和地上部分的对应关系　不少植物的根系分布范围与树冠基本一致。

③地上部分与地下部分的生长节奏交替　植物往往能够通过错开地上部分与地下部分的生长高峰，来调节两者对养分的竞争关系。

**（3）营养生长与生殖生长的相关性**

①植物营养生长的特点

年周期的营养特点　植物在年周期中的营养代谢有氮素代谢与碳素代谢两种类型，即树木两大营养来源，营养物质在树体内的运输与分配，具有按不同物候期集中分配为主的特性，这种集中运输与分配营养物质的现象，与这一时期的旺盛生长中心相一致，故又称“营养分配中心”。

生命周期的营养特点　植物储藏营养物质既有季节性也有常规性，在不同的年龄阶段，其氮素代谢和碳素代谢的消长变化所支配的营养水平又有不同的特点。

②相关性　主要表现在枝叶生长、果实发育和花芽分化之间的相关性。植物生殖器官的生长发育建立在营养器官生长良好的基础上，没有健壮的营养生长，就难有生殖生长。植物营养器官的生长，也要消耗大量的养分，营养生长过旺，势必会抑制花芽分化、开花和结果等生殖生长。

**（4）风景园林植物生长大周期**

风景园林植物尤其是树木，常常呈“S”生长曲线，即表现为“慢—快—慢”的生长节律。

## 4.3　风景园林植物的年周期

风景园林植物在一年中的生长发育过程中，随着环境条件，特别是气候（如水、热状况等）的季节性变化，在形态和生理上产生与之相适应的生长和发育的规律性变化，如萌芽、抽枝、开花、结实、落叶、休眠等，称为年生长发育周期，简称年周期（图 4-3）。

### 4.3.1　年周期

风景园林植物在一年中，随环境周期变化而出现形态和生理机能的变化规律，大致可以分为以下几类。

①萌芽展叶期　是从春季植物内液流动（以植物新伤口何时出现水滴状分泌液来确定）、芽萌动膨大开始，经芽的开放至植物上新叶展出为止。

②新梢生长期　指从叶芽萌抽新梢到封顶形成休眠顶芽所经历的时期。

③开花期　花蕾的花瓣从松裂至花瓣脱落为止，称为开花期，可分为始花期、盛花期、末花期。

④果实期　植物开花后经过授粉、受精子房膨大，发育成果实，称为坐果；从坐果至果实成熟脱落称为果实期。

⑤秋叶变色和落叶期　是指从落叶植物在秋、

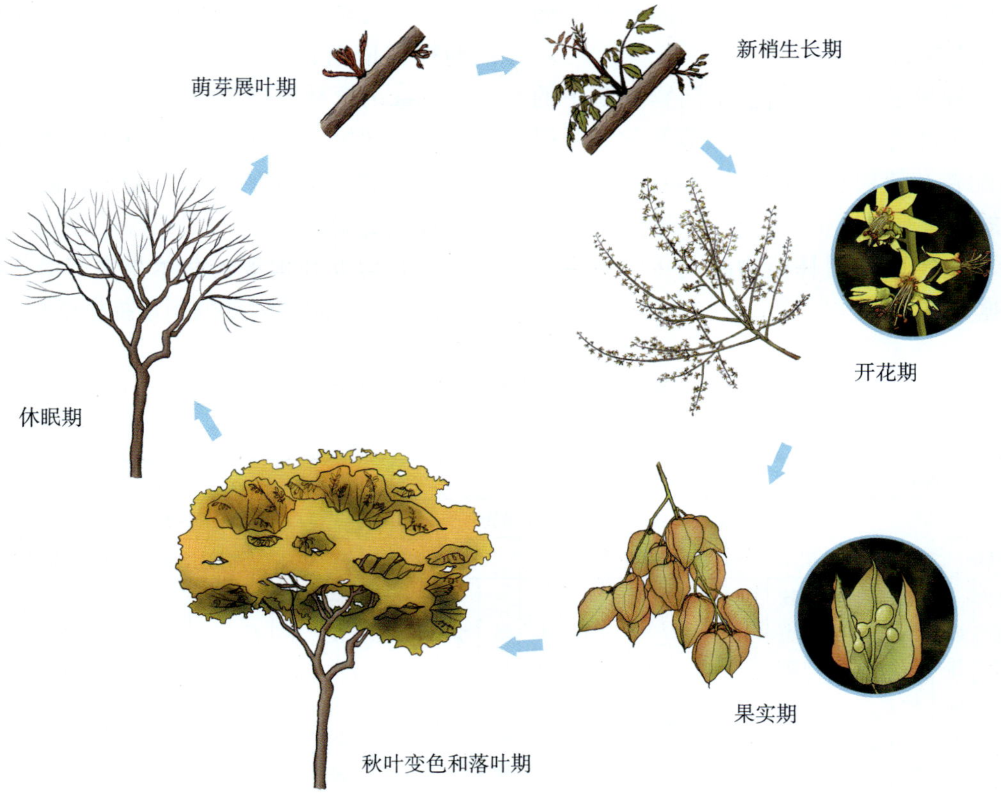


图4-3 风景园林植物的年周期（栾树）

冬季叶色变为黄色或红色等，叶柄基部开始形成离层至叶片落尽或完全失绿的阶段。

⑥休眠期　是指植物全部或局部在某一时期表现为生长相对停止的现象。休眠期则是从叶落尽或完全变色至翌年春树液流动，芽开始膨大为止的时期。

休眠分为自然休眠和被迫休眠。自然休眠是由植物体内生理过程和本身的特性所决定的，此时即使给予适宜的发芽条件，植物也不能正常地萌发生长，它要求一定期限的低温条件，才能顺利通过自然休眠期而转入生长。被迫休眠是指通过自然休眠期后，已经开始或完成了萌芽生长所需的准备，但因外界环境条件（特别是低温）限制，使芽不能萌发而进入休眠状态，一旦环境条件适宜，植物即开始活动进入生长期。

不同植物休眠早晚不同，同一植物年龄不同休眠早晚也不同。温带树木多数在晚夏至初秋就开始停止生长，逐步进入休眠，某些芽在落叶前早已发生，且幼树生长旺盛，进入休眠期比成年树晚。同一植物不同器官休眠早晚不同。一般情况下，地上部分主干、主枝进入休眠晚，以根颈最晚，故易受冻；位于上部的中小枝、弱枝及早熟的枝芽比主干、主枝进入休眠早，一般规律是由上而下逐渐进入休眠，而解除休眠则相反；长枝下部的芽进入休眠早。同一植物不同组织休眠早晚也不同，皮部、木质部、髓部较早，形成层较晚。

### 4.3.2 风景园林植物的物候

一年中，风景园林植物各个器官随着气候的季节性变化而发生的规律性萌芽、抽枝、展叶、开花、结实、落叶和休眠等形态变化，称为植物的物候。与物候相适应的植物在一年中随着气候变化各生长发育阶段开始和结束的具体动态时期，称为植物的生物气候学时期，简称物候期。风景园林植物物候观测具体指标见表 4-1 所列。

风景园林植物物候期变化具有顺序性、重叠

性和重演性的特点。物候观测对风景园林植物的科学应用具有重要意义。

①了解各种风景园林植物在不同物候期中的习性、姿态、色泽等景观效果的季节变化，可以通过合理的配置，使树种间的花期相互衔接，提高园林造景的质量；

②为科学制定风景园林植物的周年管理生产计划提供依据；

③为确定风景园林植物栽植的先后顺序和时期提供依据；

④为育种原材料的选择提供科学依据；

⑤研究不同风景园林植物种类或品种随地理气候变化而变化的规律，为风景园林植物栽培区划提供依据；

⑥为天气预报、农林业生产措施的制定和风景区季节性旅游时期的确定提供依据。

**表4-1　风景园林植物物候观测卡**

观测单位：　　　　　　　　　　　　　　　　　　　　　　　　观测者：

编号：　　观测地点：　　省（市）　　县（区）　　北纬：　　东经：　　海拔（m）：

生境：　　地形：　　土壤：　　同生植物：　　小气候：　　养护情况：

| 观测项目 | 萌芽期 | | | 展叶期 | | | | | 开花期 | | | | | 果实发育期 | | | | | 新梢生长期 | | | | | 秋叶变色与脱落期 | | | | | |
|---|---|---|---|---|---|---|---|---|---|---|---|---|---|---|---|---|---|---|---|---|---|---|---|---|---|---|---|---|---|
| | 芽膨大开始期 | 叶芽膨大开始期 | 最佳观芽期 | 展叶开始期 | 展叶盛期 | 春色叶变绿期 | 最佳观春色叶期 | 春色叶变绿期 | 开花始期 | 开花盛期 | 开花末期 | 最佳观花期 | 再度开花期 | 幼果出现期 | 生理落果期 | 果实成熟期 | 果实脱落期 | 最佳果实观赏期 | 春梢始长期 | 春梢停长期 | 秋梢始长期 | 秋梢停长期 | 最佳观新梢期 | 秋叶开始变色期 | 秋叶全部变色期 | 最佳观秋色叶期 | 落叶开始期 | 落叶盛期 | 落叶末期 |
| | | | | | | | | | | | | | | | | | | | | | | | | | | | | | |
| | | | | | | | | | | | | | | | | | | | | | | | | | | | | | |
| | | | | | | | | | | | | | | | | | | | | | | | | | | | | | |

## 4.4　风景园林植物群体及其生长发育规律

生长在一起的植物集体称为植物群体；自然形成的植物，称为自然群体或植物群落；人工形成的植物，称为人为群体或栽培群体。

**（1）自然群体和栽培群体的组成结构**

在群体中数量最多或数量虽不太多但所占面积最大的树种，称为优势种，也称建群种。群体的结构具有以下特点：

①群体的面貌主要取决于优势种的生活型；

②群体中植物个体的疏密程度与群体的外貌有着密切的关系；

③群体中种类的多少，对其外貌有很大的影响。

风景园林植物群体即生长在一起的植物栽培群体，采用的组成结构常有单纯种类的种植方式、立体混合等配置方式。其外貌受组成成分、主要的植物种类、栽植密度和方式等影响。

**（2）植物群体的外貌特征**

在描绘植物自然群体与栽培群体的外貌中，主要包括以下几个方面：

①色相　各种群体所具有的色彩形相称为色相，如针叶林多为绿色。

②季相　由于季节的不同，在同一地区所产生不同的植物群落形相称为季相。

③层次　从群体结构的高低来划分，着重于形态方面，不同地区的植物群体一般具有不同的垂直结构。

④层片　着重从生态学方面划分，如常绿高位芽植物和落叶高位芽植物两个层片。

**(3) 植物群体的生长发育规律**

①幼年期（群体的形成期） 指种子或根茎开始萌发到开花前的阶段。此阶段植物的独立生活能力弱，与外来其他种类的竞争能力较小，对外界不良环境的抗性弱，但植株本身与环境相统一的遗传可塑性较强。

②青年期（群体的发育期） 指群体中的优势种从开花、结实到树冠郁闭后的一段时期，或先从形成树冠的郁闭到开花结实时的一段时期。由于光照、水分、养分等因素的关系，此时期个体发生下部枝条的自枯现象，群体内部种内出现自疏，种间也进行着激烈的竞争，从而调整群体的结构组成。

③成年期（群体的相对稳定期） 指群体经过自疏及组成成分间的生存竞争后的相对稳定阶段。此时期群体的外貌多表现为层次结构明显、郁闭度高。

④老年及更替期（群体的衰老期及群体的更新与演替） 指群体从相对稳定期到群体主要物种的衰老直至死亡的阶段，这是植物间竞争的结果，是群体必然发生的演变现象。一个群体相对稳定期的长短，除了与本身的生物习性及环境影响有关外，与其更新能力也有密切的关系。群体的更新又通常以种子更新和营养繁殖更新两种方式进行。

## 小　结

不同的风景园林植物具有其特定的生命周期和年周期，掌握其生长发育的规律有利于园林植物选择应用，有利于我们在应用的同时更注重植物本身的阶段性特点，从而采取相应措施来保证其更好地发挥各项功能。

## 思考题

1. 简述风景园林植物在不同生长发育阶段各器官的特点。
2. 概述风景园林植物的生命周期与年生长周期的概念与特点。

# 第5章 风景园林植物与环境

植物所生活的空间称为环境，任何物质都不能脱离环境而存在。植物与环境之间有着密切的关系，各种环境因子对植物的生长发育均具有重要的影响。影响风景园林植物生长发育的环境因子分为直接因子和间接因子两种。

直接因子包括光照、温度、水分、土壤和大气等，间接因子包括生物、地形地势、建筑物、铺装、灯光和城市污染等，前者是植物生长发育必不可少的条件，后者则通过其变化影响光照、水分等因子从而间接影响植物的生长发育。虽然它们对园林植物生长发育的影响各不相同，但园林植物的生长发育与直接因子和间接因子均有关，因此，研究环境因子对园林植物生长发育具有重要意义。

## 5.1 光与风景园林植物

光是绿色植物的生存条件之一，是绿色植物光合作用不可缺少的能量来源。绿色植物通过光合作用将光能转化为化学能，储存在有机物中，为地球上的生物提供生命活动的能源。太阳的周期性变化、光照的强度及时间等都会对植物的生长和发育产生不同程度的影响，而植物本身对光的变化也会产生不同的反应。

### 5.1.1 光对风景园林植物生长发育的影响

光对园林植物生长发育的影响主要表现在三个方面：光照强度、光质和光照时间。

#### 5.1.1.1 光照强度

光照强度是指单位面积上所接受可见光的能量，简称照度，单位为勒克斯（lx）。光照强度直接影响植物光合作用的强弱，光照强度过强时，会破坏原生质，引起叶绿素分解，或者使细胞失水过多而导致气孔关闭，造成光合作用减弱，甚至停止。光照强度弱时，植物通过光合作用制造的有机物质比呼吸作用消耗的要少，植物就会停止生长，因此，只有当光照强度能够满足光合作用的需求时，植物才能正常生长发育。

#### 5.1.1.2 光质

光质是指具有不同波长的太阳光谱成分。太阳光的波长主要集中在150~4000nm，人眼能看到的波长为380~760nm，即可见光。可见光是植物进行光合作用的重要能源，其中，红光、橙光有助于叶绿素的形成，促进 $CO_2$ 的分解与碳水化合物的合成，促进茎的加长生长和种子萌发。蓝紫光则有助于有机酸和蛋白质的合成，对幼芽的形成和细胞的分化具有重要作用，抑制植物茎的伸长，并产生向光性，还能够促进花青素的合成，使花朵色彩鲜艳。

#### 5.1.1.3 光照时间

植物生长发育不仅受到光照强度和光质的影响，还受每天光照时间（长度）的影响。一天之中昼夜长短变化或日照长度称为光周期，植物生长发育对日照长度规律性变化的反应称为光周期现象，它对植物的成花诱导和休眠有着重要作用。

### 5.1.2 城市光污染对风景园林植物生长发育的影响

城市上空云雾增多，空气污染严重，大气浑浊度高，导致到达地面的太阳直接辐射减少，散射辐射增多。城市中各种建筑的大小、高低、朝向不同，街区道路宽度不同，因而城市局部地区太阳辐射的分布很不均匀。再加上建筑物对光线的遮挡，使附近的植物树冠朝太阳光的方向生长，即朝街心方向生长，极易形成偏冠。此外，随着照明科技的发展，城市亮化美化工程中出现了过量的光辐射，对人及植物乃至其他生物造成不良影响，形成了光污染。光污染一般可以分为人工白昼污染、白亮污染和彩光污染三种。

**（1）人工白昼污染**

人工白昼污染是指由于地面产生的人工光在尘埃、水蒸气或其他悬浮粒子的反射或散射作用下进入大气层，导致城市上空发亮，即人造白昼。植物的生长发育因人造白昼的出现而改变了光周期，从而受到影响。

**（2）白亮污染**

白亮污染是指阳光照射到建筑物的玻璃幕墙、釉面砖墙、磨光大理石和各种涂料等材质表面产生的反射光，使得植物被迫接受过强的光照。为了减少白亮污染，可加强建筑物表面的立体绿化，利用绿篱做墙，从而减少白亮污染，守护人类的视觉健康，也可减少对其他植物的影响。

**（3）彩光污染**

各种黑光灯、旋转灯、荧光灯、霓虹灯、灯箱广告等是主要的彩光污染源。据测定，彩光污染会引起人烦躁不安、脑晕目眩、食欲不振和乏力失眠等光害综合症，也会导致植物的生长节律发生变化，产生植物落叶期延迟、树木干枯等现象。

### 5.1.3 以光为主导的植物类型划分

#### 5.1.3.1 以光照强度为主导的植物类型划分

根据园林植物对光照强度要求的不同，可分为喜光（阳性）植物、中性植物和喜阴（阴性）植物三类。

**（1）喜光（阳性）植物**

喜光植物是指在全日照条件下生长最好而不能忍受庇荫的植物，一般需光度为全日照的70%以上，光照不足时，往往生长不良。如落叶松、油松、马尾松、落羽杉、池杉、水松、白桦、杜仲、旱柳、臭椿、麻栎、柽柳、合欢、乌桕、泡桐、火炬树、木棉等。这类植物树冠较为稀疏，透光性较强，自然整枝良好，枝下高较高，树皮通常比较厚，叶片较小，叶色较淡，角质层较厚，叶绿素含量较少。

**（2）中性植物**

中性植物是指在全日照条件下生长良好，也能忍受适当庇荫的植物，需光度一般在喜光和阴性植物之间。自然界中大多数植物是中性植物。其中，中性偏阳的有榆属、朴属、榉属的植物以及樱花、枫杨等；中性稍耐阴的有圆柏、‘龙柏’、七叶树、鸡爪槭、女贞、金丝桃、迎春花、丁香、木荷、元宝枫等；中性而强耐阴的有八角金盘、常春藤、薜荔、八仙花、山茶、杜英、枸骨、海桐、杜鹃花、忍冬、罗汉松、紫楠、棣棠以及冷杉属、云杉属、红豆杉属的植物等。这类植物常常可以应用于建筑物的北面或疏林下。中性树种的树冠结构和叶片特征介于喜光植物和阴性植物之间，处于同一中性植物植株上不同部位的枝叶，解剖结构差异较大，光照充足的枝叶解剖结构倾向于喜光植物，光照较弱的枝叶解剖结构则倾向于阴性植物。

**（3）喜阴（阴性）植物**

喜阴（阴性）植物是指在弱光下生长最好的植物，不能忍受全光照条件，一般只需要全日照的5%~20%，否则叶片焦黄枯萎，甚至死亡。这类植物在自然群落中常处于中下层，或生长在潮湿背阴处，如红豆杉、三尖杉、肉桂、地锦、珠兰、麦冬、吉祥草等。这类植物的树冠较为致密，透光度小，自然整枝不良，枝下高较低，树皮通常比较薄，叶片较大，叶色较深，角质层较薄，叶绿素含量较高。

#### 5.1.3.2 以光照时间为主导的植物类型划分

根据植物开花对日照长度需求的不同，可将植物分成四类，分别为长日照植物、短日照植物、中日照植物和日中性植物。

**（1）长日照植物**

长日照植物是指在昼夜周期中，日照长度长于一定时数，才能成花的植物。一般要求每天有14h以上的日照。对这些植物延长光照可促进或提早开花；相反则只能进行营养生长，推迟开花甚至不能成花。如唐菖蒲、满天星、金盏菊、凤仙花、瓜叶菊、藿香蓟等。

**（2）短日照植物**

短日照植物是指在昼夜周期中，日照长度短于一定时数，才能成花的植物，一般在8~12h的短日照条件下能正常开花，而在较长的光照下就不能开花或延迟开花。如菊花、一串红、一品红、波斯菊、长寿花、蟹爪兰、矮牵牛等。

**（3）中日照植物**

中日照植物是指花芽形成过程需经中等日照条件，即只有在昼夜长短时数近于相等时才能开花的植物，如甘蔗开花要求11.5~12.5h的日照。

**（4）日中性植物**

日中性植物是指成花或开花不受光周期影响，只要在适宜的温度、湿度等条件下就可以开花，大多数植物属于此类，如月季、非洲菊、美人蕉、香石竹、蒲公英等。

根据目前的研究，还有一些花卉的成花对光照时间的要求比较复杂，例如，翠菊在长日照下花芽形成、伸长，在短日照条件下开花，称为长－短日植物；也有一些花卉同上述情况相反，其开花需要短日照条件加长日照条件，称为短－长日植物，如大花天竺葵、风铃草等。

## 5.2 温度与风景园林植物

温度是影响园林植物生长发育的重要环境因子，它不仅决定植物的自然分布，还影响着植物体内一切生理生化变化，温度的变化还会导致其他环境因子，如湿度、气流等发生变化，从而影响植物的生长发育。

### 5.2.1 温度对风景园林植物的影响

#### 5.2.1.1 温度对植物生长发育的影响

**（1）温度三基点**

温度对园林植物生长发育的影响，主要是通过对其体内各种生理活动的影响而实现的。每种植物的生长都有温度三基点，即生长的最低、最高和最适温度。植物在最适温度条件下生长最快，一般植物在4~36℃都能生长，20~35℃是多数植物适宜的生长温度，但最适温度因植物原产地不同而存在差异，必须给予植物生长发育所需的温度条件，它们才能够生长良好，开花结实。

**（2）季节性变温**

地球上除了南北回归线之间和极地地区以外，根据一年中温度因子的变化可分为四季，不同地区的四季长短受地形、海拔、纬度、季风等因子的综合影响而差别很大，某地区的植物由于长期适应这种季节性的温度变化，就形成一定的生长发育节律，即物候期。在园林建设中，必须充分了解当地的气候条件及植物的物候期，才能充分发挥园林植物的综合功能（图5-1）。

**（3）昼夜变温**

气温的日变化中，接近日出时最低，13：00~14：00时最高。一日中的气温最高值与最低值之差称为日较差或气温昼夜变幅。植物对昼夜温度变化的适应性称为温周期。一般情况下，昼夜变温对植物生长发育是有利的，在一定的日较差条件下，种子发芽、植物生长和开花结实均比恒温条件下好。植物的温周期特性与其原产地日温变化有关，原产于大陆性气候地区的植物适宜较大的日较差，在日较差10~15℃条件下生长发育最好；原产于海洋性气候区的植物在日较差为5~10℃条件下生长发育最好，而一些热带植物则要求较小的日较差。

#### 5.2.1.2 温度对植物分布的影响

影响植物分布的温度因素主要包括极端温度、

暖温带植物景观

热带植物景观

图5-1　不同气温原产地植物景观

年平均温度和积温三个方面。

**（1）极端温度**

冬季的极端低温是高纬度地区和高海拔地区限制植物分布的主要因素，直接决定了植物水平分布和垂直分布的上限，而夏季的极端高温则是低纬度或者低海拔地区限制植物分布的主要因素。

低温对园林植物造成的伤害主要分为寒害、霜害、冻害、冻拔、冻裂等。

①寒害　是指气温在0℃以上使植物受害甚至死亡的情况。喜温植物一般容易遭受寒害，如热带植物轻木在5℃时就会严重受害而死亡，丁香在6.1℃时叶片呈水渍状，3.4℃时树梢干枯；橡胶树、椰子在气温降至0℃以前，叶片变黄且落叶。

②霜害　是指当气温降至0℃时，空气中过饱和水汽凝结成霜使植物受害的现象。如果霜害持续的时间短，而且气温缓慢回升，许多植物可以复原；如果霜害持续时间长而且气温回升迅速，植物受害部位则不易恢复。

③冻害　是指气温降至0℃以下，细胞内和细胞间隙出现结冰现象而对植物产生的伤害。植物抵抗突然低温的能力以休眠期最强，营养生长期次之，生殖期抗性最弱。同一植物不同器官或组织的抗冻害能力不同，抗冻害能力强弱为：茎干＞叶片＞果及嫩叶＞雌蕊以外的花器＞心皮＞胚珠。

④冻拔　在高纬度的寒冷地带以及高山地区，当土壤含水量过高，土壤结冰而膨胀升起，连带植物抬起，春季解冻时，土壤下沉而植物留在原处造成根部裸露于地面而死亡。苗期的小树及草本植物受害比较严重。

⑤冻裂　在昼夜温差大的地区，白天太阳光直接照射到树干上，入夜气温迅速下降，由于木材导热慢，树干两侧温度不一致，热胀冷缩产生的拉力使树皮纵向裂开而造成伤害，当树液活动后，会有大量伤流液渗出，严重影响树势。树干易冻裂的树种有毛白杨、七叶树等，对这类树种可采用树干涂白、包扎、缚草等措施进行防护。

而高温会增强植物的呼吸作用，减弱光合作用，破坏水分平衡。受到高温危害的植物，体内蛋白质凝固，有害次生代谢物质积累，严重时直接灼伤植物的叶片、芽、树皮，致使植物枯黄。常见的高温危害有皮烧和根茎灼伤两类。

①皮烧　树木受强烈的太阳辐射，温度升高特别是温度的快速变化而引起形成层和树皮组织的局部死亡。皮烧多发生在冬季，朝南或南坡以及有强烈太阳光反射的城市街道上的树木易发生皮烧，树皮光滑的成年树最易发生皮烧。生产中可以通过对树干涂白，反射掉大部分的热辐射而

减轻危害。

②根茎灼伤　当土壤表面温度增高到一定程度时，将灼伤幼苗柔软的根茎而造成伤害，受伤幼苗病原体易入侵，引发病害。根茎灼伤多发生在苗圃，可通过遮阴或喷水降温以减轻危害。

**（2）年平均温度**

某个区域的温度常常在该区域的平均温度上下浮动，因此各区域的平均温度影响着植物的分布，特别是年平均温度和典型月份的平均温度。

**（3）积温**

植物在整个生长发育期或某一发育阶段内，高于某一特定温度的日平均温度的总和，称为积温。不同植物要求不同的积温总量，生产中分为有效积温和活动积温两种。有效积温是指某一段时间内日平均气温与生物学零度之差的总和。生物学零度是指植物生长发育的起点温度，高于这一温度，植物才开始生长发育。温带地区的生物学零度为5℃或6℃，亚热带地区的生物学零度为10℃。活动积温是指高于或等于物理学零度（0℃）的日平均温度的总和。根据物种需要的积温量，结合各地的温度条件，可判断植物的引种范围。

## 5.2.2　园林植物对温度的调节作用

**（1）遮阴降温，营造小气候**

在日常生活中，植物的遮阴会产生明显的降温效果（图5-2a）。园林植物的遮阴降温不仅对地面起作用，对建筑物的墙体、屋顶等也具有同样的效果。夏季，在阳光照射下，墙体的温度可达50℃，而利用藤蔓植物进行墙体、屋顶绿化，其表面温度不超过35℃，说明园林植物对墙体、屋顶等的遮阴降温效果明显（图5-2b）。

在园林环境中，通常采用建筑屋顶和乔木的树冠来达到营造局部小气候目的。城市建筑物和植物群落之间由于空气密度的差异而产生气流交换，形成微风，营造局部小气候。

**（2）蒸腾降温，降低热岛效应**

园林植物通过蒸腾作用吸收环境中大量热量，从而降低环境温度；同时产生大量水气，增加空气湿度。在夏季高温干燥的地区，园林植物的这种作用就显得尤为重要。

夏季城市绿地的降温效果十分明显，绿地面积越大，降温效果越明显。据研究，绿化覆盖率与气温呈负相关关系，绿化覆盖率每增加10%，白天气温可下降约2.6%，夜间气温下降约2.8%。因此，提高绿化覆盖率对降低城市热岛效应有着重要意义。

## 5.2.3　以温度为主导的植物类型划分

**（1）根据温度适应能力划分**

根据植物对温度的适应能力不同，可将其划

a. 树木遮阴

b. 墙体绿化

图5-2　园林植物的遮阴降温作用

分为耐寒性植物、半耐寒性植物和不耐寒性植物三类。

①耐寒性植物　这类植物能够忍受 0℃以下的气温，能露地越冬，大多原产于寒带和温带以北。如木本植物油松、金银花、榆叶梅等，草本植物中的二年生花卉及宿根花卉，如玉簪、萱草、宿根福禄考、蜀葵等多属于此类。

②半耐寒性植物　这类植物能耐 0℃左右的低温，稍加保护才能安全越冬，原产温带南缘，亚热带北缘。如桂花、广玉兰、樟树等，二年生花卉中一部分耐寒力稍差的种类，如菊花、三色堇、金鱼草等属于此类。

③不耐寒性植物　这类植物耐寒性较差，冬季的气温要求高于 5℃，一般原产热带、亚热带地区。如棕榈、椰子树、鸡蛋花等，草本植物中露地一年生花卉和室内花卉（如君子兰、仙客来、马蹄莲等）均属于此类。

**（2）根据温度变化的适应能力划分**

根据植物对不同温度范围内的适应能力，可将植物划分为广温植物和窄温植物。

①广温植物　不少植物能在较宽的温度范围内生存，即能适应较大范围的温度变化，如松树、桦、栎等植物，能在 -5~55℃的温度范围内生存，这类植物称为广温植物。

②窄温植物　这类植物只能生活在很窄的温度范围内，不能适应较大的温度变化。如在低温环境中生活的雪球藻，只能在低温环境中发育繁殖；而喜高温的椰子树，在海南岛南部生长旺盛，硕果累累，到了海南岛北部果实就会变小，产量明显降低，移栽到了广州便不能正常生长。

## 5.3　水与风景园林植物

水是植物体的重要组成部分，也是植物进行生命活动的必要条件。水分能够维持植物细胞和组织的紧张度，保持植物固有的姿态。水是光合作用的原料，直接参与植物的新陈代谢活动，同时还能调节植物体和环境的温度。

### 5.3.1　水分对植物生长发育的影响

#### 5.3.1.1　环境水分

环境中影响植物生长发育的水分主要是空气湿度和土壤水分。植物必须在适当的空气湿度和土壤水分条件下才能正常地生长和发育。不同植物种类的需水量差别很大，这与植物原产地的降水量和空气湿度有关。

水是植物体温调节器，在环境温度波动的情况下，植物体内大量的水分可维持体温相对稳定。处于烈日暴晒的情况下，植物能够通过蒸腾作用散失水分，以降低体温，不受高温伤害。水分可以增加大气湿度、改善土壤及土壤表面大气的温度，如北方城市冬季土壤冰冻前给树木浇封冻水可提高其抗寒能力，有利于安全越冬。

#### 5.3.1.2　植物体内的水分平衡

植物体内的水分平衡，是植物在生命活动过程中吸收的水分和消耗的水分之间的平衡。植物只有在吸水、输导和蒸腾三方面的比例适当时，才能维持植株体内的水分平衡，进行正常的生长发育。影响植物水分平衡的环境因子主要有土壤因子和大气因子，土壤含水量较低时，水的黏滞性增加，移动速度减慢，从而使植物根系的吸水能力减弱。而大气因子则是通过光、温度、风和大气湿度等变化对植物的蒸腾作用产生影响。当失水小于吸水的时候，植物可能出现吐水现象，当蒸腾失水大于植物体内吸收的水分时，植物体因缺水呈现出萎蔫的状态，各种代谢活动受到影响，植物的生长发育受到限制。

### 5.3.2　园林植物对水分的调节作用

**（1）增加空气湿度**

园林植物具有蒸腾作用，尤其在夏季，植物体内的水分通过叶面蒸腾直接进入大气，园林树木的树冠能遮挡大量的太阳辐射，还能降低风速，阻碍水蒸气迅速扩散。因此，园林植物具有很好的增加空气湿度的作用。

**（2）保持水土，涵养水源**

园林植物尤其是树木的根系庞大，可以牢牢地抓住土壤，防止水土流失。据观测发现，绿化覆盖率为 30% 的林地，水土流失比无林地减少 60%；在林木茂盛的地区，地表径流只占总雨量的 10% 以下；平时一次降雨，树冠可截留 15%~40% 的降雨量，林下的枯枝落叶持水量可达自身干重的 2~4 倍，群落内的地被植物对水分也有很强的吸滞作用，林下土壤孔隙度较大，能固持大量水分，因此，植物群落对涵养水源的意义重大。高速公路边坡绿化中，防止水土流失是绿化的重要作用，祝遵凌（2007）在对喷混基质料中最佳植物组分的筛选试验中发现，试验选择的 7 种植物组分均具有一定的防止水土流失的作用。

**（3）净化水体**

植物对水体的净化作用主要表现在两个方面：植物的富集作用和代谢解毒的能力。

①富集作用　植物能够吸收水中的溶解质，植物对元素的富集浓度是水的几十至几千倍，对净化城市污水有明显的作用。例如，水葱具有庞大的气腔和根茎，吸收能力强，能对酚类物质进行吸收、积累和代谢，净化含酚废水。

②代谢解毒能力　有些植物能够吸收毒性很强的氰化物，在植物体内与丝氨酸结合变成腈丙氨，最终转化成为无毒的天冬氨酸。

植物对水污染的净化作用，能够直接用于城市污水处理。对水体进行绿化时要选择吸收有毒物质能力较强的植物种类，既可以美化水体，又能净化水体（图 5-3）。

### 5.3.3　以水分为主导的植物类型划分

**（1）水生植物**

生长在水中的植物统称为水生植物（图 5-4）。水生植物一般不能脱离水湿环境，其植株体全部或大部分浸没在水中，其通气组织发达，在水面以上的叶片较大，在水中的叶片较细小，常呈带状或丝状，叶片薄，表皮不发达，根系也不发达。水生植物可分为沉水植物、浮水植物、挺水植物和漂浮植物。

①沉水植物　典型的水生植物，整个植株沉没在水中。这类植物无根或根系不发达，而通气组织特别发达，表皮细胞可以直接吸收水中的氧气、营养物质和水分，叶绿体大而多，以适应水中的弱光环境，如金鱼藻（图 5-4a）、苦草、狐尾藻、黑藻等。

图5-3　植物对水体的美化与净化

a. 沉水植物（金鱼藻）

b. 浮水植物（王莲）

c. 挺水植物（荷花）

d. 漂浮植物（满江红）

图5-4 水生植物

②浮水植物　叶片漂浮在水面的植物。其根或根状茎生于泥中，茎细弱不能直立，气孔在叶上面，维管束和机械组织不发达，如睡莲、香水莲花、王莲（图 5-4b）、芡实等。

③挺水植物　植物体的大部分暴露在水面以上的空气中，茎、叶、花挺出水面，根或根状茎生于泥中，如芦苇、荷花（图 5-4c）、香蒲、鸢尾等。

④漂浮植物　这类植物的根不生于泥中，植株体漂浮于水面之上，随水流、风浪四处漂泊，多数以观叶为主，为池水提供装饰，如满江红（图 5-4d）、水鳖、凤眼莲、大漂等。

**（2）陆生植物**

陆生植物是陆地上生长植物的统称，根据植物对水分需求的不同，可以分为湿生、中生和旱生植物三大类。

①湿生植物　生长在潮湿的环境中，若在干燥或中生的环境下常常生长不良或死亡，是抗旱能力最弱的陆生植物（图 5-5a）。典型的湿生植物叶面积很大，光滑无毛，角质层薄，无蜡层，通气组织发达，如气生根、膝状根、板根等。许多湿生植物还有泌水组织（水孔）以促进水分的代谢。湿生植物多生长在沼泽、滩涂、池塘边、山谷湿地或潮湿区域的森林下。常用于园林中的湿生植物有水松、落羽杉、池杉、红树等。

②中生植物　介于旱生植物和湿生植物之间。中生植物的根系、输导系统、机械组织、抑制蒸腾作用的结构等，比湿生植物发达，但不如旱生植物，大多数木本植物、林下杂草等都是中生植物，是种类最多、分布最广、数量最大的一类陆生植物（图 5-5b）。

③旱生植物　是指在干旱的环境中能够长时间忍受干旱的条件并能够正常生长发育的一类植

a. 湿生植物（池杉）

b. 中生植物（'紫叶'李）

c. 旱生植物（雅乐之舞）

图5-5 陆生植物景观

物，具有极强的耐旱能力，如多肉植物雅乐之舞（图 5-5c）。旱生植物在外部形态和内部结构上产生了许多适应干旱环境的变化，如叶片变小，退化成鳞片状、针状或刺毛状，叶片表面具有较厚的角质层、蜡质层或茸毛，或茎叶根等具有发达的贮水薄壁组织。本类植物多见于雨量稀少的荒漠地区和干燥的草原上，有时也在城市中的屋顶、墙头上出现。常用于园林中的旱生植物有马尾松、柽柳、光棍树、沙枣、仙人掌、龙舌兰等。

## 5.4 大气与风景园林植物

大气是指包围在地球外围的空气层。大气中含有植物光合作用需要的二氧化碳和呼吸作用需要的氧气，对流层中还有水汽、粉尘等，它们在热量的作用下、形成风、雨、霜、雪、露、雾和冰雹等，调节地球环境的水热平衡，影响着植物的生长发育。

### 5.4.1 大气对风景园林植物的影响

#### 5.4.1.1 大气中对园林植物起主要作用的成分

**（1）氧气（$O_2$）和二氧化碳（$CO_2$）**

氧气是植物进行呼吸作用时必不可少的物质。氧气在空气中的含量基本不变，因此不会成为植物地上部分生长发育的限制因子，但是植物根部的呼吸主要依靠土壤或水中的氧气。若土壤中氧气不足，则会抑制根的伸长从而对植株的生长发育产生不良影响。因此，在园林栽培养护的过程中，需要采取一定的措施来改善土壤的理化性质，保证植株根部有良好的氧气供应。

二氧化碳是植物光合作用所必需的原料，在其他条件不变的情况下，一定范围内二氧化碳的浓度越高，光合作用的效果越好。除此之外，二氧化碳浓度的提高也有助于促进某些雌雄异花植物的雌花分化率，因而可以用于提高植物的果实产量。

**（2）氮气（$N_2$）**

氮是构成植物生命物质（如蛋白质）的最基本成分。氮气在空气中约占 4/5，但植物并不能直接利用氮气，植物所需要的氮主要来自土壤中的硝态氮和铵态氮，一方面通过雷电作用将空气中的氮气合成硝态氮和铵态氮；另一方面通过固氮微生物将空气中的氮气固定下来为植物所用。根瘤菌是与植物共生的一类固氮微生物，固氮能力较强，在森林生态系统生物固氮中发挥着重要作用。

#### 5.4.1.2 大气中的污染物质及其对园林植物的危害

大气污染可分为自然污染和人为污染两种。自然污染发生于自然过程本身，如火山爆发、沙尘暴等；人为污染由人类生产活动引起，如燃料燃烧、工业生产中的废气排放、交通运输工具的尾气排放等。

大气中的污染物也可按存在状态分为颗粒状污染物和气态污染物两大类。颗粒状污染物是指空气中分散的微小的固态或液态物质，一般可分为烟、雾、灰霾和粉尘等。气态污染物是指直接进入大气的气体污染物，主要包括硫氧化物、氮氧化物、碳氧化物、碳氢化物等。

**（1）二氧化硫（$SO_2$）**

烧煤的工厂，供暖、发电的锅炉以及硫铵化肥厂等排放出来的废气中均含有二氧化硫和三氧化硫，其中二氧化硫最为常见。二氧化硫气体进入叶片后遇水形成亚硫酸和亚硫酸离子，然后再逐渐氧化为硫酸离子。当亚硫酸离子增加到一定量时，叶绿体被破坏，细胞变形，发生质壁分离，叶片失绿，从而在叶片的外观形态上表现出不同程度的受害症状，严重的会逐渐焦枯死亡。一般来说，当大气中的二氧化硫浓度超过0.3mol/L，园林植物就会表现出受害症状。

抗二氧化硫的植物种类主要有‘龙柏’、臭椿、榆树、枫杨、女贞、樟树、广玉兰、桂花、珊瑚树、山茶、蚊母树、夹竹桃、大叶黄杨、银杏、梧桐、垂柳、栾树等。

**（2）氯气（$Cl_2$）**

在生产塑料产品的聚氯乙烯塑料厂的生产过程中可能会产生氯气或氯化物。园林植物受到氯气伤害后原生质膜和细胞壁解体，叶绿体遭到破坏，叶片出现水渍斑，在低浓度时水渍斑消退，出现褐色或褪绿斑，褪绿多发生在叶脉间。

抗氯气的植物种类主要有海桐、接骨木、构树、夹竹桃、侧柏、‘龙柏’、合欢、紫穗槐、桂花、木槿、紫藤、五叶地锦等。

**（3）氟化氢（HF）**

氟化氢主要来自炼铝、磷肥、搪瓷等工业，是氟化物中毒性最强、排放量最大的种类，空气中氟化氢的浓度即便很低，植物的暴露时间长也会造成伤害。植物受氟化氢危害后，枝条顶端的幼叶受害最重，一般表现为叶尖和叶缘处出现褐色或棕色坏死斑，坏死斑与健康组织之间界限明显，坏死斑自叶尖沿叶缘向叶基部扩展，叶片最后干枯脱落。

抗氟化氢的植物种类主要有‘龙柏’、罗汉松、夹竹桃、大叶黄杨、锦熟黄杨、凤尾兰、木槿、白蜡、桑、金银花、柑橘类、丁香、山楂、连翘等。

**（4）光化学烟雾**

光化学烟雾是由汽车排出的尾气经紫外光照射后形成，主要成分为臭氧（$O_3$）。臭氧是一种具有特殊臭味的微量无色气体，主要存在距地球表面20 km的同温层下部。一般臭氧浓度超过0.05mol/L时就会对植物造成伤害，主要破坏栅栏组织细胞壁和表层细胞，植物受害后，叶片失绿，出现褐色、红棕色或白色斑点，斑点较细，一般散布于整个叶片。

抗光化学烟雾的植物种类主要有银杏、黑松、柳杉、悬铃木、连翘、海桐、夹竹桃、樟树、日本女贞等。

**（5）二氧化氮（$NO_2$）**

二氧化氮是一种棕红色有刺激性臭味的气体，对大气能见度及光的吸收有着直接的影响，为主要大气污染物之一。二氧化氮对植物的光合作用和气孔导度、生长生理和种子发育均有一定的影响。二氧化氮对植物的伤害主要在于二氧化氮通过气孔进入植物体后，影响植物的各种生理过程。圣倩倩（2019）研究发现，二氧化氮胁迫对植物产生的伤害作用，在停止二氧化氮胁迫后于室温下可自我恢复到正常生长水平。

抗二氧化氮的植物种类主要有合欢、樟树、月季、罗汉松、‘龙柏’、栾树、毛白杨、泡桐、楝、构树、杜鹃花、夹竹桃等。

### 5.4.2 园林植物对大气的调节作用

#### 5.4.2.1 净化作用

园林植物对大气的净化作用主要表现为滞尘、吸收有毒气体，减少细菌，减弱噪声，吸收二氧化碳，释放氧气，增加空气负离子以及吸收放射性物质等。

**（1）滞尘**

在重力和风的作用下，粉尘可沉降在植物表面，通过其枝叶对粉尘的截留和吸附作用，从而实现滞尘效应。园林植物的滞尘量与叶片形态结构、叶面粗糙程度等因素有关，同时也因季节不同而不同，冬季叶量少，滞尘效果差，夏季则滞尘作用最强。不同植物的滞尘能力有所不同，园林植物的滞尘能力一直是城市森林植物配置的重要依据。

园林中常见的滞尘能力强的树种主要有槐、榆树、构树、侧柏、圆柏、梧桐、朴树、悬铃木、女贞、广玉兰、臭椿、‘龙柏’、夹竹桃、黄槐、楝、鸡蛋花等。

**（2）吸收有毒气体**

植物叶面的皮孔能够吸收并储存有害气体，特别是植物对可溶性气体的吸收量随湿度增大而增加。

植物可通过代谢降解的途径来净化气体污染物，即植物通过代谢过程来降解污染物或通过植物自身的物质如酶类来分解植物体内外来的污染物，将代谢的产物以被束缚的状态储存起来。

另外，植物可通过转化和同化的方法净化污染物，植物转化指利用植物生理过程将污染物从一种形态转化为另一种形态。通常，植物不能将有机污染物彻底降解为 $CO_2$ 和 $H_2O$，而是经过一定的转化后将其隔离在细胞的液泡中或与不溶性细胞结构如木质素相结合。植物同化是指植物对含有营养元素的污染物进行吸收，并同化到自身物质组成中，促进植物体自身生长的现象。植物利用其生理过程可将污染物转化为其他形态并同化到自身体内，如大气有害物质中的硫、碳、氮等同时也是植物生命活动所需要的营养元素，植物通过气孔将 $CO_2$、$SO_2$、$NO_2$ 吸入体内，参与代谢，最终以有机物的形式储存在氨基酸和蛋白质中，作为植物生长发育的基本物质。

**（3）杀菌抑菌作用**

园林植物可以减少空气中的细菌数量，一方面因为尘埃是细菌等的生活载体，园林植物的滞尘作用能减少细菌载体，从而使大气中的细菌数量减少；另一方面许多园林植物能分泌杀菌素，由花、芽、叶和枝干所分泌的挥发性物质能杀死细菌、真菌等。

园林中常见的具有杀菌效果的植物主要有圆柏、侧柏、雪松、盐肤木、大叶冬青、大叶黄杨、合欢、紫薇、广玉兰、楝、茉莉、丁香、石榴、火棘、栾树、臭椿等。

**（4）减弱噪声**

园林植物具有明显的减弱噪声的作用。一是通过树叶各个方向不规则反射噪声声波从而使声音减弱；二是由于噪声声波造成树叶、枝条轻微振荡而使声能部分消耗。因此，树冠的大小、形状及边缘凹凸的程度，树叶的厚度、软硬度及叶面的光滑程度，都与减噪的效果有关。一般认为，叶片重叠排列、形大、健壮、坚硬的树种减噪效果好；分支低、树冠低的乔木比分支高、树冠高的乔木减噪效果好。

**（5）增加空气负离子**

植物的光合作用释放出的氧气在短波紫外线辐射下，易发生光电效应，形成负氧离子，从而提升小区域空气负离子水平。绿色植被覆盖区域空气负离子浓度要远高于其他地区。

**（6）吸收放射性物质**

绿化植物具有吸收与抵抗光化学烟雾污染的能力，能过滤、吸收和阻隔放射性物质，减低光辐射的传播与冲击波的杀伤力，并对国防设施等起到隐蔽作用。用栎属树木种植成一定结构的林带，也有一定的阻隔放射性物质辐射的作用，它们可以起到一定程度的过滤和吸收作用。一般来说，落叶阔叶林所具有的净化放射性污染的能力与速度要比常绿针叶林大得多。

**（7）吸收二氧化碳释放氧气**

绿色植物利用叶绿素等光合色素，在可见光的照射下，将 $CO_2$ 和 $H_2O$ 转化为有机物（有机养分），并释放出氧气。

#### 5.4.2.2 指示监测作用

植物的叶片通常对空气中的有害气体表现出不同的生理反应，对有害气体特别敏感的植物可以作为监测使用。在低浓度有害气体下，即使人们还没有感觉到，它们就已经表现出受害症状。有些剧毒的无色无味气体，如有机氟很难使人察觉，而敏感植物能及时表现症状。

**（1）植物指示 $SO_2$ 的表现**

当植物吸收 $SO_2$ 后，常在叶脉间出现土黄或红棕色伤斑，较少出现在叶缘，轻微受害者只在叶背气孔附近，重者则从叶背到叶面均出现伤斑。随着时间的推移，伤斑会从点扩展成面。受害严重时，叶脉褪色变白，植物叶片萎缩，植株萎蔫，甚至死亡。对 $SO_2$ 敏感的植物有落叶松、雪松、美女樱、月见草、紫花苜蓿等，这些植物可以用作监测 $SO_2$ 的指示植物。

**（2）植物指示 $Cl_2$ 的表现**

氯气及氯化物的毒性较大，植物受害后，叶脉间出现伤斑，伤斑形状为点块状且界限模糊，叶缘卷缩；叶绿素被破坏，叶片严重失绿。氯气的毒害症状大多出现在生理活动旺盛的叶片上，植株下部枝条的老叶和枝条顶端的新叶很少受害。石楠、核桃、加拿大杨等园林植物对氯气极为敏感，可用于大气污染监测。

**（3）植物指示氟化物的表现**

当植物吸入氟后，常在叶片尖端和边缘积累，形成伤斑，伤斑呈棕黄色，带状或环带状分布，然后逐渐向内扩展，严重时叶片枯焦脱落。对氟化物敏感的植物有榆叶梅、唐菖蒲、郁金香等。

**（4）植物指示 $NO_2$ 的表现**

植物吸收 $NO_2$ 后，细胞受害而破裂，引起白、黄褐色或棕色的伤斑，呈不规则或全叶点斑状，且植株嫩叶极易受到伤害。对 $NO_2$ 敏感的植物有悬铃木、秋海棠、向日葵等。

**（5）植物指示 $O_3$ 的表现**

植物受到 $O_3$ 危害后，栅栏组织细胞壁和表皮细胞受到破坏，使葡萄糖氧化。所引起的伤斑多出现在叶面，少数脉间，伤斑呈棕、黄褐色，散布细密点状。光叶榉、矮牵牛、三裂悬钩子、牡丹等植物对 $O_3$ 较为敏感，可用作监测植物。

## 5.5 土壤与风景园林植物

土壤是植物生长的基础，土壤的水分、肥力以及酸碱度等都影响植物的生长，其中土壤酸碱度对植物的影响较大。根据我国土壤酸碱性情况，可分为强酸性土（$pH<5.0$）、酸性土（pH 5.0~6.5）、中性土（pH 6.5~7.5）、碱性土（pH 7.5~8.5）和强碱性土（$pH>8.5$）几类。

### 5.5.1 土壤对风景园林植物的影响

**（1）土壤酸碱度对植物的影响**

土壤的酸碱度影响植物的生长，直接影响植物对矿质盐分的吸收过程。pH 6~8 的土壤是最适合吸收钙、镁离子的土壤条件；而 pH 6~8 时，植物容易吸收氮元素发生固氮现象；pH 6.5~7.5 时，植物容易吸收磷元素。对于碱性土壤环境，植物多吸收阳离子，同时抑制阴离子的吸收；酸性土壤环境中则正好相反，植物会筛选吸收适合自身的阴离子，同时抑制阳离子的吸收。

**（2）土壤含盐量对植物的影响**

土壤中的盐分大多是钙盐和镁盐。土壤中的盐分过高会直接影响土壤的理化性质，使其通透性变差、养分丢失，而通过某些物理手段，可使土壤的盐分降低，有利于植物生长。

**（3）土壤温度对植物的影响**

土壤温度会影响植物根系对水分和养分的吸收。当土壤温度较低时，水的黏滞性增加，移动速度减缓，同时植物体内的原生质黏性增大，水分不易透过，降低了根系的吸水能力，直接影响根系对矿质营养的吸收。

土壤温度也影响苗木扦插生根的速度和成活率。同一种植物，在一定温度范围内，在土壤湿度和空气湿度适宜的前提下，地温越高，扦插生根速度越快。

**（4）土壤透气性对植物的影响**

土壤透气性能的好坏直接影响土壤肥力的有效发挥。土壤透气不良，氧气不足，会抑制植物根系的呼吸作用，进而减弱根系对水肥的吸收，影响植物的生长。同时，在透气不良的情况下，土壤中的嫌气性微生物占优势，有机质分解速度变慢，释放的有效养分变少，还会产生一些对植物有害的物质，如硫化氢、有机酸等。

**（5）城市土壤环境对植物的影响**

城市的土壤由于受到人类各种行为活动的影响，其物理和化学特性都与自然界的土壤有着一定的差异。根据土壤污染物的来源及其污染途径，可分为水质污染型、大气污染型、固体废物污染型、生产污染型及综合污染型等，土壤中的污染物多被土壤胶体所吸附，运动的速度非常慢，特别是一些化学性质稳定的污染物可在土壤中不断积累，甚至达到很高的浓度，对土壤造成一定的污染，因此，园林上会通过土壤改良的方式降低污染，如换土与客土改良，施用化学改良剂和植物修复的方式等改良土壤的组成和结构，促进植物的正常生长。

### 5.5.2 植物对土壤的调节作用

植物对土壤的调节主要体现在对土壤污染的修复作用上。植物修复是指利用植物及其根系微生物对污染土壤、沉淀物、地下水和地表水的污染物进行清除的技术，具有成本低、因地制宜、土壤免遭扰动的优点，应该大力提倡。植物对土壤污染的修复方式主要有 6 种，分别为植物富集、植物固定、植物挥发、植物降解、植物转化和植物刺激。

**（1）植物富集**

植物富集生物修复技术，就是利用重金属超富集植物从土壤当中吸收大量的重金属，然后将这些重金属运输到植物身上的富集部位，最后将富集部位收割，经过各种化学、微生物、热处理等方法，达到减少富集植物体积，降低土壤污染，降低人工操作费用、填埋等步骤。

**（2）植物固定**

植物固定就是利用特殊的植物，通过枝叶分解物、根系分泌物将土壤当中的污染物固定住，降低其生物的有效性和迁移性，这样就不会为其他生物体所用，达到钝化、隔断、阻止这些污染物进入人类食物链和水体的目的。

**（3）植物挥发**

植物挥发的技术原理就是通过植物将土壤中的污染物吸收，并且将其转化为气态释放到大气中，如一些植物就能够将土壤当中的汞（Hg）、砷（As）、硒（Se）等有害物质吸收，然后通过植物器官运转，形成可挥发的分子，释放到大气层中。

**（4）植物降解**

植物降解其实就是根据植物的根部的微生物系统，将土壤中的污染物降解，转化为无毒的有机分子，减少对生物的危害性，同时可以促进生态环境的良好运转。

**（5）植物转化**

植物转化其实就是相当于一个有害物质过滤器，一些植物能够将土壤当中的有害物质吸收，然后通过植物的根部或者其他植物器官，将有害物质通过形成代谢的方式，转化为毒性较小的一个状态，其实就是植物过滤。

**（6）植物刺激**

植物刺激的方式就是植物的根部等部位分泌出对土壤有刺激性的物质，如氨基酸、酶、糖等物质，刺激根部周边的小生态环境，促进微生物的活性和生化反应，这样能更加快速地降解土壤中的污染物。

### 5.5.3 以土壤为主导的植物类型划分

#### 5.5.3.1 适应不同土壤酸碱度的植物类型

根据园林植物对土壤酸碱度的适应，可分为酸性土植物、中性土植物和碱性土植物三类。

**（1）酸性土植物**

这是指在土壤 pH<6.5 的土壤上生长最好，在碱性土或钙质土上生长不良或不能生长的植物。酸性土主要分布在暖热多雨或寒冷潮湿的地区，常见的酸性土植物有马尾松、池杉、白桦、山茶、油茶、杜鹃花、含笑、桉树、栀子、马醉木、木荷等。

**（2）中性土植物**

这是指在土壤 pH 6.5~7.5 生长最好的植物，大多数观赏植物都是中性土植物，如水松、桑、樱花、金鱼草、风信子、郁金香、四季报春等。有些树种适宜在钙质土上生长，常称为喜钙树种，如侧柏、柏木、榉树、榔榆、黄连木等。

**（3）碱性土植物**

这是指在土壤 pH>7.5 的土壤上生长最好的植物。碱性土植物大多数是大陆性气候下的产物，多分布在炎热干燥的气候条件下，如柽柳、沙棘、沙枣、杠柳等。

#### 5.5.3.2 适应不同土壤含盐量的植物类型

盐土、碱土以及各种盐化、碱化的土壤统称为盐碱土。在我国有大面积的盐碱地，其中大部分是盐土，真正的碱土面积较小。盐土中通常含有 NaCl 及 $Na_2SO_4$，因为这两种盐类属中性盐，所以一般盐土的 pH 值属于中性土，其土壤结构未被破坏。碱土中通常含 $Na_2CO_3$ 较多，或含 $NaHCO_3$ 较多，也有含 $K_2CO_3$ 较多的，一般土壤结构被破坏，质地变得坚硬，pH>8.5。根据园林植物对土壤含盐量的适应可分为喜盐植物、抗盐植物和耐盐植物三类。

**（1）喜盐植物**

①旱生喜盐植物　主要分布于内陆的干旱盐土地，如乌苏里碱蓬、海蓬子等。

②湿生喜盐植物　主要分布于沿海海滨地带，如盐蓬、老鼠筋等。

一般而言，植物在土壤含盐量超过 0.6% 时就不能生长，但喜盐植物可以在含盐量达 1% 的土壤上生长，甚至在超过 6% NaCl 浓度的土壤中生长。但真正的喜盐植物很少，如黑果枸子、梭梭等，这类植物对高浓度盐分的需求已成为其生理上的需要。

**（2）抗盐植物**

这类植物的根细胞膜对盐类的透性很小，很少吸收土壤中的盐类，其细胞的高渗透压不是由于体内的盐类而是由于体内含有较多的有机酸、氨基酸和糖类所形成的，如田菁、盐地风毛菊等。

**（3）耐盐植物**

这类植物能从土壤中吸收盐分，但并不在体内积累，而是将多余的盐分经茎、叶上的盐腺排出体外，即有泌盐作用。如柽柳、大米草、二色补血草和红树等。

耐盐碱能力强的植物种类较多，可用于盐碱地区的植物景观营造。如柽柳、白榆、加拿大杨、旱柳、刺槐、臭椿、紫穗槐、合欢、乌柏、侧柏等。

## 5.6 人类活动与风景园林植物

园林植物主要栽植在城市、乡镇及景区等人类活动较为频繁的区域，随着城镇化进程的推进和乡村振兴战略的实施，各种建筑物、道路、桥梁等侵占了原来的自然植物环境，对各种植物产生不同程度的影响。

由于人类活动不断加剧，城市环境也发生了一系列不可逆的变化，包括城市气温、城市空气湿度、城市光照、城市风及城市小环境气候等方面。

**（1）城市气温**

频繁的人类活动导致城市气温升高，一般高于郊区且昼夜温差变小，市中心的气温最高，向市外逐渐降低，郊区农村的气温偏低，这种现象称为“热岛效应”。城市气温升高，春季植物的物候提前，秋季进入休眠期时间推后，植物绿期延长；同时气温升高，会使空气湿度降低，在北方地区容易引起大气干旱；昼夜温差减小，对植物的生长不利。

**（2）城市空气湿度**

由于城市地表大面积硬化，降水流失，地表径流增加，下垫面吸收水分少，而气温较高，蒸发量大，空气湿度较低，对植物生长不利。

**（3）城市光照**

城市接受的总太阳辐射少于乡村，且太阳辐射减弱，日照时间相对减少，不利于长日照植物的开花。另外，城市街道的灯光延长了光照时数，打破了植物正常的生物钟，破坏了其正常的生长和休眠，不利于植物越冬。

**（4）城市的风**

城市建筑导致下垫面结构的变化，使得城市风速低于郊区风速，且风向不统一，这对植物生长有利。

**（5）城市小环境气候**

城市建筑物对温度、湿度、光照以及风的影响，会在其周围形成特殊的小气候环境，合理利用这些小气候，能够极大丰富植物的多样性。例如，建筑物南面背风向阳，温度高，光照充足，而北面背阴，温度低，光照较少，可根据这些特点，在建筑物的不同方位栽植喜光或耐阴的植物种类。

## 小　结

植物与环境存在密不可分的关系，各种环境因子包括温度、光照、水分、大气、土壤、人类活动等共同影响着植物的生长发育。同时，植物也对外界环境起到调节作用。充分了解植物与环境之间相互关系，才能更好地在植物景观设计中选择合适的植物材料，并利用植物来解决一些环境问题，改善生态环境。

## 思考题

1. 简述水分与园林植物之间的相互作用。
2. 阐述极端温度对植物生长发育的影响。
3. 植物对大气如何起到监测作用？请举例说明。
4. 在城市绿化中，为了提高绿化效果，如何根据植物对光的需求进行规划设计？

# 第6章 风景园林植物景观设计

随着社会的不断进步和城市的发展，人们对精神层面美的享受有了更多的需求，风景园林植物景观设计也就随之得到发展。植物景观主要指自然界的植被、植物群落、植物个体所表现的形象，通过人们的感官传到大脑皮层，产生一种实在的美的感受和联想。它不仅可以让人们从视觉上和心灵上得到美的感受，在精神上也得以放松。

风景园林植物应用必须遵循基本的原理，采用科学的方法和手法。各种植物之间的配置应遵循生态学和美学原理，考虑植物的组合，平面和立面的构图、色彩、季相以及意境美；另外，风景园林植物与园林中的其他要素（如山石、水体等）应统一和谐，相宜配置。

## 6.1 基本原理

### 6.1.1 生态学原理

在园林景观中，绿色植物是重要的生命象征。提高园林植物的生态效益能够发挥园林景观相应的生态功能、改善城市绿地的生态环境，包括防风、降尘、降噪、吸收有害气体等。风景园林植物不仅在形态特征方面存在差异，对环境（温度、水分、光照以及土壤酸碱度等）的要求也不尽相同。因此，在植物景观应用时，必须尊重植物自身的生长习性及生态特性，才能保证风景园林植物正常生长，实现生态效益最大化。因此，在进行植物景观设计时应充分了解并利用植物的特性进行合理配置，重视利用乡土植物，丰富绿化植物的多样性，做到四季有景可观，在有限的城市绿地空间中创造丰富的植物景观。

### 6.1.2 美学原理

风景园林植物自身所具有的形态美、色彩美等特性是构成植物景观观赏性的基础，每种植物都在质地、色彩、香味、意境等方面具有自己的特色。在风景园林植物应用过程中，应充分、巧妙地利用植物的形、色、质、韵等构景要素，通过植物间的组合配置，运用对比与调和、稳定与均衡、比例与尺度、节奏与韵律、变化与统一等艺术手法，展现出植物的群体美，创造丰富且美丽的景观（图 6-1）。

### 6.1.3 空间构成原理

植物具有构成空间能力，植物空间设计是景观规划的核心内容之一。植物作为实体，在组合的同时，又成为空间构成的重要组成部分，形成不同的空间形态和空间感。在风景园林植物应用设计时，要考虑到实用空间和审美空间的组合，给人以宜人舒适的感受，满足不同的心理需求。在充分了解植物材料的基础上，确定空间构成的目标，形成独特的空间形态，如构成视觉焦点（图 6-2a），或分隔限定空间（图 6-2b），通过丰富的植物配置手法实现不同风景植物景观的空间塑造能力。

此外，植物景观空间还具有“时间”维度，在设计时要考虑植物在不同生长阶段、不同季节、不同气候环境的不同生态特征，其构成的空间感会随

图6-1　不同色彩、体量的植物展现群体美

a. 植物构成视觉焦点

b. 植物构成分隔限定空间

图6-2　植物空间构成

着叶色、形态等特征的变化而变化。同时，植物所创造的空间尺度会随着植物的生长而变化，植物的枝叶密集程度及质地的变化会造成视觉上的空间距离放大或缩小。所以，在进行植物应用时，要根据地形地貌、气候环境等，与其他园林景观要素进行合理搭配，形成优美舒适的园林景观空间。

## 6.2　基本原则

### 6.2.1　科学性原则

在风景园林植物应用过程中，科学性是基础，然而科学性的核心在于顺应自然规律，师法自然。适地适树和选用乡土植物即为师法自然的重要手段和途径。

风景园林植物的生长习性各不相同，进行植物应用时如果立地条件与选用植物材料的生长习性不相适应，往往会造成生长不良甚至死亡而难以形成预期的景观。例如，在建筑背阴面需选用耐阴性较强的乔木、灌木及草本植物来进行绿化。城市绿地应因地制宜地选择植物进行景观规划，做到“适树适地，适地适树”，才能有效提高植物的存活率，保证绿化景观的长期性，从而提高城市植物覆盖率，增强绿地的净化空气、降低噪声、改善小环境气候等多种功能（图 6-3）。

城市绿地建植过程中所选用的植物材料多种多样，每种植物的生长速度和生命周期都有所差异，在注重植物多样性的同时，也要注意植物是持续生长变化。植物的选择和配置应兼顾远、近期植物景观的要求，做到速生树种和慢生树种的合理搭配，不同规格大小的苗木合理配置，保证植物良好的生长空间，达到平面与立面兼顾的良好的观赏效果。

### 6.2.2　功能性原则

实现园林绿地的功能性是营造绿化景观的首要原则。在风景园林植物应用时，首先应明确应用的目标和功能要求。例如，侧重遮阴纳凉的绿地种植应选择种植树冠高大、枝繁叶茂的树种，侧重观赏功能的绿地种植应选择在色、香、姿、韵方面有突出特色的树种，高速公路两侧及中央分隔带的绿化种植由于环境的特殊性，应选择抗逆性强、能适应恶劣环境的树种，且为了达到防眩光的目的，对植物的种植密度及修剪高度都有严格的要求，滨水区的绿化应用要选择吸收和抗污染能力强的水生植物，保证水体及水景的质量。

植物种植设计时除了进行乔、灌、草等多种植物复层结构群落式种植，还要在空间分配的前提下，设计合适的开敞空间。因此，园林绿地种植，应从充分发挥园林绿地的综合功能和效益出发，进行科学的统筹规划，合理安排植被种植的疏密度及开敞和封闭空间的配置比例，呈现出宜密则密、宜疏则疏、疏密有致、开合对比、富有变化的合理布局，实现园林绿地多种多样的功能特性（图 6-4）。

图6-3　水湿环境植物配置

### 6.2.3　经济性原则

经济效益指以适当的经济投入，在设计、施工和养护管理等环节上开源节流，从而获得绿化景观、经济和社会效益最大化。可采取的方法有：合理地选择乡土树种和合适规格的树种，降低造价和未来的养护成本；谨慎安排植物的种间关系，避免植物因生长不良导致意外返工；适当结合生产，注重改善环境质量的植物配置，以达到美学、生产和净化防护功能的统一；适当选用有食用、药用价值等经济植物与旅游活动相结合。此外，也要考虑建成后绿地的养护成本，尽量选择容易栽培、成活率高、养护管理简单的植物种类。

图6-4　疏密有致的植物空间

### 6.2.4　艺术性原则

风景园林植物应用同样遵循着绘画艺术和造园艺术的基本原则，即统一、调和、均衡和韵律四大原则。

**（1）变化与统一**

植物景观设计时，树形、色彩、线条、质地及比例都要有一定的差异和变化，显示多样性，但又要使它们之间保持一定相似性，形成统一感，这样既生动活泼，又和谐统一。变化太多，整体会显得杂乱无章，甚至一些局部支离破碎，失去美感。因此，要掌握在统一中求变化、在变化中求统一的原则。种植设计中可以通过以下方式来创造统一感：

①相同植物重复出现　运用重复的方法最能体现植物景观的统一感。如街道绿带中行道树绿带，用等距离配置同种、同龄乔木树种（图 6-5），

图6-5　行道树等距离配置

或在乔木下配置同种、同龄花灌木，这种精确的重复最具统一感。城市中树种设计分基调树种、骨干树种和一般树种。基调树种种类少，但数量大，形成该城市的基调及特色，起到统一作用。

②选用观赏特性相似的植物　选择树形相同

或相近的树种形成观赏立面，选择同属不同种类甚至不同品种的材料种植成的树丛，花色相同的植物材料组成的观赏立面等。如玉兰和望春玉兰都是木兰科木兰属植物，树形相似但花色不同，花期一前一后，花后叶形也不同，用以上两种植物材料组成观赏树丛，就是一种有变化的统一。

**（2）协调与对比**

风景园林植物应用设计时要注意相互联系与配合，体现调和的原则，使人具有柔和、平静、舒适和愉悦的美感。找出近似性和一致性，配置在一起才能产生协调感。相反地，用差异和变化可产生对比的效果，具有强烈的刺激感，形成兴奋、热烈和奔放的感受。因此，在风景园林植物应用设计中常用对比的手法来突出主题或引人注目。

当植物与建筑物配置时要注意体量、重量等比例的协调。如广州中山纪念堂主建筑两旁各用一株冠径达 25m、体量庞大的白兰花与之相协调；南京中山陵两侧用高大的雪松与雄伟庄严的陵墓相协调等。另外，在种植设计时也要注意植物材料的色彩、质感、明暗及疏密等的对比。色彩构图中红、黄、蓝三原色中任何一原色同其他两原色混合成的间色组成互补色（如红色，与黄色和蓝色混合后形成的绿色形成互补色），从而产生一明一暗、一冷一热的对比。它们并列时相互排斥，对比强烈，呈现跳跃新鲜的效果，突出主题，烘托气氛。空间明暗的对比，加强了景物的立体感和空间变化，使人产生不同的感受。一般来说，明暗对比强烈的空间景物易使人振奋，而明暗对比弱的空间则易使人安静，如树荫浓密的林地与青草如茵的草坪相搭配，在园林绿地中构成开合、明暗的对比，并共融于绿色之中，从而达到统一与变化的艺术效果。

**（3）均衡**

将体量、质地各异的植物种类按均衡的原则配置，景观就显得稳定、平和。如色彩浓重、体量庞大、数量繁多、质地粗厚、枝叶茂密的植物种类，给人以沉重的感觉；相反，色彩素淡、体量小巧、数量较少、质地细柔、枝叶疏朗的植物种类，则给人以轻盈的感觉。

根据周围环境，在配置时有规则式均衡（对称式）和自然式均衡（不对称式）。规则式均衡常用于规则式建筑及庄严的陵园或雄伟的皇家园林中，如门前两旁对植桂花；楼前对植南洋杉、‘龙爪’槐等；陵墓前、主路两侧列植松或柏等。自然式均衡常用于花园、公园、植物园、风景区等较自然的环境中。一条蜿蜒曲折的园路两旁，路右侧若种植一棵高大的雪松，则邻近的左侧须植以数量较多，单株体量较小，成丛的花灌木，以求均衡。

**（4）节奏与韵律**

节奏与韵律作为构成艺术的主要形式之一，是指艺术作品中的可比成分连续不断交替出现而产生的美感。在园林植物应用设计时，配置中有规律的变化，就会产生韵律感。节奏与韵律的表现形式主要有简单韵律、交替韵律、形状韵律、季相韵律及渐变韵律 5 种。如路旁采用单一树种

图6-6　相同植株构成简单韵律

图6-7　绿篱阻隔提供一定的安全性

图6-8 柔化坡度轮廓线条

图6-9 结合环境特色创造欢乐氛围

等距离排列的行道树或小型植株就形成了一种简单韵律（图 6-6）；杭州西湖苏堤上的桃红柳绿就是典型的交替韵律；全国各大城市广泛采用石楠作绿篱，春秋两季嫩梢变红，这种随季节发生色彩的韵律变化，就称为季相韵律。园林植物产生的韵律取之不尽，在种植设计时利用好这些韵律，更好地在城市绿地中创造出怡人的景观。

### 6.2.5 安全性原则

安全性是人性化设计的第一要素。首要保证的是种植设计时所选用的植物材料自身不具有危害性。如儿童游乐场所以及人流集中区域不应种植带刺、有毒、飘絮、浆果的植物，阻隔空间用的植物应选择不宜接近的植物，供观赏的植物不能对人体及环境有危害。

其次，可以利用植物将人们的活动空间控制在安全范围内，如居住区建筑物、水体、假山或其他有危险性的区域周围可以密植绿篱加以阻隔或警示（图 6-7）。此外，植物与植物之间、植物与构筑物及其他要素之间不同的尺度关系可以营造不同的心理环境空间，植物配置应根据实际需要选择不同的尺度，营造不同开敞度的空间，满足人们不同程度心理安全的需求。

### 6.2.6 整体性原则

风景园林植物应用要与其他园林绿地要素结合起来，达到景观的统一、人与自然的和谐。植物种植和地形的统一可以通过合理选择、配置植物来增强或减弱地形的起伏变化，柔化（图 6-8）或锐化坡度轮廓线条等。与水体水景的统一体现在用适合的植物如松类、枫类、竹、柳等来衬托水景，或勾勒水体驳岸景观。植物与园路统一的方法为相互融入，常采用林中穿路、竹中取道、花中求径等顺应自然的处理方法。

### 6.2.7 文化性原则

文化性是设计的灵魂，风景园林植物应用也不例外，应根据特定的文化背景进行合理的植物景观设计。我国丰富的花文化和比德的意境是植物景观设计中取之不尽的营养，可大大丰富植物景观相应的文化氛围。风景园林植物应用应结合地域特色、人文情怀进行设计，注重乡土植物的运用，慎用外来植物，所营造的景观应突出当地人文特色，使当地居民能够感受到家乡的氛围，也能使外地游客在享受自然景观的同时体会到人文风情（图 6-9）。

## 6.3 风景园林植物景观设计程序

风景园林植物景观设计的程序可概括为现状分析、概念规划、方案设计、扩初设计、施工图设计和设计的现场调整六个阶段。

### 6.3.1 现状分析阶段

现状分析是风景园林植物景观设计的基础，是指导植物景观立意的关键。现状分析的深度和广度将直接影响到后续工作能否顺利开展。这个阶段的内容包含资料收集、现场调研和周边考察三个部分。

**（1）资料收集**

资料收集包括地方性城市绿地系统规划，场地所属地区的地域性植被分布，当地气象、土壤、水文、地质的基本概况，地方志中提到的古树名木以及与植物相关的典故等。

**（2）现场调研**

现场调研是对场地信息收集的过程，包括现有植物资源、气候地形、土壤、水文条件等。对场地内现有植物资源进行调研，对树木的生长状况、寿命进行评估，对病虫害的敏感程度以及对养护的要求等均要做出评价。原有的观赏价值较高的树木，则可在新的设计中用于构成景点。气候在很大程度上决定着植物种类，需要考虑的气候条件有月平均温度和降水量、温度变化最大范围、积雪的天数、无霜冻的天数、洪水水位、最大风速、湿度等，以及地方的极端气候出现的情况。了解场地内与植物景观有明显关联的地形情况，包括坡度、坡向、有无明显陡坡、山谷山脊分布等。规划区域内各地的光照程度应进行分类记录，为设计确定植物种类提供依据。要深入了解场地土壤类型，不同植物适合不同酸碱性的土壤，干燥或半干燥地区的高盐土壤也会限制部分植物的生长发育。了解场地内水源的位置及容量、水源流动方向和流域面积、维系植物生长的水质情况、年度洪水循环周期及洪水水位等。

**（3）周边考察**

除了要熟知场地内的基本情况之外，还要了解场地所属城市的绿化用地状况，如城市绿化整体面貌、城市各类型绿地的概况以及苗圃用地的苗木情况等以便于更加准确地把握风景园林植物景观设计用地特征。

调研时应充分了解现存建筑物、其他建筑物以及其他设施（包括公用设施、道路、房屋、娱乐设施）的位置、数量、尺寸、容量、朝向，它们的设计利用及对场地植物的栽种影响是调研时重点考虑的内容，在规划过程中，必须把这些要素绘制在一张图纸上以便设计时综合考虑。除了上述几点，调研时也要注重当地的史志资料、历史沿革、历史人物、典故、民间传说、名胜古迹等，而现场周边环境、交通、人流集散、周围居民类型与社会结构，是将景观设计与人文、社会环境紧密融合的前提基础。

### 6.3.2 概念规划阶段

以城市绿地系统规划等上位规划为指导思想，明确规划用地的绿地类型。基于项目总体规划的定位、主题，结合现状分析，提炼出属于该场所的最具特色的风景园林植物景观设计立意。概念规划需要认清风景园林植物景观设计的目的，明确植物景观基调，从宏观层面整体把控植物景观结构和内容，是指导植物景观营造的核心。

**（1）植物景观空间设计**

现代大尺度风景园林中，植物景观占有较大比重，一般性公园 70% 以上的陆地面积是绿化用地。因此，植物景观的空间布局结构对项目的成败至关重要。构成植物景观的空间类型多样，尺度变化的范围也较大。在概念及详细规划阶段，以宏观尺度的空间疏密分布及其序列是植物景观空间设计的重点。空间疏密主要是指植物覆盖地表的程度，一般分为密林、疏林和疏林草地三类。植物景观空间设计是植物景观立意表达的方式之一。在概念设计的过程中，要着重植物配置的疏密程度，进一步丰富、细化植物景观空间类型，更好地把控整个项目的植物景观基调。

**（2）植物景观特色设计**

植物景观特色设计是概念设计的深化内容之一，是丰富植物景观内容的关键，也是体现场地特色的重要手法之一。它是在了解场地功能定位的基础上，结合现状分析，在适宜地段营造适宜的植物景观，构建植物景观特色分区，确定分区的基调树种。植物景观特色分区是植物景观的立意表达，各特色分区之间有主次之分，同时也是一个有序的整体。在面对大尺度的风景园林植物景观设计项目时，植物景观的分区景观设计是指导植物景观深化设计工作的有效手法之一。

**（3）植物景观时序设计**

植物景观的时序变化具有不同于其他景观要素的独特之处。时序变化包括日变化和年变化。日变化主要体现在小尺度空间内。在概念及详细设计阶段，植物景观的年周期变化是设计重点，包括季相变化和近、远景规划。植物景观季相设计要与植物景观特色分区相结合，不同的特色主题对应不同的季相变化。将植物不同的季相景观统筹在园林空间中，通过植物不同的季相景观特征强化空间中的时序性。植物景观远景设计，一般选择 20 年或 50 年作为调整节点，根据植物预期的生长速度和变化速度进行远景设计。

**（4）植物景观色彩设计**

色彩是对植物景观欣赏最直接、最敏感的内容。在植物景观营造中，色彩不仅可以使植物景观变得更有趣，而且可以引起人们的情绪变化。植物景观色彩设计从宏观层面确定植物色彩的基调及布局，明确植物景观的主题立意。

**（5）树种设计**

植物材料是风景园林植物景观设计的基础。树种设计要以城市绿地系统规划中的树种规划为依据，在此基础上结合项目特点有针对性地进行树种筛选。首先，应根据之前现状分析的结果，在充分了解当地植物特色的前提下，以满足自然生态条件需求为基础，以提高物种多样性为原则，尽可能多地运用乡土植物。其次，树种选择应从抗逆性、生态功能和美学特性三个方面入手。

抗逆性主要包括植物的耐旱性、耐寒性、耐瘠薄、抗污染和抗病虫害能力等。植物的生态功能是指植物保护自然环境（自然生态系统）免受破坏（向不良方向发展）的功能，主要包括碳氧平衡、蒸腾吸热、吸污滞尘、减菌减噪、涵养水源、土壤活化、养分循环、维系生物多样性和防灾减灾等。美学特性包括植物外在的观赏价值和内在的文化特征、地域特色等。

**（6）植物群落结构设计**

植物群落是植物景观构成的基本单元。受功能及植物景观立意需求的影响，植物群落结构形式趋于多样化，包含乔木单层结构；草本地被单层结构；乔木与草本地被、灌木与草本地被的二层结构以及乔灌草复层结构。目前，乔灌草复层混交的自然式群落结构的应用越来越广泛。在概念及详细规划设计阶段，应从宏观层面梳理植物群落结构的布局，初步确定主要植物群落结构类型，把控植物景观的整体发展方向，以期指导下一步方案设计阶段的工作。

### 6.3.3 方案设计阶段

方案设计是对概念设计阶段内容的调整、深化过程，需要从大尺度宏观设计层面深入中小尺度的设计层面。以植物特色分区为基础，在一个相对完整的植物群落组合单元内，针对空间构成的主要群落进行深化设计，主要包括群落的空间设计、植物形态的选择和群落的平面设计、立面设计。

**（1）空间设计**

方案阶段的植物空间组织设计，以植物景观特色分区为单元，通过功能、视线的分析，对设计层面的空间关系进行细化，划分出大小不同的密林区、疏林区以及开敞草地的位置和范围，提高植物景观整体的协调性。

**（2）植物选择**

为不同的群落单元选择组成该群落的主要植物，包括乔木、灌木、地被、藤本、水生植物等。同时要明确构成该群落的基调树种、骨干树种以及各类型植物之间所占的比例。

**（3）平面设计**

在平面设计过程中，需要对植物群落进行空间布局，植物群落之间的疏密度是由植物景观的平面布局所反映的。林缘线设计是平面设计的重要内容，是指树林或树丛、花木边缘处，树冠垂直投影于地面的连接线。林缘线是植物配置在平面构图上的反映，是植物空间划分的重要手段。空间的大小、景深、透视线的开辟、气氛的形成等大都依靠林缘线设计。

**（4）立面设计**

群落的立面设计包含两个方面的内容。其一是植物群落结构，其二是林冠线设计。植物群落结构设计指群落的层次及各层次间的尺度、疏密、空间关系。林冠线是指树林或树丛空间立面构图的轮廓线。不同高度树木组成的林冠线，决定游人的视线，影响游人的空间感受。

### 6.3.4 扩初设计阶段

相关方案设计完成后，再进行一次深化设计即为扩初设计，是对初步方案的调整和细化的过程。扩初设计时，会充分考虑园林植被的配置方法和原则。另外，还需要确定植物的种类、位置及名称，同时要控制植物数量及株行距。在具体实践过程中，扩初设计通常与方案设计和施工图设计相结合。

### 6.3.5 施工图设计阶段

在种植设计方案完成后就要着手绘制种植设计施工图。种植设计施工图是植物种植施工、工程预算、工程施工监理和验收的依据，应准确表达出种植设计的内容和意图。种植设计施工图应包括设计平面表现图、种植平面图、详图以及必要的施工图解和说明。在图纸中准确标明植物种类、株行距、栽植位置、栽植密度、植物规格、数量，现场原有植物保留需标明树木的名称和数量，关键植物应标明与建筑物、构筑物、道路或路上管线的距离尺寸。植物施工图的绘制还需结合放线网格或放线尺寸。关于一些难以在设计平面图中表示出来的因素，如季相生长、植物的生长等，应对其变动内容进行说明，使设计意图能够相对准确地表达出来。

种植设计时常常会遇到较为复杂的地段，这种情况下可将种植设计图分为乔木种植图和灌木种植图，需特别说明的设计可采用配合植物立面图的方法。

工程说明书及植物材料表需根据项目有针对性地书写，说明书应包含植物材料选用情况、苗木的质量要求、栽植方法及栽植土要求和养护管理方法等。植物材料表是对项目中所使用苗木的统计，包括苗木的序号、中文名、拉丁学名、规格、数量及对其的特殊要求等。

### 6.3.6 设计的现场调整阶段

施工现场配合是设计调整和再优化的过程。在进行现场施工的过程中，通常存在一些设计阶段难以预见的问题，这些问题可能会影响到最初设计的理念以及预想的景观效果，所以需要进行设计的现场调整，在解决问题的同时也不影响预期效果。在项目实施过程中，此阶段是非常重要的环节，是植物景观能否达到预期效果的关键。

此外，在项目实施过程中和项目完成后都需要格外关注植物的成活情况和长势，如果忽略了养护管理工作，预期的植物景观效果也只能维持一段时间，不能达到长期效益。虽然养护管理不属于景观设计的工作范畴，但还是有必要对施工单位提出相关的指导思想和实施方法，及时且正确的养护管理对实现预期的植物景观效果非常重要。

## 6.4 设计方法

风景园林植物景观设计的方法主要是利用植物材料，营造出具有不同功能的植物景观，总体上可概括为创造景点、背景衬托、装饰点缀、空间塑造四个方面。

### 6.4.1 创造景点

风景园林植物景观设计中，花草树木是较为主要的观赏面，景观构图中植物最为关键，以植物为主的景观画面，能够起到拉近自然、补充山水气韵的效果。不同的园林植物形态各异，表现手法多种多样，可孤植于草坪、大型广场等空旷之地展示个体美；可对植于建筑物或构筑物前烘托庄严的气氛；也可按一定的构图方式进行群植、丛植，表现植物的群落美；还可以按照植物个体的生态习性等特征进行合理配置，形成乔、灌、草巧妙搭配的群落景观，创造出观赏效果良好的植物景点。就乔灌木而言，树体高大、气宇轩昂、通直挺立的树种，孤植可构成园林主景（图6-10）；变色叶树种大片栽植，可形成十分壮观的景点（图6-11）；硕果累累的树种则能体现秋的气息；繁花盛开的树种则能创造观赏效果极高的景象。种类繁多、色彩丰富的草本植物可盆栽组成花坛、花带，或采用其他形式的种植钵，放置在城市各大绿地中（图6-12）；也可多种花卉草本组合成花境（图6-13），达到四季有景可观的效果。

在园林植物景观构建中，常常利用植物的特点创造一定的视线条件来增强空间感、提高视觉和空间序列质量。创造视线一般有引导和阻挡两种情况，也可以理解为景色的藏与露。根据景色遮挡的程度可以分为障景、漏景、框景、隔景及夹景等几种。

**（1）障景**

障景又称“抑景”，凡是抑制视线，引导空间的屏障景物均为障景，营造“曲径通幽”“庭院深深”的园林意境。运用植物形成的障景常常利用枝叶稠密的灌木和乔木分层遮挡形成屏障，控制人们的视线。障景的效果按景观的要求而定，采用不同通透程度的植物，达到完全屏障或漏景的效果。使用植物障景需考虑分析观赏位置、被障物的高度、观赏者与被障物的距离以及地形等因素，也需要考虑到季节的变换，为了达到永久性的障景效果，多选择常绿植物作为材料。

**（2）漏景**

稀疏的枝叶、枝条交叉及高大树体下方稍密的树干之间均可形成面，且遮蔽不严，会出现景

图6-10　孤植构成主景

图6-11　片植黄栌景观

图6-12　种植钵点缀环境

图6-13　色彩丰富的草本花卉景观

图6-14　漏　景

图6-15　框　景

物的透漏，从而产生漏景（图6-14）。视线从植物的枝叶或枝干之间穿越，其后的景物若隐若现，相对匀称的遮挡产生的漏景处理得当可以获得具有一定神秘感的景观，使游人获得别致的观赏体验。

**（3）框景**

框景就是将景框在“镜框”中。框可由门窗、亭、廊、山洞、树枝干等组成，并以此有选择地摄取另一个空间的景色，组成一幅美丽的自然风景画（图6-15）。框景多用于静态观赏，设置好观赏视距，使框与景之间形成良好的关系，获得较好的景观构图。框景可将园林绿地的自然美、绘画美、建筑美高度统一在一幅立体的风景画面中，将人们的视线高度统一在画面的主景上，可以使人受到强烈的艺术感染。另外，也使室内外的空间相互渗透，扩大空间，增加了诗情画意及身临其境的感觉。部分遮挡即按景观要求，可用来挡住不佳部分而只露出较佳部分，或增加景观层次。

**（4）隔景**

凡将园林绿地分隔为不同空间、不同景区的手法称为隔景。隔景按材料的使用可以分为实隔和虚隔。在植物材料的利用上，使用密林形成实隔，使游人的视线基本不能从一个空间透入另一个空间，而虚隔则采用疏林、花架绿廊等，使游人视线有断有续地从一个空间透入另一个空间。同时，也有使用岛、桥或实墙开漏窗相隔，形成虚实相隔的形式。

**（5）夹景**

在园林景观构图时，为了突出理想景色，常将左右两侧以树丛、树干、土山或建筑等加以屏障，于是形成左右遮挡的狭长空间，这种手法叫夹景，是运用轴线、透视线突出对景的手法之一，可增加园景的深远感（图6-16）。当远处的景色十分具有审美价值，而视线的两侧大而无遮挡，就会显得单调乏味，如果利用建筑物或树木花卉将两侧屏障起来，就能使景色更显得有诗情画意。如颐和园后山的苏州河中划船，远方的苏州桥是主景，为两岸起伏的土山和美丽的林带所夹持。

**（6）私密性控制**

私密性控制，即将空间与其环境隔离，利用能够阻挡人们视线的植物，对所要求的限制空间进行围合。与障景不同，此类手法是围合并分割为一个独立的空间而封闭了所有空间出入口的视线。在私密场所或居民住宅，别墅及别墅花园设计时，常常要考虑到私密性控制。植物作为屏蔽视线的优良材料，不同高度的植物具有不同程度的私密性效果，齐胸高的植物提供部分私密性，而高于眼睛视线的植物则能提供完全的私密性效果（图 6-17）。

### 6.4.2 背景衬托

风景园林植物景观设计中，各种景观的背景设计也常常被重点考虑，而植物因其色彩上的优势，是前景和背景应用的良好材料。在现代绿地景观规划中，常用一些攀缘植物覆盖墙体或栏杆，以获得绿色背景，前后相称，以衬托前景中色彩艳丽的各种花卉树木，使整个景观在色彩上达到协调。一般来说，绿色背景的前景多用红色、紫红色等的花草树木，形成对比衬托；而白色的雕塑小品等则使用色彩丰富且明丽的花坛或花境作为衬托。

景观设计中的建筑物或构筑物常常利用植物作为衬托，达到整个环境上的统一和谐。植物的枝叶、林冠线等可呈现出柔和的线条感和自然的质感，利用这种特质可以衬托、软化人工硬质材料构成的规则式建筑形体。

现代园林中的雕塑、喷泉、建筑小品等也常用植物材料作为装饰（图 6-18），或利用绿篱作为背景，通过色彩的对比和空间的围合来加强人们对景点的印象，同时通过材料质感的对比而产生烘托效果（图 6-19）。

除上述几点外，园林植物与山石相配时，能表现出地势起伏、富有野趣的自然景色；与水体相配则能形成倒影或遮蔽水源，达到深远感的效果。

### 6.4.3 装饰点缀

植物装饰是指以花草树木为饰物，充分发挥植物的个体美、群体美和可修饰性，以自然或人工地形、水体、建筑等为装饰对象，按照植物特

图6-16 夹 景

图6-17 高篱提供私密效果

图6-18 烘托、装饰喷泉

图6-19　作为雕塑小品的背景

征和美学原理，组成符合人们工作、生活需要的空间景域。

**（1）植物形态与装饰效果**

不同形态的植物具有不同的装饰效果，纺锤形、圆柱形和圆锥形等外形的树种，具有引导视线向上的作用，与低矮的圆球形或水平展开的植物在一起时，对比强烈，与尖塔形的建筑或远处尖耸的山峰相呼应。水平展开的植物能使景观构图产生一种外延感，将其植于平矮的建筑旁，能延伸建筑物的轮廓，起到过渡室内外空间的作用。而圆球形的树种外观柔和，无方向性和倾向性，在装饰时，无论怎么使用圆球形的树种，都不会破坏设计的统一性，反而会起到不同形态的调和与过渡作用。

**（2）植物色彩与装饰作用**

植物的色彩也决定了其所起的装饰作用，不同植物的花、果、叶，同一植物的不同物候期的花、果、叶所呈现的色彩也是千差万别的。鲜艳的色彩给人以轻快欢乐的气氛，深暗的色彩给人以异常郁闷的感觉。深色植物可作为淡色或鲜艳材料的衬托背景，应以中间色的绿色为主，其他色调为辅，装饰景点。而各种不同色度的植物，不宜过多过碎地布置在景观中，防止布局杂乱无章。在色彩的实际应用中必须符合人们的审美及功能要求，如交通广场，它的植物装饰功能是便于交通顺畅和美化街头，不宜过于杂乱、艳丽，以免分散驾驶人员和行人的注意而引发意外事故，通常以常绿树木为主，配以形态较一致的低矮花灌木。

**（3）植物质感与装饰作用**

植物的质感也会影响整体的装饰效果，影响植物装饰的协调性、多样性、视距感等。其中粗壮型的植物可以使景物趋向于观赏者，造成其可视距离短于实际距离的感觉，这类植物常应用在较为宽阔的空间且离观赏者较远的地方布置；中粗形的植物在自然界中占大多数，在设计中作为一种基本结构存在，起过渡作用，使整个景观达到和谐；细质型的植物则会使人产生视觉空间比实际空间大的感觉，通常应用为背景物。

经过植物装饰的景观空间是供人休息、游赏、学习、工作的地方。其景观优美动人，令人触景生情。不同的植物景观会产生不同的韵味。而在室内绿化装饰中，植物也是不可忽视的重要组成部分，常见的形式有盆栽、盆景、花艺、插花等，可根据环境的空间大小和使用的功能要求选择适当的装饰形式。

### 6.4.4　空间塑造

园林植物具有强烈的空间结构特征和景观营造功能，是景观空间的重要组成部分。利用植物各种特性和人为的空间组成要素相结合形成具有地方特色的空间，在现代园林规划中具有重要地位。

在运用植物材料构成室外空间时，首先应明确设计的功能要求和目的及所构成的空间性质，之后才能选择适合的植物材料。植物材料在空间营造中的空间构成具有虚实对比、功能多样、经济实用等特点。

①虚实对比　其中“虚”则指空间，“实”则指园林植物形体。空间的曲折变化需通过园林植物形体来体现。围合园林绿地空间的植物立面，实的部分主要为树冠，虚的部分主要为树木的树干，实中有虚、虚中有实，这种特性使植物形成了立体而丰富的空间。

②功能多样　园林植物在空间营造中主要发挥实用建造功能、生态功能和观赏功能。园林植物能够充当各种分割和组织空间的材料，同时可以改善空气质量、防止水土流失、涵养水源、调节气候等。并且，因其自身的大小、色彩、形态和质地等特性可以充当绿地空间中的视线焦点。一般来说，植物景观在园林绿地空间中至少能同时发挥两种以上的功能。

③经济实用　园林植物群落具有自然适宜性，特别是选择乡土植物，适地适树，以实现园林绿地植物空间在养护管理上的经济性和简单化。园林植物的空间营造能够避免单一品种和单一景观的出现，达到景观空间效果的最佳化，使人力、物力和财力得到合理的利用。

## 6.5　风景园林植物景观设计案例

### 6.5.1　杭州太子湾公园种植设计

#### 6.5.1.1　基本概况

杭州太子湾公园始建于1988年7月，1989年基本建成，位于西湖西南隅，处于环湖景区的重要地段南屏山荔枝峰下，是西湖风景名胜区中的一级景点和市级公园。太子湾公园面积约80.03hm$^2$，东邻张苍水祠、章太炎纪念馆，南倚九曜山和南屏山，西接赤山埠，北临小南湖。据史书记载该地曾是南宋庄文和景献两位太子的攒园，故名太子湾。

#### 6.5.1.2　植物景观总体布局

太子湾公园是一个以植物造景为主，蕴涵山情野趣和田园风韵的自然山水园。公园以园路、水道为间隔，约略划分为东、中、西3块景区，形成诸如琵琶洲、翡翠园、逍遥坡、望山坪等景点。园内植物景观总体布局有以下特征：

①园内植物配置疏密有致，配置时多从大环境的整体空间着手，着重群体美和林冠线的节奏变化，形成不同尺度和风格的植物景观空间。

②公园景观营造突出杭州本地乡土植物特色，强调植物的丰富性，合理搭配常绿树种和落叶树种。利用地形及乔、灌、草的不同组合来形成疏密、虚实、曲折的林缘线和立体轮廓线。

③重视应用色叶及地被植物，充分展现植物景观在大自然和季节变化中的不同效果，创造出富有生命动态变化且体现植物季相的园林景观。

#### 6.5.1.3　设计理念

太子湾公园本着回归自然、返璞归真的宗旨，以绿为主、以植物造景为主的建园方针，借鉴欧美园林之精华，创造出了富有诗情画意和田园风韵的文化休憩山水园。园内植物种植力求简洁，主要树种的确定，以及人工群落中的植物种类、层次结构都积极模拟自然群落，力求达到“虽由人作，宛自天开”的境界。

#### 6.5.1.4　种植设计

**（1）种植设计目标与策略**

植物种植设计以大弯大曲、大起大伏、空阔疏远、简洁明快的独特空间设计自成面目，力求呈现出浪漫色彩和乡野情调，勾勒出如诗如画的风景。公园在上层植物的选择上多采用含笑、乐昌含笑、水杉等乔木，中层植物的选择突出季相性，下层地被选用宿根花卉和水生湿生植物，结合青山碧水、缓丘石径以及原始朴拙的茅草木屋，让人在朦胧中重温童年的梦幻。

**（2）植物种类及构成**

太子湾公园中有观赏植物有151种，隶属于70科，130属。公园在进行植物配置中，主要引用乔灌草见表6-1所列。

**（3）植物造景分析**

①植物配置手法多样　园内植物配植主要有孤植、群植、丛植、花境等形式。太子湾公园中孤植于溪边的合欢高大挺拔、姿态饱满，入夏时满树开着粉红色绒花，成为众人的焦点。在开阔的逍遥坡上，无患子以曲线方式丛植，沿着蜿蜒

表6-1 杭州太子湾公园主要植物一览表

| 植物类型 | 植物名称 |
|---|---|
| 常绿乔木 | 湿地松、乐昌含笑、樟树、雪松、广玉兰等 |
| 落叶乔木 | 银杏、金钱松、水杉、南川柳、垂柳、枫杨、麻栎、朴树、构树、二乔玉兰、白玉兰、鹅掌楸、枫香、悬铃木、垂丝海棠、山樱花、日本樱花、红叶李、合欢、鸡爪槭、红枫、黄山栾树、无患子、枳椇等 |
| 常绿灌木 | 南天竹、红花檵木、火棘、无刺枸骨、山茶、美人茶、杜鹃花、云南黄馨、朱蕉、石楠等 |
| 落叶灌木 | 贴梗海棠、野蔷薇、玫瑰、紫荆等 |
| 藤　本 | 常春藤、紫藤、蔷薇、络石等 |
| 多年生草本 | 鸢尾、冰岛罂粟、菖蒲、石竹、洋水仙、花毛茛、菊芋、瓜叶菊、雏菊、三色堇、角堇、芒、葡萄风信子、风信子、郁金香、欧洲报春、沿阶草、吉祥草等 |

小路连成整体，秋天叶色金黄、果实累累，简单的植物配置表现出统一而壮观的景致。在位于公园次入口处，由水杉、鹅掌楸、桂花、鸡爪槭、红枫、黄菖蒲组成的自然式植物群落，层次分明，立体感强。

②季相树种运用合理　太子湾公园植物配置选用有较高观赏价值和鲜明特色的植物季相，给人以时令的启示，同时增强季节感。春季园内群植的樱花，洁白一片，给人强烈的视觉冲击。夏季鹅掌楸、日本樱花与草坪构成黄绿色系植物景观，意向柔和，有醉人的气氛与情调。秋季缓坡上密植的鸡爪槭红叶丹丹，层林尽染；水边群植的水杉叶色橙黄，蔚为壮观。冬季落叶植物枝干姿态万千；常绿植物色彩突出，缓和园内的清冷单调之感。

③植物空间布局巧妙　公园在进行植物设计时，根据地形、地貌、气候环境等，与山石水体等园林要素进行搭配，形成宜人的心理感受，构成优美的园林空间。如公园位于南山路的次入口，利用水杉作为夹景，增加轴线的层次，延伸景深。以美丽宁静的湖面作前景，透过葱茏的无患子就是明朗起伏的草坪，以热情夺目的樱花作背景，营造出通透性很强的景观空间。秋天，在次入口处就能看到由无患子、鸡爪槭形成的秋景。

### 6.5.1.5 重要节点植物景观效果分析

**（1）逍遥坡**

逍遥坡以无患子和日本晚樱为主要植物，形成空间主景。并且大量种植日本樱花，在春季形成百花盛开的场景，秋季，无患子远远望去，金黄一片，在绿色草坪的背景烘托下很夺目。日本晚樱和无患子这两种植物的搭配，延长了植物的观赏时间，突出了植物的特色（图6-20）。逍遥坡所采用的植物种类不多，但是这种单一树种适宜在大尺度空间运用。每年，逍遥坡上都会有郁金香展，并配置一串红、虞美人等时令花，逍遥坡地形的高低起伏、错落有致的园区造型，使其更具有观赏价值。

图6-20 杭州太子湾公园植物景观（1）

图6-21 杭州太子湾公园植物景观（2）

**（2）望山坪**

望山坪西侧种植日本樱花和红花檵木。春季日本樱花盛开，在乐昌含笑的衬托下开得特别茂盛。东侧种植鹅掌楸和银杏、石楠、无刺枸骨，这个小群落在望山坪上起到分隔空间的作用。上层种植鹅掌楸，夏季绿荫清幽，可供游人遮阴，秋季满树金黄，季相变化丰富。望山坪中的围合绿植空间对外界影响较小，可吸引游人的目光，游人喜欢在此停驻休憩。东西两侧植物群落呈带状分布，又起到分隔空间和园路的作用（图 6-21）。

## 6.5.2 苏州留园种植设计

### 6.5.2.1 基本概况

留园位于苏州阊门外，始建于明代万历二十年（1592 年），其间历经徐泰时、刘恕、盛康父子

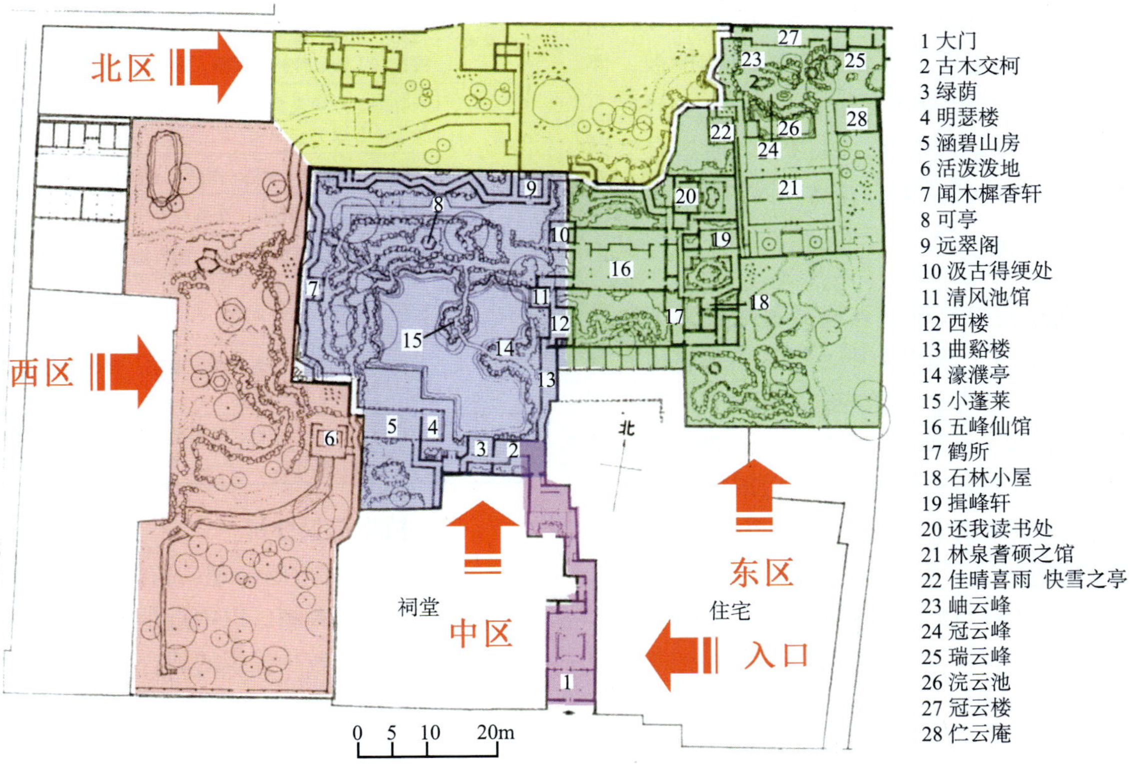


图6-22 苏州留园总平面图

等园主经营，总占地 23 300m$^2$。园内集住宅、私家花园、家庵于一体，建筑精巧，布局巧妙，水池假山造型奇特，整体造园艺术手法多样，艺术价值极高，有“吴下第一园”的美誉。1997 年被列为世界文化遗产。与拙政园、颐和园、避暑山庄并称中国四大名园。

### 6.5.2.2　植物景观总体布局

留园可分为东、中、西、北四个部分。每部分具有各自的景观主体与特色，同时借助植物软化建筑结合棱角，使四个部分形成一个有机的园林整体（图 6-22）。各部植物整体特征如下：

①东部为建筑区，以北面太湖名石冠云峰及其配套植物和建筑为特色从而形成观赏主景，东部南面为片石假山和植物配植，二者结合相得益彰。

②中部以水池为主，几棵古树银杏作为中心树种，搭配柳树、朴树等高大乔木，池中岛四面环水，两岸植物景观视野极其开阔，为全园最佳观景节点。

③西部各层次植物依山走势茂盛生长，尤以枫树等秋色叶植物为主体，搭配少量竹、灌木、地被植物，增加盖度尽力营造自然森林植被，体现层次丰富的秋色叶季相变化。

④北部现为盆景苗圃，植物大多通过自然散植、林植形成某一专类园，富含田园风情。

### 6.5.2.3　设计理念

留园现今园内植物景观选择和配置基本服从“生态”和“艺术”两大原则，植物景观整体以观赏为主，通过与山水、建筑充分有机结合，力求模拟自然状态群落，达到“师法自然，因地制宜”的综合效果。总体植物种植设计按照以下理念：

①优先考虑植物生态习性，注重群落种间关系；

②适地适树，发挥乡土植物的生态学优势；

③注重不同植物景观特色表达，发挥植物多样性；

④利用景观时序性创造丰富的季相变化；

⑤发掘植物景观的文化性，引导植物与文化结合；

⑥注重植物观赏特异性，丰富景观特色；

⑦贯彻植物配置模拟自然，还原自然状态植物景观；

⑧与其他要素相协调，追求整体统一性。

### 6.5.2.4　植物种植设计

**（1）植物种植层次**

留园植物林荫覆盖面积 7000m$^2$，约占全园面积的 30%，园内所选植物种类丰富，层次分明，郁闭度较高（图 6-23）。

**（2）植物种类及构成**

留园的植物种类主要有乔木、灌木、攀缘植物、草本及地被、水生植物和竹类等，详见表 6-2 所列。

表6-2　苏州留园植物一览表

| 植物类型 | 植物名称 |
|---|---|
| 大乔木 | 白皮松、罗汉松、黑松、马尾松、广玉兰、樟树、柳杉、雪松等（常绿） |
| | 柳树、‘金丝’柳、白玉兰、榆树、榔榆、银杏、梧桐、臭椿、青枫、三角枫、朴树、榉树、楝、红枫、枫杨、乌桕、槐、合欢、黄连木、皂荚等（落叶） |
| 中小乔木 | 山茶、枇杷、桂花、黄杨、柑橘、含笑、栀子、女贞等（常绿） |
| | 梅花、蜡梅、海棠花、垂丝海棠、木瓜海棠、石榴、桃、樱花、丁香、柿树、紫薇、银薇、‘紫叶’李等（落叶） |
| 灌　木 | 六月雪、八角金盘、南天竹、洒金桃叶珊瑚、杜鹃花、枸骨等（常绿） |
| | 牡丹、贴梗海棠、紫荆、绣球、山麻杆、枸杞等（落叶） |
| 藤　本 | 薜荔、络石、常春藤、金银花等（常绿） |
| | 紫藤、地锦、蔷薇、木香、凌霄等（落叶） |
| 水生植物 | 荷花、睡莲、芦苇等 |
| 草本及地被 | 十大功劳、芭蕉、美人蕉、菊花、萱草、麦冬、二月蓝、鸢尾、玉簪、虎耳草等 |
| 竹　类 | 孝顺竹、箬竹、紫竹、菲白竹、金镶玉竹、观音竹、早园竹、刚竹、佛肚竹 |

**（3）植物造景分析**

①植物空间布局合理　留园庭院中的植物大多数以组合形式种植，以中近距离观赏为主，整体上在视距较短、较少景观的围合植物空间内进行竖向层次分析，植物以小乔木和灌木为主（图 6-24、图 6-25）。留园中部植物基本依靠中心水池驳岸平面呈线状种植排列，部分植物组团呈围合边界空

图6-23 苏州留园植物种植平面图

间；东部植物种植与建筑相间，多形成闭合植物空间；西部和北部景区主要结合道路形成线性游览空间，北部植物景观种植茂密，拟在还原自然山地、田园空间；西部植物种植空间较为紧凑，单位面积植物种植密度大，为有限的空间增加了景深。

②季相树种比例协调 植物季相变化差异很大，主要植物季相包括以下三大特点：与观赏季节相适应，与观赏部位相适应，与植物综合物候期相适应。留园整体四季色彩分明，春季以初开颜色各异之花色和大面积新绿色等共同组合成鲜艳明快的色彩；夏季植物整体色彩偏重绿色，给人清新之感；秋季叶色变黄变红，以深色调为主；冬季银装素裹，整体氛围单调，以不同明暗的黑白灰与部分常绿植物的青绿对比形成留园四季季相变化。

③植物配置手法精妙 植物的总体选择以江南地区乡土植物为主，植物景观的修复和复原基本保持晚清的整体造型和格局，中部景区以水池为中心，树种以银杏、南紫薇、榔榆等乔木，配置木瓜、杏、丁香，与池西樟树、桂花等常绿树种形成对比；西部园区植物善用红枫、槭树等秋色叶植物散植借景，充分利用地势，在高处团植低矮灌木以减小地形高差，在低处平地种植高大乔木彰显地形开阔空间；东部建筑景区植物多以造型为主，小而精致组团为软化建筑生硬，增加植物群落搭配丰富性。

### 6.5.2.5 重要节点植物景观效果分析

**（1）闻木樨香轩**

闻木樨香轩以轩外广种的木樨为名，该景点共有14种园林植物，乔木7种（常绿乔木4种，落叶乔木3种）；灌木7种（常绿灌木2种，落叶灌木5种）。从单个植物数量来看，闻木樨香轩桂花树最多，为15株，约占总数40%。该节点绿化覆盖率极高，高度郁闭，乔木高度基本保持在1.2~18m，垂直分布的层次极其显著，银杏、榔榆、樟树、圆柏等树种植使得该景点遮阴效果极佳，是夏季乘凉的好场所（图6-26）。

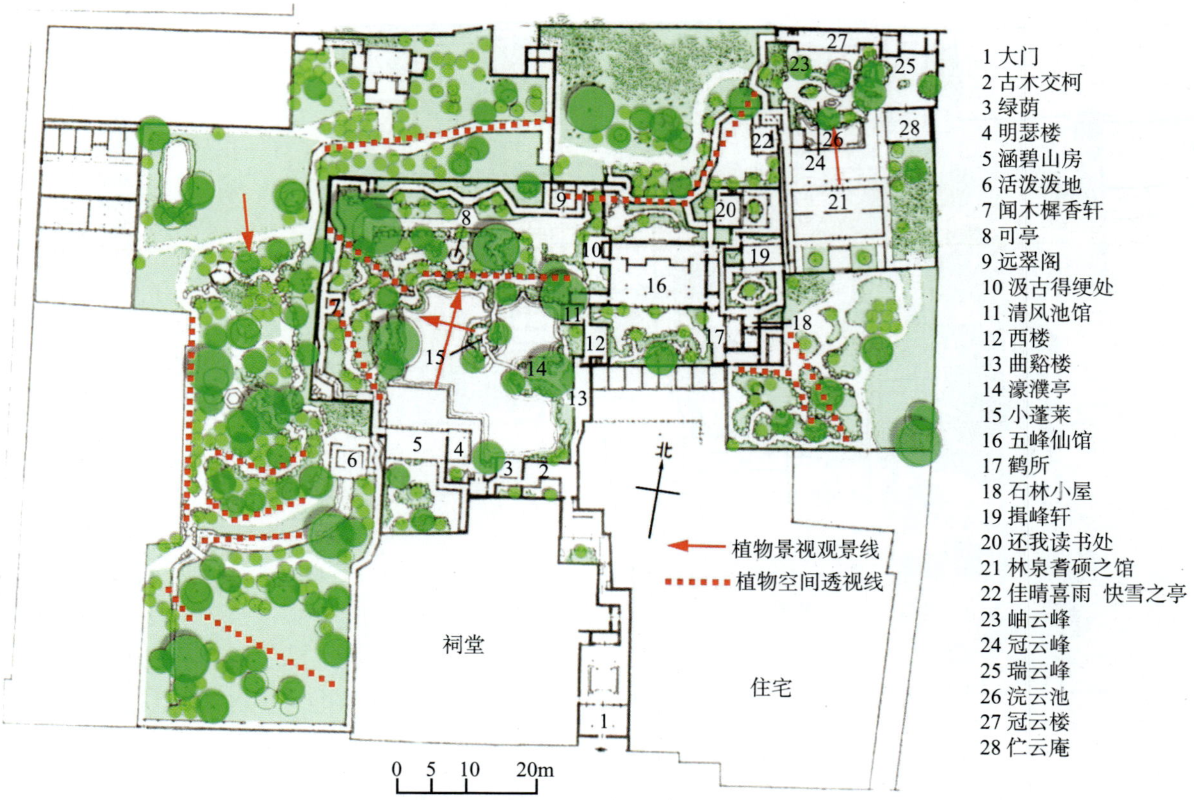


图6-24　苏州留园植物观景视线图

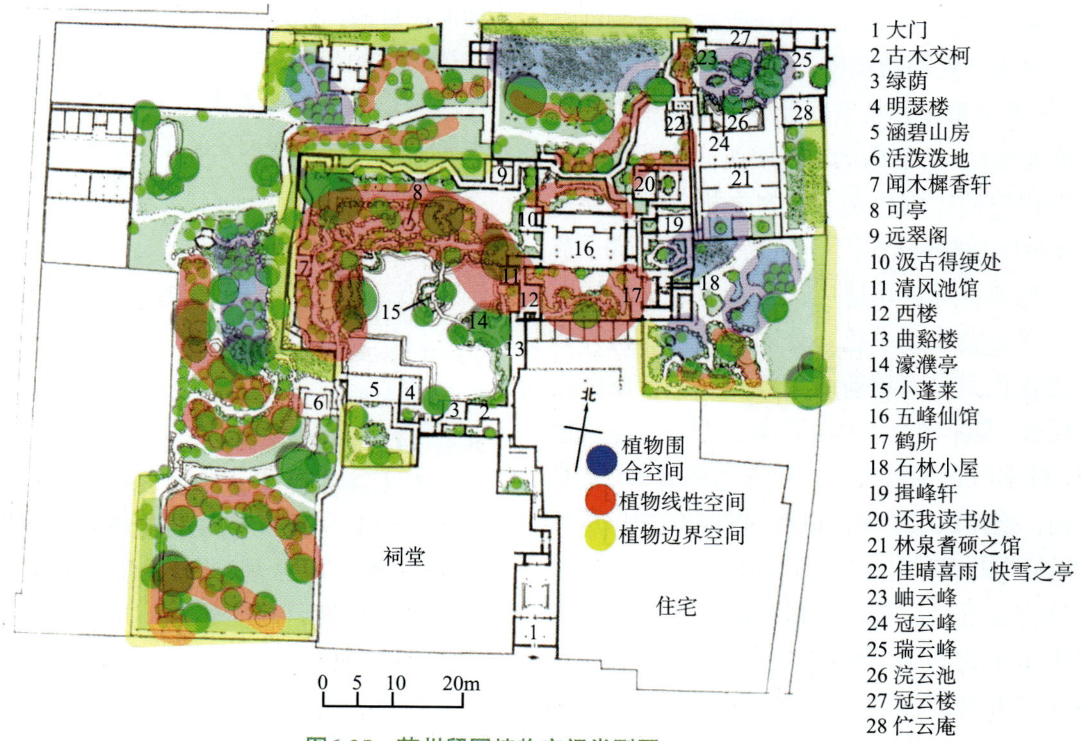


图6-25　苏州留园植物空间类型图

图6-26 闻木樨香轩

图6-27 冠云楼

**（2）冠云楼**

冠云楼以太湖名石冠云峰为主要观赏中心，植物、建筑围绕其中（图6-27）。该区域有乔木7种（常绿乔木3种，落叶乔木4种）；灌木树种9种（常绿灌木4种，落叶灌木5种）。区域内乔灌树种比例合理，具有很强的季相变化度。整体植物可分为四片区域：西区曲廊以菲白竹和罗汉竹作为地被植物，同时以紫薇、月桂、山茶、南天竹配置假山；中区作为主景，冠云峰周围配置黑松、桂花、南天竹、红枫等，地被植物沿用罗汉竹，颜色丰富，四季有景；东区冠云亭周围紫荆、山茶、含笑与白皮松共同搭配形成了十分良好的颜色景观，整体搭配协调，季相变化明显。

## 小　结

风景园林植物应用在园林景观规划中具有重要地位。了解各种植物的形态特征、生态习性等是进行植物景观设计的前提条件，植物的选择和种植需遵循植物的生态学、美学等原理，满足科学性、艺术性、实用性等原则，才能建成满足观赏需求、具有良好生态效益的植物景观。

植物景观设计过程中，创造景点、作背景衬托、装饰点缀各种雕塑小品以及各种空间的营造必须在科学选择植物的前提下，并合理按照设计程序营造植物景观，才能实现预期景观效果，创造出各类具有多功能、良好观赏效果和生态效益的园林绿地景观。

## 思考题

1. 如何理解风景园林植物应用应遵循的科学性原则？
2. 如何理解风景园林植物应用应遵循的艺术性原则中的多样与统一原则？
3. 如何运用园林植物创造景点？

# 第7章 风景园林树木

风景园林树木，或称“园林树木”“观赏树木”，是指适合城乡各类园林绿地、风景名胜区、休闲疗养胜地、森林公园等应用，以绿化美化、改善和保护环境为目的的木本植物。

为了区别于植物学课程，本教材主要依据风景园林树木的生物学特性和生态习性，从风景园林植物应用角度对风景园林树木进行分类，主要分为乔木类、灌木类、藤本类、棕榈类和竹类，由于植物种类较多，将草本类植物单列一章，将于第 8 章详细介绍。

## 7.1 乔木类

### 7.1.1 概述

#### 7.1.1.1 乔木的概念

乔木通常指树体高大（一般高度在 6m 以上），具有明显且高大主干的树木，树干和树冠有明显区分。

#### 7.1.1.2 乔木的分类

**（1）按成熟期的高度分类**

①伟乔　指树体高度在 31m 以上的树种，如巨杉、榕树等。

②大乔木　指树体高度在 21~30m 的树种，如毛白杨、雪松、柠檬桉等。

③中乔木　指树体高度在 11~20m 的树种，如合欢、白玉兰、垂柳等。

④小乔木　指树体高度在 6~10m 的树种，如海棠花、紫丁香、梅花等。

**（2）按习性分类**

①常绿乔木　指常年具有绿叶的乔木树种，这种乔木的叶片寿命是两三年或更长，并且每年都有新叶长出，在新叶长出时也有部分旧叶脱落，由于是陆续更新，终年都能保持常绿。常见的树种类有樟树、广玉兰、含笑等。

②落叶乔木　指每年秋冬季节或干旱季节叶片全部脱落的乔木树种。常见的树种有银杏、玉兰、栾树、水杉等。

**（3）按叶片类型分类**

①针叶树　指树叶细长如针的树种，多为常绿树，大多种属松柏科植物，常见的树种有油松、白皮松、侧柏、圆柏等。

②阔叶树　一般指树叶宽阔的树种，常见的树种有梓树、枫香、喜树、无患子等。

#### 7.1.1.3 乔木的功能

乔木是城市园林绿地中不可分割的一部分，也是园林中的骨干树种，用途非常广泛，可以用作行道树、庭荫树、园景树、工矿企业绿化、生态防护林树种等，在园林中起到界定空间、提供树荫、防止眩光、调节气候等作用。乔木在色彩、线条、质地和树形方面随叶片的生长和凋零呈现丰富的季节性变化，为人们提供不同的感官体验。乔木还具有经济功能，能够为人类提供水果、食物和木材等。

### 7.1.2 园林应用

乔木树种繁多，功能多样，在园林中能起到多方面的作用，主要体现在以下几个方面。

#### 7.1.2.1 应用目标

**（1）生态价值**

乔木通过光合作用和蒸腾作用增加空气含氧量、增加湿度，吸收有害气体、防尘降噪、防辐射，有效改善人类和其他生物的生存环境，提高人们的生活环境质量。同时，适宜的树种能够建植生态防护林，建造动物栖息地，起到保护自然环境与保存种质资源的作用。

**（2）观赏价值**

乔木种类多样，形态各异，或树体高大挺拔或树形飘逸柔和，乔木本身的优势，在不同季节、不同时期都能展示出不同的美，在城市园林绿化中形成一道优美、清新的风景线。

**（3）经济价值**

在园林绿化中除了生态价值，也要考虑环保节约，乔木树种相对其他植被类型，具有耗水量少、占地面积小、养护管理费用较低的优点，兼具良好的经济效益。乔木树种中枝干通直、木质纹理细腻的树种具有很高的经济价值，可为城市建设提供宝贵的木材资源和林副产品。另外，乔木树种中有很多观赏价值和经济价值俱佳的果树树种，在应用时能够有效结合生产，产生良好的经济效益。

#### 7.1.2.2 应用方式

乔木树种在园林中的应用方式主要分为行道树、园景树和庭荫树三大类。

**（1）行道树**

凡是成行栽植于道路或公路两旁，等距栽植，供遮阴并形成景观的树种称为行道树。行道树的应用对于完善道路服务系统、提高道路景观质量、改善环境有着重要意义。行道树可为车辆、行人提供庇荫，减少路面铺装的热辐射和反射光，起到降温、防风、滞尘和降噪的作用。

行道树的选择十分重要，需选择各个方面合适的树种。在选择树种时需注意以下几点：

——以乡土树种为主；

——树干挺拔、分支点高、树形优美，冠大荫浓；

——深根性树种、成活率高、生长健壮；

——管理粗放，对土壤要求不严，抗性强、耐修剪、病虫害少；

——无飞毛、飞絮，不落果，无毒、无刺；

——发芽早，落叶晚，展叶整齐，落叶时间集中。

常用的行道树树种有悬铃木、樟树、鹅掌楸、椴树、七叶树、银杏、广玉兰、合欢、重阳木、毛白杨、洋紫荆、白蜡等。

**（2）园景树**

园景树也叫孤植树、独赏树或标本树等，指个性突出、观赏价值高且适宜孤植于园林中的树种。在植物造景中常突出体现此树种的个体美，常植于庭院、草坪、广场、假山、园路交叉处、桥头等地。

园景树一般具有独特的观赏效果，如油松枝叶繁茂、树姿苍古，玉兰满树繁花，槭树秋叶红艳等。一般要求大中型乔木，树体高大、挺拔端庄，树冠宽大、树姿优美，寿命较长，可以是常绿树，也可以是落叶树。常用常绿树种有雪松、油松、白皮松、冷杉、云杉、南洋杉、樟树、广玉兰、榕树等；常用落叶树种有银杏、鹅掌楸、白玉兰、无患子、水杉、金钱松、木棉、重阳木等。

**（3）庭荫树**

庭荫树主要用于遮挡阳光，以形成绿荫为主要目的，并起到装饰点缀的效果。在园林中，庭荫树可用于庭园和各类休闲绿地中，多植于路旁、水池边、亭廊附近、草地及建筑周围，可三五株丛植、散植，也可孤植。

庭荫树以庇荫为主，但在树种选择上应同时注重其观赏价值。一般要求大中型乔木，树体高大、枝繁叶茂，种植时需注意与建筑物的距离，避免遮挡窗户、影响采光。常用庭荫树主要有二球悬铃木、元宝枫、柿树、栾树、朴树、广玉兰、榉树、合欢、鹅掌楸、南酸枣、桉树、榕树、银杏、枫香、紫楠等。

### 7.1.3 常见园林乔木

#### 7.1.3.1 常绿乔木

**1. 南洋杉 *Araucaria cunninghamii***

［别名］澳洲杉、鳞叶南洋杉、塔形南洋杉

［科属］南洋杉科南洋杉属

［形态特征］树皮灰褐色，横裂。幼树树冠呈整齐的尖塔形，老树呈平顶状。侧生小枝密生，下垂，近羽状排列。叶二型，幼树和侧枝的叶排列疏松，开展；大树及花果枝上之叶排列紧密而叠盖，斜上伸展，微向上弯。雄球花单生枝顶，圆柱形。球果卵形或椭圆形；种子椭圆形，两侧具膜质翅（图 7-1）。

［分布与习性］原产于大洋洲东南沿海地区。华南地区常见栽培，长江流域以北盆栽。喜光，稍耐阴；喜暖热湿润的热带气候和肥沃土壤，耐0℃低温和轻微霜冻。

［园林用途］树体高大雄伟，树形端庄，姿态优美，是“世界五大公园树”之一，可形成别具特色的热带风光。最宜作园景树孤植，以突显其个体美，也可丛植于草坪、建筑周围，用于点缀；同时可列植为行道树。

图7-1　南洋杉

**2. 云杉 *Picea asperata***

［别名］粗枝云杉、白松、大云杉

［科属］松科云杉属

［形态特征］树皮淡灰褐色，裂成不规则鳞片或稍厚的块状脱落。冬芽圆锥形，基部膨大。主枝之叶辐射伸展，侧枝上面之叶向上伸展；叶四棱状条形，四面有气孔线。球果圆柱状矩圆形或圆柱形，上端渐窄，成熟前绿色，熟时淡褐色或栗褐色；种子倒卵圆形，种翅淡褐色，倒卵状矩圆形，子叶 6~7 枚，条状锥形（图 7-2）。

［分布与习性］中国特有树种，产于陕西西南部、甘肃东部及白龙江流域、洮河流域，四川岷江流域上游及大小金川流域。为浅根性树种，稍耐阴，能耐干燥及寒冷的环境条件；在气候凉润，土层深厚，排水良好的微酸性棕色森林土地上生长迅速，发育良好。

［园林用途］枝叶茂密，苍翠壮丽，宜孤植、群植或作风景林栽植。

图7-2　云　杉

3. 雪松 *Cedrus deodara*

［别名］塔松、香柏、宝塔松

［科属］松科雪松属

［形态特征］树皮深灰色，裂成不规则的鳞状块片。枝平展、微斜展或微下垂，小枝常下垂，1 年生长枝淡灰黄色，微有白粉。叶在长枝上辐射伸展，短枝之叶呈簇生状，针形，淡绿色或深绿色（图 7-3）。

图7-3 雪 松

图7-4 日本五针松

［分布与习性］分布于阿富汗至印度，海拔 1300~3300m 地带；北京、旅顺、大连、青岛、徐州、上海、南京、杭州、南平、庐山、武汉、长沙、昆明等地区广泛栽培。喜气候温和凉润、土层深厚排水良好的酸性土壤；抗寒性较强，大苗可耐 −25℃的短期低温，但在湿热气候条件下，往往生长不良。较喜光，幼年稍耐庇荫。

［园林用途］树体高大，树形优美，整齐美观，“世界五大公园树”之一。最适宜孤植在草坪、广场、建筑前庭中心、大型花坛中心，或对植于建筑物两旁或园门入口处。具有较强的防尘、减噪与杀菌能力，也适宜作工矿企业绿化树种。

4. 日本五针松 *Pinus parviflora*

［别名］五须松

［科属］松科松属

［形态特征］在原产地高达 25m，胸径 1m。幼树树皮淡灰色，平滑；大树树皮暗灰色，裂成鳞片状，块状脱落。枝平展，树冠圆锥形。1 年生枝幼嫩时绿色，后呈黄褐色，密生淡黄色柔毛；冬芽卵圆形，无树脂。针叶 5 针一束，微弯曲，较短细（图 7-4）。

［分布与习性］原产于日本；华东地区常见栽培。耐阴性较强；对土壤要求不严，但喜深厚湿润而排水良好的酸性土；生长缓慢。

［园林用途］树姿优美，枝叶密集，针叶细短呈蓝绿色，为珍贵园林树种。树体较小，适宜小型庭园与山石、厅堂配置，常丛植，是著名的盆景材料。

5. 白皮松 *Pinus bungeana*

［别名］白果松、三针松、虎皮松

［科属］松科松属

［形态特征］高达 30m。有明显主干或从基部分成数干。树冠阔圆锥形或卵形。老树树皮片状剥落，内皮乳白色；幼树树皮灰绿色，平滑。1 年生枝灰绿色；冬芽红褐色。叶 3 针一束，粗硬，略弯曲（图 7-5）。

［分布与习性］中国特有树种。喜光，稍耐阴；适应性强，耐瘠薄土壤及较干冷的气候，耐旱耐寒；在气候温凉、土层深厚、肥润的钙质土和黄土上生长良好。

图7-5　白皮松

图7-6　油　松

［园林用途］树姿优美，树皮白色或褐白相间、极为美观，为优良的庭园树种。可孤植、丛植、群植于山坡草地，或列植、对植。

### 6. 油松 *Pinus tabuliformis*

［别名］短叶松、红皮松

［科属］松科松属

［形态特征］树皮灰褐色，裂成不规则较厚的鳞状块片，裂缝及上部树皮红褐色。冬芽矩圆形，顶端尖，芽鳞红褐色，边缘有丝状缺裂。针叶2针一束，深绿色，边缘有细锯齿，两面具气孔线。雄球花圆柱形，在新枝下部聚生成穗状。球果卵形或圆卵形，常宿存树上数年之久；种子卵圆形或长卵圆形，淡褐色有斑纹（图7-6）。

［分布与习性］中国特有树种，产于吉林南部、辽宁、河北、河南、山东、山西、内蒙古、陕西、甘肃、宁夏、青海及四川等地。为喜光、深根性树种；喜干冷气候；在土层深厚、排水良好的酸性、中性或钙质黄土上均生长良好。

［园林用途］树干挺拔苍劲，四季常绿，不畏风雪严寒，是华北地区最常见松树。可孤植、丛植、对植，也可群植成林。小型庭园中多孤植或丛植，并配以山石。

### 7. 黑松 *Pinus thunbergii*

［别名］日本黑松

［科属］松科松属

［形态特征］高达30m。幼树树皮暗灰色，老则灰黑色，粗厚，裂成块片状脱落。枝条开展，树冠宽圆锥状或伞形。1年生枝淡褐黄色，无毛；冬芽银白色，圆柱状椭圆形或圆柱形，顶端尖。针叶2针一束，深绿色，有光泽，粗硬（图7-7）。

［分布与习性］原产于日本及朝鲜。喜光略耐阴，喜温暖湿润的海洋性气候；对土壤要求不严，较耐盐碱，耐干旱瘠薄，忌水涝。

［园林用途］在我国多作庭园观赏树种，耐海潮风，为著名的海岸绿化树种，是我国东部和北部沿海地区优良的海岸风景林、防风、防潮和防沙树种；也可制作树桩盆景。

### 8. 罗汉松 *Podocarpus macrophyllus*

［别名］土杉、罗汉杉、金钱松

［科属］罗汉松科罗汉松属

［形态特征］高达20m。树冠广卵形。树皮灰褐色，薄片状脱落。叶条形，螺旋状着生，两面中

脉明显。种子卵圆形，熟时假种皮紫黑色，披白粉；种托肉质，椭圆形，红色或紫红色（图 7-8）。

[ 分布与习性 ] 产于我国长江以南至华南、西南各地。耐寒性较弱，但在华北南部小气候条件下可露地越冬；较耐阴；喜排水良好而湿润的砂质土壤，耐海风海潮；抗病虫害及多种有害气体。萌芽力强，耐修剪，生长速度较慢，寿命长。

[ 园林用途 ] 树形优美，四季常青，常用于寺院和庭园种植，宜作庭荫树，孤植、对植、散植于厅堂之前均适宜；也是优良的绿篱材料，被誉为“世界三大海岸绿篱树”之一，也可营造沿海防护林，是优良的盆景材料。

图7-7 黑 松

图7-8 罗汉松

### 9. 广玉兰 *Magnolia grandiflora*

[ 别名 ] 荷花玉兰

[ 科属 ] 木兰科木兰属

[ 形态特征 ] 高达 30m。树皮淡褐色或灰色，薄鳞片状开裂。小枝具横隔的髓心；小枝、叶背、叶柄均密被褐色或灰褐色短绒毛。叶厚革质，椭圆形，先端钝或短钝尖，基部楔形，叶上面深绿色而有光泽，下面锈褐色，叶缘略反卷。花白色，芳香；花期 5~6 月（图 7-9）。

[ 分布与习性 ] 原产于北美洲东南部；我国长江流域至珠江流域多有栽植。喜光，幼苗耐阴，喜温暖湿润气候，也耐短期低温；适生于湿润肥沃土壤，对 $SO_2$、$Cl_2$、HF 等有毒气体抗性较强，也耐烟尘。根系发达，生长速度中等偏慢。

[ 园林用途 ] 树姿雄伟，叶片光亮浓绿，花朵大而洁白芳香，是优美的庭荫树和行道树。可孤植于草坪、水滨，列植于路旁或对植于门前，是优良的背景树。

图7-9 广玉兰

### 10. 乐昌含笑 *Michelia chapensis*

[ 别名 ] 南方白兰花、广东含笑、景烈含笑

[ 科属 ] 木兰科含笑属

[ 形态特征 ] 高达 30m。叶薄革质，倒卵形、窄倒卵形或长圆状倒卵形，上面深绿色，有光泽；叶柄无托叶痕，上面具沟。花芳香，淡黄色；花期 3~4 月（图 7-10）。

[ 分布与习性 ] 原产于我国江西、湖南、广东、广西、贵州等地，越南也有分布。喜温暖、

图7-10　乐昌含笑

图7-11　樟　树

湿润的气候，能抗高温，亦耐寒；喜光，但苗期喜偏阴；喜土壤深厚、疏松、肥沃、排水良好的酸性至微碱性土壤。能耐地下水位较高的环境，在过于干燥的土壤中生长不良。

［园林用途］树干通直，树冠圆锥状塔形，四季深绿，花期长，花白色，量多而芳香。在城镇庭园中单植、列植或群植均有良好景观效果。在广东各地经多年栽培生长良好，可作为风景树及行道树推广应用。

**11. 樟树 *Camphora officinarum***

［别名］香樟、芳樟、油樟、樟木、乌樟

［科属］樟科樟属

［形态特征］高达 30m。树冠广卵形或球形。树皮黄褐色，不规则纵裂。叶卵状椭圆形，互生，近革质，先端骤尖，基部宽楔形或近圆，两面无毛或下面初稍被微柔毛；边缘有时微波状，离基三出脉。果实近球形，紫黑色（图 7-11）。

［分布与习性］分布于我国长江以南各地，日本和朝鲜也产。较喜光，喜温暖湿润气候和深厚肥沃的酸性或中性砂壤土，稍耐盐碱；较耐水湿，不耐干旱瘠薄；有一定抗海风、耐烟尘和耐有毒气体能力，能吸收多种有毒气体；寿命长。

［园林用途］树姿雄伟，冠大荫浓，是最常见的绿化树种，广泛用作庭荫树、行道树，也用于营造风景林和防护林。

**12. 榕树 *Ficus microcarpa***

［别名］细叶榕、万年青

［科属］桑科榕属

［形态特征］老树常有锈褐色气根。冠幅广展。树皮深灰色。叶薄革质，先端钝尖，基部楔形；托叶小，披针形。榕果成对腋生或生于已落叶枝叶腋，成熟时黄或微红色，扁球形；雄花、雌花同生于一榕果内（图 7-12）。

［分布与习性］分布于热带亚洲；我国华南与西南有分布并常见栽培，榕树被评为福建省省树，也是福州和赣州的市树。喜光，较耐阴，喜温暖湿润气候及酸性土壤；生长快，寿命长。

［园林用途］树冠宽阔，枝叶浓密，气生根多而下垂，交错盘缠，入土即成一支柱，形成“独木成林”奇观，是华南地区重要的庭荫树。宜植于环境空旷之处以庇荫，并形成景观，如孤植于草坪、池畔和桥头等处，也适于河流两岸、宽阔道路两旁列植。还可作盆景。

**13. 杜英 *Elaeocarpus decipiens***

［别名］假杨梅、青果

［科属］杜英科杜英属

［形态特征］高达 15m。叶革质，披针形或倒披针形，先端渐尖，基部下延，两面无毛，侧脉 7~9 对，网脉在两面均不明显，边缘有小钝齿。总状花序生于叶腋及无叶老枝上，花黄白色，花药无芒状药隔；花期 6~7 月（图 7-13）。

图7-12 榕　树

图7-13 杜　英

［分布与习性］产于我国台湾、华南、西南以及东南沿海；日本也有分布。喜温暖湿润气候，较耐阴，喜排水良好的酸性土壤，萌芽力强，对 $SO_2$ 抗性强。

［园林用途］树冠圆整，枝叶繁茂，秋冬、早春叶片常显绯红色，红绿相间，鲜艳夺目，观赏性较强，可用于庭院绿化或行道树。

**14. 枇杷 *Eriobotrya japonica***

［别名］金丸、卢橘

［科属］蔷薇科枇杷属

［形态特征］高达10m。小枝粗，密被锈色或灰棕色茸毛。叶革质，披针形、倒披针形、倒卵形或椭圆状长圆形，具粗锯齿，上表面多皱，下表面密生灰棕色茸毛。果近球形或倒卵形，黄色或橙黄色，形状、大小因品种而异（图7-14）。

［分布与习性］原产于我国，各地广泛栽培，湖北、四川有野生种群；日本、越南、印度、缅甸、泰国、印度尼西亚也有栽培。喜光，稍耐阴；不耐寒，但在淮河流域仍能正常生长；喜温暖湿润气候和肥沃湿润而排水良好的石灰性、中性或酸性土壤。

［园林用途］树形整齐美观，叶大荫浓，冬日白花满树，初夏果实累累，是亚热带地区优良果木，是绿化结合生产的好树种。

**15. 女贞 *Ligustrum lucidum***

[别名] 白蜡树、冬青、蜡树

[科属] 木樨科女贞属

[形态特征] 株高达 6m。树冠卵形。树皮灰绿色，平滑不开裂。枝条开展，光滑无毛。单叶对生，卵形或卵状披针形，全缘，无毛，革质。圆锥花序顶生，花白色。浆果状核果近肾形，熟时深蓝色。花期 5~7 月，果期 7 月至翌年 5 月（图 7-15）。

[分布与习性] 产于我国长江以南至华南、西南各地，向西北分布至陕西、甘肃。耐寒，耐水湿，喜温暖湿润气候，喜光耐阴，对土壤要求不严。为深根性树种，萌芽力强，耐修剪。对大气污染的抗性较强。

[园林用途] 枝叶茂密，树形整齐，是园林常用树种，可孤植或丛植于庭园，也可作行道树。

**16. 桂花 *Osmanthus fragrans***

[别名] 岩桂、九里香

[科属] 木樨科木樨属

[形态特征] 小乔木。叶椭圆形、长圆形或椭圆状披针形，先端渐尖，基部楔形，全缘或上部具细齿，两面无毛；叶脉在上面凹下，下面凸起。花梗细弱；花极芳香，花冠黄白、淡黄、黄或橘红色（图 7-16）。

[分布与习性] 原产于我国西南部，现各地广泛栽培。喜光，稍耐阴，喜温暖湿润气候和通风良好的环境，耐寒性较差，喜湿润而排水良好的土壤。对 $SO_2$、$Cl_2$ 等有中等抗性。

[园林用途] 我国传统观赏花木，枝繁叶茂，四季常青，常应用于庭园、公园等园林绿地，孤植或丛植于庭前、水滨、景石旁；花芳香，是名贵香料，也用作食品香料。桂花品种群有 5 个，分别为“丹桂”“金桂”“银桂”“四季桂”和“彩叶”品种群。

图7-14　枇　杷

图7-15　女　贞

图7-16 桂 花

图7-17 银 杏

### 7.1.3.2 落叶乔木

**1. 银杏 *Ginkgo biloba***

［别名］白果、公孙树、鸭掌树

［科属］银杏科银杏属

［形态特征］高达 40m，胸径可达 4m。枝近轮生，斜上伸展（雌株的大枝常较雄株开展）；有长枝与生长缓慢的距状短枝。叶扇形，先端常二裂，淡绿色，单叶，在长枝上互生，在短枝上簇生。种子具长梗，外种皮肉质，熟时黄色或橙黄色，外被白粉，有臭味（图 7-17）。

［分布与习性］中生代孑遗的稀有树种，系中国特产。喜光，深根性，对气候、土壤的适应性较宽；喜温暖湿润，以及土层深厚、肥沃湿润、排水良好的土壤。

［园林用途］树形优美，叶形奇特，可作庭荫树及行道树。在公园草坪、广场等开阔环境中，适于孤植或丛植。作行道树时，宜用于宽阔的街道，并最好选用雄株。银杏老根古干，隆肿突起，如钟似乳，适于作桩景，是川派盆景的代表树种之一。

**2. 金钱松 *Pseudolarix amabilis***

［别名］金松、水树

［科属］松科金钱松属

［形态特征］高达 60m，胸径 1.5m。树皮灰褐或灰色，裂成不规则鳞状块片。大枝不规则轮生，枝有长枝和短枝之分。叶在长枝上螺旋状排列，散生，在短枝上簇生状，辐射平展呈圆盘形，线形，柔软（图 7-18）。

［分布与习性］产于我国江苏南部、浙江、安徽南部、江西北部及中部、湖南等。生长较快，喜温暖湿润气候；喜光，耐寒；不耐干旱和积水；喜土层深厚、肥沃、排水良好的酸性土，忌石灰质土壤。

［园林用途］中国特有树种之一，树姿挺拔雄伟，是“世界五大公园树”之一。在园林中适宜配置池畔、溪边、草坪，孤植或丛植，也可作行道树，风景区内可群植成林。

**3. 落羽杉 *Taxodium distichum***

［别名］落羽松

［科属］杉科落羽杉属

图7-18　金钱松

图7-19　落羽杉

［形态特征］高达 50m，胸径 2m。树干尖削度大，基部通常膨大，具膝状呼吸根；树皮棕色，裂成长条片。1 年生小枝褐色，侧生短枝二列。叶线形，排成羽状二列（图 7-19）。

［分布与习性］原产于北美洲东南部。极耐水湿，适宜排水不良的沼泽地生长，能生长于短期积水地区；喜强光，不耐庇荫；喜温暖湿润气候，喜富含腐殖质的酸性土壤。

［园林用途］树形壮丽，新叶嫩绿，入秋变红褐色，是世界著名的园林树种。适于水边、湿地造景，可列植、丛植或群植成林，也是优良的公路树。

#### 4. 池杉 *Taxodium distichum* var. *imbricatum*

［别名］池柏

［科属］杉科落羽杉属

［形态特征］在原产地高达 25m。树干基部膨大，通常有屈膝状的呼吸根（低湿地生长尤为显著）。树皮褐色，纵裂，呈长条片脱落。枝条向上伸展，树冠较窄，呈尖塔形。花期 3~4 月，球果 10 月成熟（图 7-20）。

［分布与习性］原产北美洲东南部；我国江苏南京、南通和浙江杭州、河南鸡公山、湖北武汉等地有栽培。长势良好，耐水湿，生于沼泽地及水湿地上。

［园林用途］可用作低湿地的造林树种或作庭园树。

#### 5. 水杉 *Metasequoia glyptostroboides*

［别名］梳子杉

［科属］杉科水杉属

［形态特征］高达 35m，胸径达 2.5m。树皮灰色，幼树裂成薄片脱落，大树裂成长条状脱落，内皮淡紫褐色。幼树树冠尖塔形，老树树冠广圆形，枝叶稀疏。大枝近轮生，小枝及侧芽均对生。叶交互对生，叶基扭转排成二列，条形扁平，冬季与侧生无芽小枝一同脱落（图 7-21）。

［分布与习性］中国特产，分布于湖北、重庆、湖南交界处；现世界各地广为栽植。喜强光，速生树种，对环境适应性较强，喜温暖湿润气候，抗寒性强；喜深厚肥沃的酸性土或微酸性土，耐旱

性一般，稍耐水湿。

[园林用途]树姿优美挺拔，叶色翠绿鲜明，秋叶色转褐色，为著名风景树，常列植于堤岸、溪边、池畔，也常群植于公园绿地，与其他树种混种构成景观。

**6. 白玉兰 *Yulania denudata***

[别名]玉兰、望春花

[科属]木兰科玉兰属

[形态特征]高达25m。枝广展形成宽阔的树冠。树皮深灰色，粗糙开裂。小枝稍粗壮，灰褐色；花芽大而显著，密毛。叶片倒卵状椭圆形，先端突尖。花大，白色，花萼、花瓣相似，共9片，芳香；花期3~4月，先叶开放（图7-22）。

[分布与习性]产于我国江西、浙江、湖南、贵州，现全国各大城市园林广泛栽培。喜光，稍耐阴；喜温暖气候，但耐寒性颇强，可耐-20℃的低温；喜肥沃、湿润而排水良好的弱酸性土壤；根肉质，不耐水淹。

[园林用途]花大而洁白、芳香，开花时极为醒目，是著名的早春花木。适于建筑前列植或在入口处对植，也可孤植、丛植于草坪或常绿树前。

图7-20 池 杉

图7-21 水 杉

**7. 鹅掌楸 *Liriodendron chinense***

［别名］马褂木、双飘树

［科属］木兰科鹅掌楸属

［形态特征］高达40m。小枝灰或灰褐色。叶马褂形，两侧中下部各具一较大裂片，先端具二浅裂，下面苍白色，被乳头状白粉点。花黄绿色，杯形（图7-23）。

［分布与习性］产于华东、华中和西南地区。喜光、温暖湿润气候；喜深厚肥沃、湿润而排水良好的酸性或弱酸性土壤；不耐旱，忌湿水涝，对$SO_2$有中等抗性。

［园林用途］树形端庄，叶形奇特，秋叶金黄，是极好的行道树和庭荫树，是“欧洲五大著名行道树”之一，适宜孤植、丛植于草坪和大型庭园。

**8. 二球悬铃木 *Platanus acerifolia***

［别名］英国梧桐、悬铃木

［科属］悬铃木科悬铃木属

［形态特征］高达35m。干皮呈片状脱落。幼枝密被灰黄色星状茸毛；老枝无毛，红褐色。叶片三角状宽卵形，掌状3~5裂；叶缘有不规则大尖齿，中裂片三角形，长宽近相等；叶基心形或截

图7-22　白玉兰

图7-23　鹅掌楸

形。球形果序常2个串生，稀1或3个，下垂（图7-24）。

［分布与习性］本种是法桐（三球悬铃木）与美桐（一球悬铃木）的杂交种。我国南自广东、广西，东至东南沿海，西南至四川、云南，北至辽宁均有栽培。喜光，耐寒、耐旱，也耐湿；对土壤要求不严，无论酸性、中性或碱性土均可生长；萌芽力强；对烟尘、$SO_2$、$Cl_2$等有毒气体抗性较强。

［园林用途］树形雄伟端庄，叶大荫浓，干皮光滑，适应性强，为世界著名行道树和庭荫树，被誉为“行道树之王”，世界各地广为栽培。

图7-24　二球悬铃木

**9. 枫香 *Liquidambar formosana***

［别名］香枫

［科属］金缕梅科枫香树属

［形态特征］高达40m。树冠广卵形。小枝灰色，略披柔毛。叶宽卵形，掌状3裂（萌枝叶常5~7裂），裂片先端尾尖，基部心形或截形，有细锯齿（图7-25）。

图7-25　枫　香

［分布与习性］产于中国和日本，我国长江流域及以南地区有分布。喜光，幼树稍耐阴；喜温暖湿润气候，耐干旱，不耐水湿，不耐修剪；对$SO_2$、$Cl_2$等有毒气体抗性较强；萌芽性强；幼年期生长较慢，壮年后生长速度较快。

［园林用途］树干通直，树冠广卵形，是江南地区最著名的秋色叶树种。适宜在长江流域及其以南地区用于园林造景，在低山风景区内大面积成林。在城市公园和庭园中，可栽植于溪边、水滨，也可与其他秋色叶树种、秋花秋果树种配植形成树丛。

**10. 杜仲 *Eucommia ulmoides***

［别名］思仙、思仲、丝连皮、丝棉皮

［科属］杜仲科杜仲属

［形态特征］高达20m。树皮灰褐色，折断拉开有多数细丝。嫩枝有黄褐色毛，老枝有明显的皮孔。叶椭圆形、卵形或矩圆形，薄革质；基部

图7-26　杜　仲

图7-27　榔　榆

图7-28　榉　树

圆形或阔楔形；上面暗绿色，下面淡绿；边缘有锯齿。花生于当年枝基部。翅果扁平，长椭圆形；坚果，种子扁平，果期10月（图7-26）。

［分布与习性］中国特有种，现各地广泛栽种。在自然状态下，生于300~500m的低山、谷地或低坡的疏林里。对土壤选择不严格，在瘠薄的红土或岩石峭壁均能生长。

［园林用途］树干端直，树冠圆头形至圆锥形，树形优美，叶片密集、叶色浓绿，遮阴面大，抗性强，病虫害少，为优良的经济树种，可作庭荫树或行道树。也可以作一般的绿化造林树种。

**11. 榔榆 *Ulmus parvifolia***

［别名］小叶榆、秋榆、掉皮榆、豺皮榆

［科属］榆科榆属

［形态特征］高达25m。树皮灰或灰褐色，呈不规则鳞状薄片剥落，内皮红褐色。1年生枝密被短柔毛，小枝红褐色至灰褐色。叶较小而质厚，长椭圆形至卵状椭圆形，边缘有单锯齿（图7-27）。

［分布与习性］产于我国黄河流域以南地区；日本和朝鲜也有分布。喜光，稍耐阴；喜温暖气候，耐−20℃的短期低温；喜肥沃、湿润土壤，耐干旱瘠薄和水涝，在酸性、中性和石灰性土壤上均可生长；深根性，萌芽力强；抗污染，对烟尘和$SO_2$等有毒气体的抗性较强。

［园林用途］树皮斑驳，枝叶细密，姿态美观，是优良的行道树和园景树，适宜在庭园中孤植、丛植，也是优良的盆景材料和造林树种。

**12. 榉树 *Zelkova serrata***

［别名］光叶榉、鸡油树

［科属］榆科榉属

［形态特征］高达30m。树皮灰白或褐灰色，不规则片状剥落。冬芽常2个并生；小枝细长，密披柔毛。叶椭圆状卵形，先端渐尖，基部宽楔形；桃形锯齿排列整齐，内曲，上面粗糙，背面密生灰色柔毛（图7-28）。

［分布与习性］产于我国秦岭和淮河以南至华南、西南各地，在华东地区常有栽培。喜光，略耐阴；喜温暖湿润气候；喜深厚、肥沃、湿润的土

壤，尤喜石灰性土，耐轻度盐碱，不耐干瘠；深根性，抗风强；耐烟尘，抗污染，寿命长。

[园林用途] 树冠倒三角形，枝细叶美，绿荫浓密，入秋时叶色红艳，是江南地区重要秋色树种；也是优良庭荫树，适宜孤植或三五株丛植；在草坪、广场可丛植或群植，也是优秀行道树，可用于街道、公路、园路的绿化。

### 13. 朴树 *Celtis sinensis*

[别名] 黄果朴、紫荆朴、小叶朴

[科属] 榆科朴属

[形态特征] 高达20m。树皮灰色。小枝褐色，密被棕色短柔毛。叶卵状椭圆形，先端尖或渐尖，基部圆形或斜截形。花簇生在叶腋和茎基部。核果近球形，成熟时黄或橙黄色，具果柄；果核近球形，白色；果期9~10月（图7-29）。

[分布与习性] 产于我国黄河流域以南至华南。喜弱光，较耐阴；喜温暖气候和肥沃、湿润、深厚的中性土，既耐旱又耐湿，并耐轻度盐碱；根系深，抗风力强；抗污染，尤其对 $SO_2$ 和烟尘抗性强，并有较强的滞尘能力，寿命长。

[园林用途] 树冠宽广，绿荫浓郁，是优美的庭荫树，宜孤植、丛植，可配置于草坪、山坡、建筑周围，也可作行道树，对有毒气体的抗性强，适于工矿区绿化。

### 14. 桑 *Morus alba*

[别名] 家桑、桑树

[科属] 桑科桑属

[形态特征] 高达16m。树皮灰色，具不规则浅纵裂。叶卵形或卵圆形，先端急尖、渐尖或圆钝；基部圆形至浅心形，边缘锯齿粗钝。花腋生或生于芽鳞腋内，与叶同时生出。聚花果卵状椭圆形，成熟时红色或暗紫色。花期4~5月，果期5~7月（图7-30）。

[分布与习性] 原产于我国中部和北部，现东北至西南各地，西北至新疆均有栽培。喜温暖湿润气候，稍耐阴；耐旱、耐瘠薄和水湿。

[园林用途] 树冠宽大，树叶茂密，秋季叶色变黄，颇为美观，且能抗烟尘及有毒气体，适宜城市、工矿区及农村“四旁”绿化。适应性强，

图7-29 朴 树

图7-30 桑

为良好的绿化及经济树种。

### 15. 核桃 *Juglans regia*

［别名］胡桃

［科属］胡桃科胡桃属

［形态特征］高达 30m。树皮幼时灰绿色，老时灰白色。小枝无毛，具光泽，被盾状着生的腺体，灰绿色。奇数羽状复叶。花期 4~5 月，果期 9~10 月（图 7-31）。

［分布与习性］产于我国华北、西北、西南、华中、华南和华东。生于海拔 400~800m 山坡及丘陵地带，我国平原及丘陵地区常见栽培。喜光，耐寒、抗旱、抗病能力强，适应各种土壤生长，喜肥沃湿润的砂质土壤，但对水肥要求不严。

［园林用途］树枝叶茂密，冠大雄伟，是好的庭荫树种，孤植、丛植于草地或者庭院都很合适。其花、果、叶挥发的气味有杀菌、杀虫的功效，也可用作行道树。

图7-31 核 桃

### 16. 枫杨 *Pterocarya stenoptera*

［别名］麻柳、蜈蚣柳

［科属］胡桃科枫杨属

［形态特征］高达 30m。偶数稀奇数羽状复叶，叶轴具窄翅；小叶多枚，无柄，长椭圆形或长椭圆状披针形，先端短尖，基部楔形至圆，具内弯细锯齿。雌柔荑花序顶生，花序轴密被星状毛及单毛；雌花苞片无毛或近无毛（图 7-32）。

［分布与习性］产于我国陕西、华东、华中、华南及西南东部，华北和东北仅有栽培。喜光，喜温暖湿润，耐寒，耐湿性强；对土壤要求不严，在酸性至微碱性土壤上均可生长；深根性，萌芽力强；抗烟尘和 $SO_2$ 等有毒气体。

［园林用途］树冠宽广，枝叶茂密，可作行道树和庭荫树，在庭园中适合栽植于池畔、堤岸、建筑附近，用于低湿处造景。对有毒气体具有一定的抗性，可用于工矿区绿化。

图7-32 枫 杨

### 17. 白桦 *Betula platyphylla*

［别名］粉桦、桦皮树

［科属］桦木科桦木属

［形态特征］高达 27m。树皮灰白色，成层剥裂。枝条

图7-33 白 桦

图7-34 鹅耳枥

暗灰色或暗褐色。单叶互生，叶厚纸质，三角状卵形或菱状卵型，顶端锐尖、渐尖至尾状渐尖，基部截形、宽楔形或楔形，有时微心形或近圆形。果序单生，圆柱形或矩圆状圆柱形；小坚果狭矩圆形、矩圆形或卵形；果期8~10月（图7-33）。

［分布与习性］产于我国东北、华北、河南、陕西、宁夏、甘肃、青海、四川、云南、西藏东南部。喜光，不耐阴，耐严寒；对土壤适应性强，喜酸性土；生长较快，萌芽力强。

［园林用途］树干修直，洁白雅致，常孤植、丛植于庭园、公园之草坪、池畔、湖滨或列植于道旁。若在山地或丘陵坡地成片栽植，可形成美丽风景林。

**18. 鹅耳枥** ***Carpinus turczaninowii***

［别名］穗子榆

［科属］桦木科鹅耳枥属

［形态特征］高达10m。叶互生，卵形、宽卵形、卵状椭圆形或卵状菱形，稀卵状披针形，先端尖或渐尖，基部近圆、宽楔形或微心形，具重锯齿。雌花序长3~6cm，苞片半卵形、半长圆形或半宽卵形。小坚果宽卵球形，具树脂腺体及纵肋（图7-34）。

［分布与习性］产于我国辽宁南部、山西、河北、河南、山东、陕西、甘肃。喜光，稍耐阴，耐寒；耐干旱瘠薄，但在肥沃湿润土壤中生长良好。

［园林用途］枝叶茂密，叶形秀丽，果穗奇特，是著名园林植物。适宜植于庭园观赏，也可在广场、公园、庭园、小区、绿化隔离带等景观地孤植、群植或列植等。

**19. ‘意杨’** ***Populus × canadensis*** **‘I–214’**

［别名］‘意大利214’杨、‘意大利’杨

图7-35 ‘意杨’

［科属］杨柳科杨属

［形态特征］高大乔木。主干通直或微弯，侧枝发达、密集。树皮初光滑，后变厚，沟裂。幼叶红色，叶长15cm；叶柄带红色。果序长16~25cm；蒴果较小，柱头2裂（图7-35）。

［分布与习性］我国江苏泗阳等地有栽培，生长较迅速，抗病性较强，抗寒性差。插条易生根。

［园林用途］树干耸立，枝条开展，叶大荫浓，宜作防风林、庭荫树和行道树。也可在植物配植时与慢生树混栽，能很快形成绿化景观。

**20. 旱柳 *Salix matsudana***

图7-36 旱 柳

［科属］杨柳科柳属

［形态特征］高达18m。树冠倒卵形或近圆形。枝细长，直立或斜展，无毛，幼枝有毛。叶披针形，基部窄圆或楔形，下面苍白或带白色，有细腺齿，幼叶有丝状柔毛；叶柄上面有长柔毛；托叶披针形或缺，有细腺齿（图7-36）。

［分布与习性］产于我国东北、华北平原、西北黄土高原，西至甘肃、青海，南至淮河流域以及浙江、江苏。耐干旱、水湿、寒冷，适应性强；喜光，不耐庇荫；以深厚肥沃、湿润的土壤最为适宜，在黏重土壤及重盐碱地中生长不良。

［园林用途］树冠丰满，生长迅速，北方常用庭荫树和行道树，也常作公路树、防护树及沙荒地造林、农村“四旁”绿化。

**21. 垂柳 *Salix babylonica***

［别名］垂枝柳

［科属］杨柳科柳属

图7-37 垂 柳

［形态特征］树皮厚，灰褐至灰黑色，不规则开裂。树冠开裂而疏散。小枝细长下垂，淡褐黄色或带紫色，无毛。单叶互生，叶狭长披针形，微有毛，缘有细锯齿（图7-37）。

［分布与习性］产于我国长江及黄河流域，各地均有栽培。喜光，较耐寒；对土壤要求不严，最适生长于湿润的酸性土至中性土壤中；耐干旱能力较旱柳稍差，极耐水湿；根系发达，萌芽力强。

［园林用途］枝条细长，姿态优美，生长迅速，最宜配置在道旁或水边。与桃花间植可形成桃红柳绿之景，是江南园林春景的特色配置方式

之一。也可作庭荫树、行道树。还可用于工厂绿化，是固堤护岸的重要树种。

### 22. 柿 *Diospyros kaki*

［别名］朱果、猴枣

［科属］柿树科柿属

［形态特征］高可达10~14m。树冠呈半圆形。树皮暗灰色，呈长方形小块状裂纹。叶椭圆形，渐尖，叶背淡绿色。花4基数，花冠钟状，黄白色；雄花聚伞花序，雌花单生叶腋。浆果卵圆形，成熟时橙黄色。花期5~6月，果熟期9~10月（图7-38）。

［分布与习性］分布广泛，我国黄河流域至华南、西南、台湾均产。性强健，较耐寒；喜光，略耐庇荫；对土壤要求不严，在微酸性至微碱性土壤上均能生长；较耐干旱，对 $SO_2$ 等有毒气体有较强的抗性。

［园林用途］树冠广展如伞，叶大荫浓，秋日叶色转红，果实似火，悬于绿荫丛中，是观叶、观果和结合生产的重要树种，可用于厂矿绿化，也是优良行道树。

图7-38 柿

### 23. 山楂 *Crataegus pinnatifida*

［别名］山里红、红果、酸楂

［科属］蔷薇科山楂属

［形态特征］高达6m。树皮暗灰色或灰褐色。当年生枝紫褐色，老枝灰褐色。叶片宽卵形或三角状卵形，稀菱状卵形，边缘有尖锐稀疏不规则重锯齿。伞房花序，花瓣倒卵形或近圆形，白色。果实近球形或梨形，深红色，有浅色斑点；果期10月（图7-39）。

［分布与习性］山楂是中国特有的药果兼用树种，在分布于黑龙江、吉林、辽宁、内蒙古、河北、河南、山东、山西、陕西、江苏等地；朝鲜和西伯利亚也有分布。生于海拔100 ~1500m的山坡林边或灌木丛中。适应性强，喜凉爽湿润环境，既耐寒又耐高温；喜光也能耐阴；对土壤要求不严，但在土层深厚、质地肥沃、疏松、排水良好的微酸性砂壤土中生长最好。

［园林用途］树冠整齐，枝繁叶茂，花开如雪，果熟红艳，兼具观花和观果效果的优良园林

图7-39 山 楂

树种。初夏开花，满树洁白，秋季红果累累，经久不凋，颇为美观，可作行道树或庭荫树。

**24. 木瓜 *Chaenomeles cathayensis***

［别名］木李、榠楂、木瓜海棠

［科属］蔷薇科木瓜属

［形态特征］高达 5~10m，树皮呈片状脱落。小枝无刺，紫红色，2 年生枝紫褐色。叶片椭圆卵形或椭圆长圆形，稀倒卵形，先端急尖，基部宽楔形或圆形，边缘有刺芒状尖锐锯齿。花单生于叶腋，花瓣倒卵形，淡粉红色。果实长椭圆形，暗黄色；果期 9~10 月（图 7-40）。

［分布与习性］产于我国山东、陕西、湖北、江西、安徽、江苏、浙江、广东、广西。不耐阴，喜温暖环境；对土壤要求不严，但在土层深厚、疏松肥沃、排水良好的砂质土壤中生长较好；喜半干半湿，土壤过湿则花期短。

［园林用途］树姿优美，花簇集中，花量大，花美果香，常作庭园观赏树种，还可作嫁接海棠的砧木，或作为盆景在庭园或园林中栽培。

图7-40　木　瓜

**25. 垂丝海棠 *Malus halliana***

［别名］垂枝海棠

［科属］蔷薇科苹果属

［形态特征］高达 5m。小枝细弱，微弯曲，圆柱形，紫色或紫褐色。叶片上面深绿色，有光泽，常带紫晕。伞房花序，具花 4~6 朵；花梗细弱，下垂，紫色；花瓣倒卵形，粉红色。果实梨形或倒卵形，略带紫色。花期 3~4 月，果期 9~10 月（图 7-41）。

［分布与习性］产于我国江苏、浙江、安徽、陕西、四川、云南。喜光，不耐阴，喜温暖湿润，较耐寒；对土壤要求不严，微酸或微碱性土都能生长，但最适生长在土层深厚、疏松、肥沃、排水良好而略带黏质的土壤中，不耐水涝。

［园林用途］花粉红色，下垂，早春期间甚为美丽，是著名的庭园观赏花木，也可盆栽。

图7-41　垂丝海棠

**26. 梅 *Prunus mume***

［别名］春梅、干枝梅、酸梅、乌梅

［科属］蔷薇科李属

［形态特征］高达 10m。小枝绿色。叶卵形或椭圆形，先端尾尖，基部宽楔形或圆，锯齿细尖。花单生或 2 朵生于 1 芽内，香味浓，先叶开放，花瓣倒卵形，白或粉红色；花期冬春（图 7-42）。

［分布与习性］我国各地均有栽培，但以长江流域以南各地最多。喜光，喜温暖湿润的气候，大多数品种耐寒性较差；对土壤要求不严，无论是微酸性、中性，还是微碱性土均能适应；较耐干旱瘠薄，最忌积水；萌芽力强，耐修剪；对 $SO_2$ 抗性

差，寿命长。

［园林用途］中国传统名花，在色、香、韵、形多方面具有极高的观赏价值，许多类型不但可以露地栽培，还可用于盆栽，制作梅桩。

### 27.‘紫叶’李 *Prunus cerasifera* ‘Atropurpurea’

［别名］樱李

［科属］蔷薇科李属

［形态特征］高 5~8m。多分支，枝条细长，开展，暗灰色；小枝暗红色。叶片椭圆形、卵形或倒卵，先端急尖，基部楔形或近圆形，边缘有圆钝锯齿，有时混有重锯齿，紫色。花瓣白色，长圆形或匙形，边缘波状，基部楔形；花期 4 月（图 7-43）。

［分布与习性］原产于亚洲西南部，中国华北及其以南地区广为种植。喜光，喜温暖湿润气候，有一定的抗旱能力；对土壤适应性强，不耐干旱，较耐水湿，但在肥沃、深厚、排水良好的黏质中性、酸性土壤中生长良好，不耐碱；根系较浅。

［园林用途］叶片在整个生长季节都为紫红色，是良好的观赏树种，宜于建筑物前及园路旁或草坪角隅处栽植。

### 28. 东京樱花 *Prunus* × *yedoensis*

［别名］日本樱花、樱花

［科属］蔷薇科李属

［形态特征］高 4~16m。树皮灰色。小枝淡紫褐色，无

图7-42 梅

图7-43 ‘紫叶’李

图7-44 东京樱花

图7-45　合　欢

图7-46　'龙爪'槐

毛，嫩枝绿色。叶片椭圆卵形或倒卵形，先端渐尖或骤尾尖，基部圆形，稀楔形，边有尖锐重锯齿，上面深绿色，下面淡绿色。花序伞形总状，先叶开放，花瓣白色或粉红色，椭圆卵形，先端下凹；花期 4 月（图 7-44）。

［分布与习性］原产于日本，中国各地城市庭园栽培。喜光、喜温、喜湿；喜肥，适宜在土层深厚、土质疏松、透气性好、保水力较强的砂壤土或砾质壤土中栽培；根系分布浅，不抗旱，不耐涝，也不抗风，不耐碱。

［园林用途］著名的早春观赏树种，宜植于山坡、庭园、建筑物前及园路旁；也可孤植或群植于庭园、公园、草坪、湖边或居住小区等处；还可列植或和其他花灌木配置于道路两旁，或片植作专类园。

### 29. 合欢 *Albizia julibrissin*

［别名］马缨花、绒花树

［科属］豆科合欢属

［形态特征］高达 16m。树冠扁圆形，常呈伞状。二回羽状复叶，有小叶 10~30 对；小叶镰刀状长圆形，中脉明显偏于一侧。头状花序于枝顶排成圆锥花序；花有柄，花萼、花瓣均为黄绿色；花丝细长，粉红色；花期 6~7 月。荚果扁条形（图 7-45）。

［分布与习性］主产于亚洲热带和亚热带地区，在我国分布北界可达辽东半岛。喜光，喜温暖气候，也较耐寒；对土壤要求不严，耐干旱、瘠薄，不耐水涝。

［园林用途］树姿优美，叶形雅致，盛夏时节满树红花，绿荫如伞，是优良观花树种，可用作庭荫树和行道树，也是重要的荒山绿化造林先锋树种，在海岸、沙地栽植能起到改良土壤的作用。

### 30. '龙爪'槐 *Styphnolobium japonicum* 'Pendula'

［别名］蟠槐、倒栽槐

［科属］豆科槐属

［形态特征］原种槐树可高达 25m。小枝弯曲下垂，树冠呈伞状；小枝绿色。奇数羽状复叶，小

叶 15~17 对，对生或近互生，纸质。圆锥花序顶生，花冠蝶形、黄白色。荚果念珠状，肉质不裂（图 7-46）。

［分布与习性］我国南北各地广泛栽培，华北和黄土高原地区尤为多见。喜光，喜深厚肥沃、湿润、排水良好的砂壤土，适应较干冷气候；深根性，抗风力强，对有毒气体抗性较强；生长快，耐修剪。

［园林用途］树冠宽广，树姿优美，抗烟尘及有害气体，宜作行道树及庭荫树，是工矿区良好的绿化树种。

### 31. 喜树 *Camptotheca acuminata*

［别名］旱莲木、千丈树

［科属］蓝果树科喜树属

［形态特征］高大落叶乔木，高逾 20m。树皮灰色，纵裂成浅沟状。小枝圆柱形，平展。叶互生，纸质，长圆形或椭圆形，全缘。花杂性同株，头状花序生于枝顶及上部叶腋，常组成复花序。翅果矩圆形，着生成近球形的头状果序，头状果序具 15~20 枚瘦果。花期 5~7 月，果期 9 月（图 7-47）。

［分布与习性］产于我国华东至云贵一带，常生于海拔 1000m 以下的林边或溪边。喜温暖湿润，不耐严寒和干燥；对土壤酸碱度要求不严，较耐水湿。

［园林用途］树干挺直，生长迅速，是优良的行道树和庭荫树。

图7-47　喜　树

### 32. 白杜 *Euonymus maackii*

［别名］丝绵木、桃叶卫矛、明开夜合、丝棉木

［科属］卫矛科卫矛属

［形态特征］落叶小乔木，高达 6m。叶对生，卵状椭圆形、卵圆形或窄椭圆形，先端锐尖或渐尖，有时尾状。聚伞花序，花序梗微扁，花 4 基数，淡白绿或黄绿色。蒴果倒圆心形，4 浅裂，熟时粉红色；假种皮橙红色，全包种子（图 7-48）。

［分布与习性］产地广阔，北起我国黑龙江、内蒙古各地，南到长江南岸各地，西至甘肃。喜光、耐寒、耐旱、稍耐阴，也耐水湿；深根性，根萌蘖力强，生长较慢。

［园林用途］枝叶秀丽，入秋蒴果粉红色，假

图7-48　白　杜

种皮橙红色，宜植于林缘、草坪路旁、湖边及溪畔，也可用作防护林或工厂绿化树种，是园林绿地的优美观赏树种。

图7-49　乌　桕

### 33. 乌桕 *Sapium sebiferum*

［别名］腊子树、桕子树、木子树

［科属］大戟科乌桕属

［形态特征］高达 15m。树皮暗灰色，有纵裂纹。叶互生，纸质，叶片菱形、菱状卵形，先端尾状，基部广楔形，全缘。总状花序顶生，雌花通常生于花序轴最下部，雄花生于花序轴上部，或有时整个花序全为雄花，雄花苞片阔卵形，雌花苞片深 3 裂。蒴果近球形，成熟时黑色（图 7-49）。

［分布与习性］产于我国黄河以南地区，北达陕西、甘肃。喜光，喜温暖气候及深厚肥沃、水分丰富的土壤；对土壤适应范围较广，较耐旱，耐湿，能耐间歇性水淹；主根发达，抗风力强，能抗火烧；对 $SO_2$、HCl 抗性强。

［园林用途］树冠整齐，叶形秀丽，入秋叶色红艳可爱，不亚于丹枫。可孤植、散植、丛植于草坪和湖畔、池边，也可列植于堤岸、路旁作护堤树、行道树，还可与亭廊、花墙、山石等配置。冬日枝头白色的果实也颇为美观。

图7-50　枣

### 34. 枣 *Ziziphus jujuba*

［别名］枣树、枣子、大枣、刺枣

［科属］鼠李科枣属

［形态特征］高达 10m。有长枝、短枝和无芽小枝（即新枝），比长枝光滑，紫红色或灰褐色，呈"之"字形曲折，具 2 个托叶刺；短枝短粗，矩状，自老枝发出；当年生小枝绿色。叶纸质，卵形，边缘具圆齿状锯齿，基生三出脉。花黄绿色，单生或 2~8 个密集成腋生聚伞花序；花期 5~7 月。核果，成熟时红紫色，中果皮肉质；果期 8~9 月（图 7-50）。

［分布与习性］原产于我国，现亚洲、欧洲和美洲常有栽培。生长于海拔 1700m 以下的山区、丘陵或平原。喜光，耐旱、耐涝性较强；对土壤适应性强，耐贫瘠、耐盐碱。

［园林用途］枝梗劲拔，翠叶垂荫，花期较长，果实累累。宜在庭园、路旁散植或成片栽植，也是

图7-51　栾　树

结合生产的好树种；其老根古干可作树桩盆景。

### 35. 栾树 *Koelreuteria paniculata*

［别名］灯笼树、摇钱树、大夫树、灯笼果

［科属］无患子科栾树属

［形态特征］高达20m。树皮灰褐至灰黑色，老时纵裂。奇数羽状复叶，有时部分小叶深裂而为不完全二回；小叶卵形或卵状椭圆形，有不规则粗齿，近基部常有深裂片。花黄色，中心紫色。蒴果三角状卵形，顶端尖，成熟时红褐色或橘红色（图7-51）。

［分布与习性］分布于东亚，我国东北南部、华北、长江流域至华南均有栽培。喜光，稍耐半阴；耐干旱瘠薄，不择土壤，喜石灰质土壤，也能耐盐碱和短期水涝；深根性，萌蘖力强；有较强的抗烟尘和抗$SO_2$能力。

［园林用途］树形端正，春季嫩叶紫红，入秋叶色变黄，是优良的花果兼赏树种，可作庭荫树、行道树和园景树，可植于草地、路旁、池畔，也可作防护林、水土保持及荒山绿化树种。

### 36. 文冠果 *Xanthoceras sorbifolium*

［别名］文冠树、文冠花、崖木瓜、文光果

［科属］无患子科文冠果属

［形态特征］灌木或小乔木，高3~5m。小枝粗壮，褐红色，无毛。顶芽和侧芽有覆瓦状排列的芽鳞。小叶披针形或近卵形。花期春季，果期秋初（图7-52）。

［分布与习性］产于我国北部和东北部，西至宁夏、甘肃，东北至辽宁，北至内蒙古，南至河南。野生于丘陵山坡等处，各地也常栽培。喜光，也耐半阴；耐严寒和干旱，不耐涝；在沙荒、石砾地、黏土及轻盐碱土上均能生长，但以深厚、肥沃、湿润而通气良好的土壤生长最好。

［园林用途］在园林中配置于草坪、路边、山坡、假山旁或建筑物前都很适宜。也适于山地、水库周围风景区大面积绿化造林，能起到绿化、护坡固土作用。

### 37. 无患子 *Sapindus saponaria*

［别名］黄金树、苦患树

［科属］无患子科无患子属

图7-52 文冠果

图7-53 无患子

图7-54　七叶树

图7-55　黄连木

［形态特征］高逾 20m。树皮灰褐色或黑褐色。嫩枝绿色。叶片薄纸质，顶端短尖或短渐尖，基部楔形，稍不对称，腹面有光泽；小叶 5~8 对，通常近对生。圆锥花序顶生，花黄白色或带淡紫色。核果球形，熟时黄色或橙黄色（图 7-53）。

［分布与习性］产于我国东部、南部至西南部。喜光，稍耐阴；喜温暖湿润气候，也较耐寒；对土壤要求不严，酸性、微碱性至钙质土均可。萌芽力较弱，不耐修剪；对 $SO_2$ 抗性强。

［园林用途］主干通直，树姿秀美，秋叶金黄，是优良的秋色叶树种。适宜作庭荫树和行道树，常孤植、丛植于草坪、路旁、建筑物附近。

**38. 七叶树 *Aesculus chinensis***

［别名］日本七叶树、浙江七叶树

［科属］七叶树科七叶树属

［形态特征］高达 25m。树冠圆球形。小枝粗壮，髓心大，光滑或幼时有毛；顶芽发达。掌状复叶，小叶 5~7，矩圆状披针形、矩圆形，具细锯齿，先端急渐尖，基部楔形或阔楔形，背面光滑或仅幼时脉上疏生灰色茸毛。圆锥花序直立，近圆柱形，花白色（图 7-54）。

［分布与习性］原产于我国，黄河至长江中下游各地均有栽培。喜光，稍耐阴；喜温暖湿润气候，也耐寒；喜深厚肥沃而排水良好的土壤；萌芽力不强，生长速度中等偏慢，寿命长。

［园林用途］树干耸直，树姿雄伟，叶大而美，是著名的观赏树木。适宜作庭荫树和行道树，是“世界四大行道树”之一，常于庙宇中种植。

**39. 黄连木 *Pistacia chinensis***

［别名］木黄连、黄连芽、木萝树、黄连树

［科属］漆树科黄连木属

［形态特征］树高达 25m。树皮暗褐色，呈鳞片状剥落。幼枝灰棕色。奇数羽状复叶对生，小叶纸质，披针形或卵状披针形，先端渐尖，基部偏斜。圆锥花序腋生，雄花序淡绿色，雌花序紫红色，花小，先叶开放。核果倒卵状球形，熟时紫红色（图 7-55）。

［分布与习性］北至我国黄河流域，南至华南及西南各地均有分布。喜光，幼时稍耐阴，喜温

暖；耐旱瘠，对土壤要求不严；深根性，抗风；对 $SO_2$、HCl 等抗性强。

［园林用途］树冠阔大浑圆，枝叶秀丽繁盛，早春嫩叶红色，入秋后叶片橙红或橙黄，雌花序红色似鸡冠，观赏价值高，宜作庭荫树、行道树或植成风景林。

**40. 黄栌 *Cotinus coggygria* var. *cinereus***

［别名］红叶、红叶黄栌、黄道栌

［科属］漆树科黄栌属

［形态特征］高 3~5m。叶柄较长，可达 3.5cm；叶片宽椭圆形至倒卵形，两面具有灰色的短柔毛或背面有较明显的灰色短柔毛，基部圆形到宽楔形，全缘，先端圆形到微凹。圆锥花序，花瓣卵形或卵状披针形，无毛。核果肾形，无毛（图 7-56）。

图7-56　黄　栌

［分布与习性］主要分布在我国山西、河南、河北、山东、陕西、四川、江苏和浙江等中低海拔山地。喜光不耐阴；耐干旱但不耐积水，适宜在土层深厚肥沃、排水良好的砂壤土上生长和也耐贫瘠；萌蘖性强。

［园林用途］树冠浑圆，树姿优美，在夏季可赏花雾，秋季能观红叶，适宜在风景区内群植成林，展现群体美，或孤植于庭院绿地中，还可以丛植于草坪一隅、山石之侧，从而体现其独特的个体美和色彩美。

**41. 火炬树 *Rhus typhina***

［别名］鹿角漆、火炬漆、加拿大盐肤木

［科属］漆树科盐肤木属

［形态特征］小乔木或灌木。高 4~8m，小枝粗壮，红褐色，密生茸毛。叶轴无翅，长椭圆状披针形，先端长渐尖，有锐锯齿。雌雄异株，圆锥花序直立，密生茸毛，花白色。核果深红色，密被毛，密集成火炬形（图 7-57）。

图7-57　火炬树

［分布与习性］现我国华北、西北常见栽培。适应性强，喜光，耐寒；在酸性、中性和石灰性土壤中均可生长；耐干旱瘠薄，耐盐碱；根系发达，萌蘖力极强，生长速度较快。

［园林用途］一种良好的护坡、固堤及封滩、固沙保土的先锋造林树种，主要用于荒山绿化兼作盐碱荒地的风景林树种。也可丛植于园林中以赏红叶和红果，增添野趣。

**42. 鸡爪槭 *Acer palmatum***

［别名］七角枫

［科属］槭树科槭属

［形态特征］小乔木，高 5~8m。树冠伞形，枝条开张，细弱。单叶对生，近圆形，薄纸质，掌状 7~9 深裂，裂深常为全叶片的 1/3~1/2，基部心形，裂片卵状长椭圆形至披针形，先端尖，有细锐重锯齿，背面脉腋有白簇毛。翅果，两翅开展呈钝角（图 7-58）。

［分布与习性］分布于我国长江流域华东、华中至西南各地；朝鲜和日本也有栽培。喜弱光，喜温暖湿润，耐寒性较三角枫弱；喜肥沃湿润而排水良好的土壤，酸性、中性和石灰性土壤均能适应，不耐干旱和水涝。

［园林用途］树姿优美，叶形秀丽、秋叶红

图7-58　鸡爪槭

图7-59　‘红枫’

图7-60　臭　椿

艳，是著名的庭园观赏树种，非常适宜小型庭园的造景，多孤植、丛植于庭前、草地、水边、山石和亭廊附近，也可点缀在常绿树种间。鸡爪槭的园艺品种‘红枫’（‘Atropurpureum’）：叶片常年红色或紫红色，枝条紫红色（图 7-59），是十分美丽的色叶树种，其叶形优美，红色鲜艳持久，错落有致，枝条紫红色，适用于园林绿地及庭园，以孤植、散植为主，宜布置在草坪中央、高大建筑物前后、角隅等地，在我国庭园及公园常见栽培。

### 43. 臭椿 *Ailanthus altissima*

［别名］樗、皮黑樗、黑皮樗、黑皮互叶臭椿

［科属］苦木科臭椿属

［形态特征］高达 30m。嫩枝被黄或黄褐色柔毛，后脱落。奇数羽状复叶互生；小叶 13~25，对生或近对生，纸质，卵状披针形，先端长渐尖，基部具 1~2 对腺齿，中上部全缘，背面稍有白粉。顶生圆锥花序（图 7-60）。

［分布与习性］分布于我国东北南部、华北、西北、西南、华南各地。适应性强，喜光，喜温暖，较耐寒，很耐干旱、瘠薄，不耐水涝；对土壤要求不严，微酸性、中性和石灰性土壤都能适应，耐中度盐碱；根系发达，萌蘖力强；生长迅速；抗污染，对 $SO_2$、$NO_2$ 等有毒气体及粉尘抗性强。

［园林用途］树体高大，冠大荫浓，是优良观赏树种，可作庭荫树及行道树，适于盐碱地区、工矿区，可孤植于草坪。

### 44. 楝 *Melia azedarach*

［别名］苦楝、楝树、紫花树、森树

［科属］楝科楝属

［形态特征］高达 30m。树皮灰褐色，纵向剥落。小枝有叶痕。叶为 2~3 回奇数羽状复叶，小叶对生，卵形、椭圆形至披针形，边缘有钝锯齿。圆锥花序，花萼深 5 裂，花瓣淡紫色，两面均被微柔毛，通常外面较密，花芳香；花期 4~5 月。核果球形至椭圆形，果期 10~11 月（图 7-61）。

［分布与习性］产于我国黄河以南各地；广布于亚洲热带和亚热带地区，温带地区也有栽培。喜光，不耐庇荫，喜温暖湿润气候，耐寒力不强；对土壤要求不严，酸性土、中性土与石灰岩地区

均能生长；萌芽力强，抗风；对 $SO_2$ 抗性较强，但对 $Cl_2$ 抗性较弱。

［园林用途］树形优美，叶形秀丽，春夏之交开淡紫色花、淡香，宜作庭荫树及行道树；耐烟尘、抗 $SO_2$，是良好的城市及工矿区绿化树种，宜在草坪孤植、丛植，或配置于池边、路旁、坡地。

### 45. 鸡蛋花 *Plumeria rubra*

［别名］缅栀子、大季花

［科属］夹竹桃科鸡蛋花属

［形态特征］落叶小乔木，株高约 5m。小枝粗壮，肉质，具乳汁。叶互生，常集生于枝端，倒卵状长椭圆形，全缘；叶脉在近叶缘处连成一边脉。聚伞花序顶生，花冠漏斗状，径 4~5cm，具 5 裂片，外面乳白色，内面基部鲜黄色，有芳香；花期 3~10 月（图 7-62）。

［分布与习性］分布于我国广东、广西、海南、云南、福建等地。性喜高温高湿、阳光充足、排水良好的环境；生性强健，能耐干旱，但畏寒冷、忌涝渍，喜酸性土壤，但也抗碱性。

［园林用途］花白色黄心，芳香，叶大深绿色，树冠美观，南方常栽于庭园、草地观赏，北方适于盆栽观赏。

### 46. 蓝花楹 *Jacaranda mimosifolia*

［别名］蓝楹、含羞草叶楹、含羞草叶蓝花楹

［科属］紫葳科蓝花楹属

［形态特征］高达 15m。二回羽状复叶，羽片 16 对以上，每羽片有小叶 16~24 对，着生紧密；小叶狭矩圆形，先端锐长。花蓝色或青紫色，花萼顶端 5 齿裂，花冠筒细长，下部微弯，上部膨大。蒴果木质，扁卵圆形。花期 5~6 月，果期 11 月（图 7-63）。

［分布与习性］原产于南美洲巴西、玻利维亚、阿根廷，我国华南有栽培。喜温暖湿润的气候，不耐霜冻；喜光，稍耐半阴；喜肥沃湿润的砂壤土，较耐水湿，不耐干旱。

［园林用途］绿荫如伞，叶形秀丽，花朵蓝色而繁密，娴静幽雅，可谓华而不娇，是少见的蓝色观花乔木，可作行道树、庭荫树。适于公园、庭园、水边、草坪、路旁等种植。

图7-61 楝

图7-62 鸡蛋花

图7-63　蓝花楹

## 7.2　灌木类

### 7.2.1　概述

#### 7.2.1.1　灌木的概念

灌木通常指树体矮小（通常在6m以下），主干低矮或无明显主干、分支点低的木本植物。有些乔木树种因环境条件或人为栽培措施也可呈灌木状。

#### 7.2.1.2　灌木的分类

**（1）按习性分类**

①常绿灌木　指一年四季常青不落叶的灌木树种，如女贞、黄杨、南天竹、海桐等。

②落叶灌木　叶片在秋季时会自然脱落的较低矮的灌木，如杜鹃花、连翘、棣棠、结香等。

**（2）按叶片类型分类**

①针叶灌木　指树叶细长如针的灌木，如柏科的铺地柏、'千头'柏等。

②阔叶灌木　一般指具有扁平、宽阔叶片，叶脉成网状，叶常绿或落叶，一般叶面宽阔，叶形随树种不同而有多种形状的灌木，如石楠、山茶、木芙蓉等。

**（3）按树木生长形态分类**

①丛生灌木　无主干，由近地面处多分支，如'千头'柏、棣棠等。

②匍匐灌木　干枝均匍地生长，如铺地柏、平枝栒子等。

③半灌木　茎枝上部越冬枯死，仅基部为多年生、木质化，如悬钩子属部分种类、苦参等。

#### 7.2.1.3　灌木的功能

许多灌木具有抗逆性强、适应性广等优势，既能改善生态环境，又能创造优美的境域空间。灌木在园林中应用广泛，应用方式多样，种植形式可采取孤植、群植、丛植等，通过合理的配置，可与其他种类植被共同构成观赏价值高的景观，常与乔木搭配，起装饰美化作用。常用灌木有枸骨、火棘、海桐、红叶石楠等。此外，灌木具有丰富的经济价值，灌木用途广泛，可以作饲料、肥料、木材加工等。

### 7.2.2　园林应用

#### 7.2.2.1　应用目标

**（1）生态价值**

灌木在改善生态环境方面有着重要作用，进行光合作用、蒸腾作用等释放氧气、增加空气湿度；能够分泌出杀菌素，在一定程度上能阻止病菌传播，成为城市的天然卫士；某些种类的灌木能吸收空气中的有毒气体，阻滞尘埃；某些根系发达、耐干旱瘠薄、适应性强的灌木能够护坡固土，防止水土流失。

**（2）观赏价值**

灌木具有很高的观赏价值，观花、观果、观叶、观茎等各有所长，能各赏其态。在园林绿化中，通过设计者的科学设计，合理配置常绿和落叶灌木，与乔木及观赏草花等精心搭配，形成四季有景的景观，展现植物的局部美、个体美和群体美；同时与园林中的构筑物、雕塑小品等搭配，作背景或衬托，能够增强其艺术效果，丰富景观内容。

**（3）经济价值**

大多数灌木尤其观花树种，对环境要求不严，养护管理粗放，一次种植可多年观赏，应用方便、成本低、收效快，经济价值高。同时，大多灌木可与生产结合，开发食品、茶饮品，并可在景区结合旅游产业开启体验项目，带来良好的经济效益。

### 7.2.2.2 应用方式

灌木的园林应用方式多种多样，主要方式有绿篱花篱、立体绿化（图 7-64）、造型植物小品（图 7-65）、模纹种植和花坛满栽、孤植树等。

**（1）绿篱花篱**

绿篱花篱是利用观花灌木或枝叶密集的常绿灌木栽植成一行或多行，形成直线或曲线的种植方式。可栽植于路边、墙根、花坛及草坪边缘，既有流畅的线条美，又能观赏到开花时的色彩美。此类种植方式要求灌木树种植株矮小、枝叶紧密，耐阴、耐修剪，常用的种类有火棘、杜鹃花、小叶女贞、连翘等。

**（2）立体绿化**

立体绿化是指利用植物装饰建筑物墙面、栅栏、棚架、山石等立体空间的一种绿化形式（图 7-64）。要求植物种类有一定的攀缘性，灌木种类多应用于花架、篱架、栅栏上，用于篱垣式造景，常用灌木有蔷薇、藤本月季、三角梅、金银花等。

**（3）造型植物小品**

耐修剪的灌木种类常被整形修剪成特定形状，满足特定的观赏要求，如在大面积的空地，利用小灌木一棵棵紧密栽植，而后对其进行修剪使其整齐划一，或随地形起伏，使整体组合有“立体草坪”的效果；或修剪成绿带或花带，种植在路旁进行绿化，并与道路线条和谐统一；也可将常绿树种或花灌木修剪培育成各种球形体，如圆球体、半球体等，修剪后将其单独或成组种植，高低错落或跌宕起伏，增加立体感，体现人工修饰的美（图 7-65）。

**（4）模纹种植**

一些小灌木的花、叶、果具有不同的色彩，可利用小灌木密集种植，组合成具有不同寓意的曲线、色块、花形等图案，这些图案能在园林绿地或大片草坪空地中起到画龙点睛的作用，如雀舌黄杨、红花檵木、小叶女贞等。

**（5）花坛种植**

对于一些形状各异的花坛，除了利用观赏草花装饰外，还可运用小灌木密集栽植进行绿化美化，形成立体景观，如花境（图 7-66）、花台等，会产生与其他栽植法不同的视觉效果。

**（6）孤植**

孤植树是单株种植的一种形式，除了乔木树种外，只有生长较高、较大的灌木能作孤植。孤植树要求体形高大、枝干挺拔、叶亮，观花树种花多，或有独特的造型。常见种类有紫薇、木槿、山茶等，这些树种点缀在草坪上或建筑物前，能成为焦点景观。

图7-64 立体绿化

图7-65 造型植物小品

图7-66 花 境

图7-67　苏　铁

图7-68　‘千头’柏

## 7.2.3　常见园林灌木

### 7.2.3.1　常绿灌木

**1. 苏铁 *Cycas revoluta***

［别名］避火蕉、辟火蕉、铁树、美叶苏铁

［科属］苏铁科苏铁属

［形态特征］树干常不分支。叶羽状分裂，羽片条形，革质而坚硬，边缘显著反卷，上面深绿色有光泽，下面浅绿色。雄球花长圆柱形，雄球花扁球形，大孢子叶羽状分裂。种子倒卵形，红褐色或橘红色。花期 6~7 月，种熟期 9~10 月（图 7-67）。

［分布与习性］产于我国福建、台湾、广东，华南和西南地区常见栽植，长江流域和华北多盆栽；日本南部、菲律宾和印度尼西亚也有分布。喜光，喜温暖湿润气候，不耐寒；喜肥沃湿润的砂壤土，不耐积水；生长缓慢，寿命长。

［园林用途］树形古朴，主干粗壮坚硬，四季常青，为重要观赏树种，具有南国热带风光，且庄严华贵。常植于花坛中心，孤植或丛植草坪一角，对植门口两侧，也可植为园路树；也是著名的大型盆栽植物，用于布置会场、厅堂。

**2.‘千头’柏 *Platycladus orientalis* ‘Sieboldii’**

［别名］‘子孙’柏、‘凤尾’柏、‘扫帚’柏

［科属］柏科侧柏属

［形态特征］为侧柏的栽培品种，丛生灌木，无主干。树冠卵圆形或球形。枝密，上伸。叶鳞形，交互对生，紧贴于小枝，两面均为绿色。3~4 月开花，球花单生于小枝顶端（图 7-68）。

［分布与习性］在中国华北、西北至华南及日本等地久经栽培。喜光，幼苗期稍耐阴；喜温暖、湿润环境，也耐严寒；耐干旱和瘠薄，对土壤适应性强，但喜土层深厚、肥沃和排水良好的土壤，不耐水涝；浅根性，萌蘖力强，耐修剪；对有害气体抗性弱。

［园林用途］长江流域多栽培作绿篱树或庭园树种。

**3. 铺地柏 *Juniperus procumbens***

［别名］偃柏、矮桧、匍地柏

［科属］柏科刺柏属

［形态特征］匍匐灌木，高达75cm。枝条沿地面伏生，褐色，枝梢向上斜展。叶全为刺叶，条状披针形，先端锐尖；上面凹，有两条白色气孔带，气孔带常在上部汇合；下面蓝绿色。球果近球形，熟时黑色，被白粉；种子有棱脊（图7-69）。

［分布与习性］原产于日本，我国黄河流域至长江流域各地常见栽培。喜光，耐旱性强，较耐寒，忌低湿；喜海滨气候，适应性强，不择土壤，但以阳光充足、土壤排水良好处生长为宜。

［园林用途］枝干匍匐，植株贴地而生，姿态匍匐，色彩苍翠葱茏，是理想的木本地被，可配置草坪角隅、悬崖、池边、石隙、台坡、林缘等处，尤适作岩石园及悬崖式盆景材料。

图7-69 铺地柏

### 4. 含笑花 *Michelia figo*

［别名］香蕉花、含笑

［科属］木兰科含笑属

［形态特征］树皮灰褐色。芽、嫩枝、叶柄、花梗均密被黄褐色茸毛。叶革质，肥厚，倒卵状椭圆形，短钝尖；托叶痕长达叶柄顶端。花直立，极香，淡黄色而边缘有时红色或紫色，花被片6，肉质。聚合果，蓇葖卵圆形或球形。花期3~5月，果期7~8月（图7-70）。

［分布与习性］原产于我国华南南部各地，现广植于全国各地，长江流域各地需在温室越冬。喜温暖湿润，不耐寒；喜半阴环境，不耐烈日；要求排水良好、肥沃疏松的酸性壤土，不耐干旱、瘠薄；对$Cl_2$有较强的抗性。

［园林用途］树形、叶形俱美，花香浓郁，是重要的花灌木。可广泛应用于庭园、城市园林和风景区绿化，宜配置于疏林下或建筑物阴面，也可盆栽观赏。

图7-70 含笑花

### 5. 十大功劳 *Mahonia fortunei*

［别名］细叶十大功劳

［科属］小檗科十大功劳属

［形态特征］高达2m。小叶5~9，无柄或近无柄，侧生小叶狭披针形至披针形，顶生小叶较大，边缘每侧有刺齿5~10。花黄色，总状花序。浆果蓝黑色，外披白粉。花期7~9月，果期9~11月

图7-71 十大功劳

（图 7-71）。

［分布与习性］产于我国长江以南地区。不耐暑热，喜温暖湿润的气候，有一定的耐寒性；性强健、耐阴、忌烈日暴晒；也比较抗干旱；喜排水良好的酸性腐殖土，极不耐碱，怕水涝。

［园林用途］树干挺直，叶形奇特，常植于庭院、林缘、草地边缘，也可点缀假山、岩石，或作绿篱和基础种植材料。

图7-72　南天竹

### 6. 南天竹 *Nandina domestica*

［别名］蓝田竹、红天竺

［科属］小檗科南天竹属

［形态特征］丛生，高达 2m。叶互生，集生于茎的上部，三回羽状复叶；小叶薄革质，椭圆状披针形，顶端渐尖，基部楔形，全缘，上面深绿色，冬季变红色。花白色，芳香。浆果球形，鲜红色。花期 3~6 月，果期 5~11 月（图 7-72）。

［分布与习性］产于中国和日本；我国分布于华东、华南至西南，北达河南、陕西。喜半阴，喜温暖气候和湿润肥沃而排水良好的土壤；生长慢，萌芽力、萌蘖性强，寿命长。

［园林用途］全株小巧美观，初夏繁花如雪，秋季果实累累，经久不落，是良好的赏叶观果树种；适于庭院、草地、路旁、水际丛植或列植；在古典园林中，常植于阶前、花台，以沿阶草、麦冬等为搭配；也可作盆栽；枝叶是良好的插花材料。

图7-73　蚊母树

### 7. 蚊母树 *Distylium racemosum*

［别名］米心树、蚊母、蚊子树

［科属］金缕梅科蚊母树属

［形态特征］嫩枝有鳞垢，老枝秃净，干后暗褐色。叶革质，上面深绿色，发亮，下面初时有鳞垢，后变秃净。总状花序长约 2cm，花序轴无毛。蒴果卵圆形，上半部两片裂开，每片二浅裂；种子卵圆形，深褐色、发亮（图 7-73）。

［分布与习性］分布于我国浙江、福建、海南、台湾等海拔 1000~1300m 的林中。喜光，稍耐阴；喜温暖湿润气候，耐寒性不强；对土壤要求不严，酸性、中性土壤均能适应；发枝力强，耐修剪，对烟尘及多种有毒气体抗性很强，能适应城市环境。

［园林用途］枝叶密集，树形整齐，叶色浓绿，

经冬不凋，是理想的城市及工矿区绿化及观赏树种。适宜植于路旁、庭前、草坪上及大树下；或成丛成片栽植以分隔空间；或栽作绿篱和防护林带。

**8. 红花檵木 *Loropetalum chinense* var. *rubrum***

［别名］红檵花、红桎木、红檵木、红花桎木

［科属］金缕梅科檵木属

［形态特征］多分支，小枝有星毛。叶革质，卵形，暗紫色。花3~8朵簇生，有短花梗，花紫红色，比新叶先开放，或与嫩叶同时开放，花瓣4片。蒴果，种子圆卵形，黑色，发亮。花期3~4月（图7-74）。

图7-74　红花檵木

［分布与习性］分布于我国中部、南部及西南各地。喜光，稍耐阴，但庇荫时叶色容易变绿；适应性强，耐旱；喜温暖，耐寒冷；萌芽力和发枝力强，耐修剪；耐瘠薄，但适宜在肥沃、湿润的微酸性土壤中生长。

［园林用途］枝繁叶茂，姿态优美，耐修剪，耐蟠扎，花开时节，满树红花，极为壮观，广泛用作色篱、模纹花坛、灌木球、彩叶小乔木、盆景等城市绿化美化。

**9. 山茶 *Camellia japonica***

［别名］洋茶、茶花、晚山茶、耐冬

［科属］山茶科山茶属

［形态特征］幼枝灰褐色，当年生小枝紫褐色。叶革质，椭圆形，先端钝尖或骤短尖，基部宽楔形，侧脉7~8对，具钝齿。花单生或簇生于枝顶和叶腋，近无柄，花色丰富，以白色和红色为主；花期12月至翌年3月（图7-75）。

图7-75　山　茶

［分布与习性］我国各地广泛栽培，品种繁多。喜半阴，喜温暖湿润气候，酷暑及严寒均不适宜，在气温 -10℃时不受冻害，气温高于30℃新梢停止生长。喜肥沃湿润而排水良好的微酸性至酸性土壤，不耐盐碱，忌土壤黏重和积水。对海潮风有一定抗性。

［园林用途］我国传统名花，叶色翠绿而有光泽，四季常青，花朵大而美，品种繁多。孤植、丛植及群植均适合，可在庭园中丛植成景。

图7-76　茶　梅

图7-77　金丝桃

### 10. 茶梅 *Camellia sasanqua*

［别名］茶梅花

［科属］山茶科山茶属

［形态特征］高 3~13m，分支稀疏。小枝、芽鳞、叶柄、子房、果皮均有毛。叶革质，椭圆形，先端短尖，基部楔形，上面干后深绿色，发亮，下面褐绿色；边缘有细锯齿，稍被残毛。花白色、红色，花期多为 11 月至翌年 1 月（图 7-76）。

［分布与习性］原产日本，我国江南各地普遍栽培。喜温暖湿润；喜光而稍耐阴，忌强光；宜生长在排水良好、富含腐殖质、湿润的微酸性土壤；较耐寒，盆栽一般以不低于 −2℃为宜，畏酷热；抗性强，病虫害少。

［园林用途］宜丛植观赏，也是优良的基础种植材料和花篱材料。

### 11. 金丝桃 *Hypericum monogynum*

［别名］狗胡花、金线蝴蝶、过路黄

［科属］藤黄科金丝桃属

［形态特征］半常绿灌木，高 0.5~1.3m。茎红色，皮层橙褐色，小枝纤细多分支，圆柱形。单叶对生，纸质；叶片上面绿色，下面淡绿但不呈灰白色。花序近伞房状，花瓣金黄或橙黄色。蒴果宽卵球形。花期 5~8 月，果期 8~9 月（图 7-77）。

［分布与习性］分布于我国长江流域及以南地区，日本也有引种。生于山坡、路旁或灌丛中，沿海地区海拔 0~150m，山地可至 1500m。喜光，略耐阴；耐寒性不强，最忌干冷，忌积水；萌芽力强，耐修剪。

［园林用途］株形美观，花色金黄，是夏季良好的观赏花木；适于丛植，可供草地、路旁、石间、庭院装饰；也可与乔木树种配置成树丛或者列植在路旁、草坪边缘、花坛边缘、门庭两旁均可，也可作花篱，华北地区常盆栽观赏。

### 12. 海桐 *Pittosporum tobira*

［别名］海桐花、宝珠香、山瑞香

［科属］海桐花科海桐花属

［形态特征］幼枝被柔毛。叶聚生枝顶，革质，初两面被柔毛，后脱落无毛，倒卵形，先端

圆或钝，凹入或微心形，基部窄楔形，侧脉6~8对，全缘。伞房花序顶生，花白色或黄绿色，芳香。花期3~5月，果熟期9~10月（图7-78）。

［分布与习性］产于我国东南沿海和日本、朝鲜。喜光，略耐半阴；喜温暖气候和肥沃湿润土壤；稍耐寒；对土壤要求不严，黏土、砂土和轻度盐碱土均可适应，不耐水湿；萌芽力强，耐修剪；抗海风，抗 $SO_2$ 等有毒气体。

［园林用途］枝叶茂密，叶色浓绿有光泽，初夏繁花如雪，种子红色，是园林中常用观赏树种；常用作绿篱和基础种植，可修剪成球形用于园林点缀，孤植、丛植于草坪边缘，或对植于入口处，列植于路旁、台坡。

图7-78 海　桐

13. 火棘 *Pyracantha fortuneana*

［别名］火把果、救兵粮、救军粮

［科属］蔷薇科火棘属

［形态特征］高达3m。侧枝短，先端刺状，幼时被锈色短柔毛，后无毛。叶倒卵形或倒卵状长圆形，先端圆钝或微凹，有时具短尖头，基部楔形，下延至叶柄，有钝锯齿。复伞房花序，花瓣白色，近圆形。果近球形，橘红或深红色。花期3~5月，果期8~11月（图7-79）。

［分布与习性］产于我国陕西、河南、江苏、浙江、福建、湖北、湖南、广西、贵州、云南、四川、西藏。喜光；不耐寒，在华北南部可露地越冬；极耐干旱瘠薄，要求土壤排水良好；萌芽力强，耐修剪。

［园林用途］枝繁叶茂，夏季白花繁茂，秋季红果累累，是美丽的观果灌木。适宜丛植于草地边缘、假山石间、水边桥头，也是优良的绿篱和基础种植材料。

图7-79 火　棘

14. 石楠 *Photinia serratifolia*

［别名］凿木、千年红、扇骨木、笔树

［科属］蔷薇科石楠属

［形态特征］高达4~6m。叶革质，长椭圆形、长倒卵形或倒卵状椭圆形，先端尾尖，基部圆或宽楔形，疏生细腺齿，近基部全缘，上面光亮。复伞房花序顶生，花白色；花期4~5月（图7-80）。

［分布与习性］产于我国淮河流域至华南，北

图7-80　石　楠

图7-81　月季花

图7-82　金边胡颓子

达秦岭南坡、甘肃南部。喜温暖湿润气候，能耐短期 −15℃低温；喜光，稍耐阴；喜肥沃湿润、富含腐殖质而排水良好的酸性至中性土壤；较耐干旱瘠薄，不耐水湿；萌芽力强，耐修剪。

［园林用途］树冠圆整，枝密叶浓，是重要观叶观果树种。在公园绿地、庭园、路边、花坛中心及建筑物门庭两侧均可孤植、丛植、列植；也是优良绿篱材料；对 $SO_2$、$Cl_2$ 有较强抗性，也有隔声功能，适于街道厂矿区绿化。

**15. 月季花 *Rosa chinensis***

［别名］月月红、月月花

［科属］蔷薇科蔷薇属

［形态特征］常绿或半常绿。小枝有短粗钩状皮刺或无刺。小叶有锐锯齿，上面暗绿色，常带光泽，下面颜色较浅；顶生小叶有柄，侧生小叶近无柄；有散生皮刺和腺毛。花单生或数朵排成伞房状，花瓣重瓣至半重瓣，红色、粉红色至白色；花期 4~9 月（图 7-81）。

［分布与习性］原产中国，各地普遍栽培，园艺品种众多。对土壤要求不严，但以富含有机质、排水良好而微酸性土壤最好；喜光，但过于强烈的阳光照射对花蕾发育不利；喜温暖，夏季的高温对开花不利。

［园林用途］我国传统名花，花色艳丽，花期长，可作花坛、花境及基础栽植用，在草坪、园路、角隅、庭园、假山等处配置也很适宜，还可作盆栽及切花用。

**16. 胡颓子 *Elaeagnus pungens***

［别名］羊奶子、三月枣、柿模、半春子

［科属］胡颓子科胡颓子属

［形态特征］常绿直立灌木，高 3~4m。刺顶生或腋生，深褐色。幼枝微扁棱形，密被锈色鳞片；老枝鳞片脱落，黑色，具光泽。叶革质，上面干燥后褐绿色或褐色，下面密被银白色和少数褐色鳞片。花白色或淡白色，常 1~3 花生于叶腋锈色短小枝上。果实椭圆形，幼时被褐色鳞片，成熟时红色。花期 9~12 月，果期翌年 4~6 月。

［分布与习性］分布于长江流域以南各地区；日本也有分布。喜光，耐半阴；喜温暖气候，不耐

寒；对土壤适应性强，耐干旱又耐水湿；对有害气体的抗性强。

[园林用途] 可植于庭园观赏，并有金心、银边、金边等观叶品种（图 7-82）。

### 17. 瑞香 *Daphne odora*

[别名] 夺皮香、蓬莱紫、沈丁花

[科属] 瑞香科瑞香属

[形态特征] 直立灌木，小枝近圆柱形，紫红色或紫褐色，无毛。叶互生，纸质，上面绿色，下面淡绿色，两面无毛。雌雄异株，花外面淡紫红色，内面肉红色，数朵至 12 朵组成顶生头状花序。果实红色。花期 3~5 月，果期 7~8 月（图 7-83）。

[分布与习性] 中国和日本广为栽培，少有野生。喜阴，忌日光暴晒；喜温暖，不耐寒；喜肥沃湿润而排水良好的酸性和微酸性土，忌积水。

[园林用途] 著名早春花木，株形优美，花朵极芳香。最适于林下路边、林间空地、庭院、假山岩石的阴面等处配置。日本庭院常修剪成球形，点缀于松柏类树木间，北方多于温室盆栽观赏。

### 18. 洒金桃叶珊瑚 *Aucuba japonica* var. *variegata*

[别名] 洒金珊瑚、花叶青木、洒金东瀛珊瑚

[科属] 山茱萸科桃叶珊瑚属

[形态特征] 常绿灌木，高 1~1.5m。枝、叶对生。叶革质，叶片有大小不等的黄色或淡黄色斑点。圆锥花序顶生，花瓣暗紫色。浆果状核果，鲜红色。花期 3~4 月，果期 11 月至翌年 2 月（图 7-84）。

[分布与习性] 我国各大、中城市公园及庭园中引种栽培。喜湿润、排水良好、肥沃的土壤；极耐阴，夏季畏阳光暴晒；不耐寒。

[园林用途] 叶色青翠光亮，有黄色斑点，果实鲜艳夺目，适宜庭园、池畔、墙隅和高架桥下点缀。还可盆栽于室内、厅堂陈设。

### 19. 大叶黄杨 *Buxus megistophylla*

[别名] 冬青卫矛、扶芳树、正木

[科属] 黄杨科黄杨属

图7-83　瑞　香

图7-84　洒金桃叶珊瑚

[形态特征] 高 0.6~2m。小枝具四棱，光滑、无毛。叶革质或薄革质，先端渐尖，有时稍钝，基部楔形或宽楔形，上面中脉凸起，被微毛或无毛，侧脉多而密。花序短穗状，腋生，具花约 10 朵。蒴果近球形，熟时淡红色；种子椭圆形，假种皮橘红色。花期 3~4 月，果期 6~7 月（图 7-85）。

[分布与习性] 产于我国贵州西南部、广西东北部、广东西北部、湖南南部、江西南部。生于

图7-85　大叶黄杨

图7-86　枸　骨

山地、山谷、河岸或山坡林下。喜光，稍耐阴；有一定的耐寒力；对土壤要求不严，在微酸、微碱土壤中均能生长。

［园林用途］枝叶茂密，四季常青，叶色亮丽，园林中常用作绿篱及背景种植材料，亦可丛植于草地边缘或列植于园路两旁，若加以修饰成型，更适宜用于规划式对称配置；还是基础种植、街道绿化和工厂绿化的好材料。

### 20. 枸骨 *Ilex cornuta*

［别名］猫儿刺、老虎刺、八角刺、鸟不宿

［科属］冬青科冬青属

［形态特征］小枝粗，具纵沟，沟内被微柔毛。叶二型，四角状长圆形，先端宽三角形、有硬刺齿，或长圆形、卵形及倒卵状长圆形，全缘，先端具尖硬刺，反曲，基部圆或平截，具 1~3 对刺齿。核果球形；果期 10~12 月（图 7-86）。

［分布与习性］分布于我国长江中下游各地。喜光，稍耐阴；较耐寒，在黄河以南可露地越冬；喜温暖气候和肥沃湿润而排水良好的微酸性土；适应城市环境，对有毒气体有较强的抗性；生长缓慢，萌芽力强，耐修剪。

［园林用途］枝叶茂密，叶形奇特，果实红艳，经冬不凋，叶片有刺，兼有观果、观叶、防护和隐蔽的效果，宜作基础种植材料或植为高篱，也可修剪成形，孤植在花坛中心，对植在庭园、路口或丛植于草坪观赏。

### 21. 八角金盘 *Fatsia japonica*

［别名］手树

［科属］五加科八角金盘属

［形态特征］高达 5m，常呈丛生状；茎光滑无刺。叶片大，革质，近圆形，掌状 7~9 深裂，裂片长椭圆状卵形，先端短渐尖，基部心形，边缘有疏离粗锯齿，上表面暗亮绿，下面色较浅。圆锥花序顶生，花瓣 5，黄白色。花期 10~11 月，果期 2~5 月（图 7-87）。

［分布与习性］原产于日本南部，我国华北、华东等地引种栽培。喜温暖湿润的气候，耐寒性不强；喜阴；不耐干旱；适生于湿润肥沃土壤；抗污染，能吸收 $SO_2$。

［园林用途］四季常青，叶片硕大，叶形优美，浓绿光亮，是优良的观叶植物；适宜配置于庭园、门旁、窗边、墙隅及建筑物背阴处，也可点缀在水流旁，还可成片群植于草坪边缘及林地。

### 22. 熊掌木 × *Fatshedera lizei*

［别名］五角金盘

［科属］五加科熊掌木属

［形态特征］茎较弱，如有支撑高可达 2m 以上。茎幼时具锈色柔毛，后渐脱落。单叶互生，掌状 3~5 裂，裂达近中部，叶端渐尖；叶革质，有光泽，叶基心形，叶全缘，柄基呈鞘状与茎枝连接。花黄绿色，由多数伞形花序组成顶生圆锥花序。不结果（图 7-88）。

［分布与习性］本种是八角金盘与大西洋常春藤的杂交种，我国有引种。性耐阴；喜冷凉湿润环境，可耐 3℃低温；不择土壤；抗污染和盐风。

［园林用途］四季青翠碧绿，又具极强耐阴力，适宜在林下群植，通常作盆栽观赏，也可栽作地被植物。

### 23. 夹竹桃 *Nerium oleander*

［别名］红花夹竹桃、欧洲夹竹桃

［科属］夹竹桃科夹竹桃属

［形态特征］高可达 6m。叶 3 片轮生，稀对生，革质，窄椭圆状披针形，先端渐尖或尖，基部楔形或下延，侧脉达 120 对，平行。花冠漏斗状，深红色或粉红色，几乎全年开花，以 6~10 月为盛（图 7-89）。

［分布与习性］原产于伊朗、印度等地，我国南方有栽培。喜光，喜温暖湿润气候，不耐寒；对土壤要求不严，可生于盐碱地；抗烟尘和有毒气体，可吸收汞、$SO_2$、$Cl_2$，滞尘能力强。

［园林用途］优良的园林造景材料，适于水边、庭园、山麓、草地等各处种植，可丛植也可群植；常植为绿篱，用于公路、铁路、河流沿岸的绿化；耐烟尘，抗污染，是工矿区等生长条件较差地区绿化的好选择。

图7-87　八角金盘

图7-88　熊掌木

图7-89　夹竹桃

图7-90　野迎春

图7-91　凤尾丝兰

**24. 野迎春 *Jasminum mesnyi***

［别名］云南黄素馨、云南黄馨、迎春柳花

［科属］木樨科素馨属

［形态特征］直立亚灌木。枝条下垂，小枝四棱形，具沟。叶对生，三出复叶或小枝基部具单叶；小叶卵形或椭圆形，先端具短尖头，基部楔形。花单生于去年生小枝叶腋。花期 11 月至翌年 8 月，果期 3~5 月（图 7-90）。

［分布与习性］产于我国四川西南部、贵州、云南。生于海拔 500~2600m 峡谷、林中。我国各地均有栽培。喜温暖向阳环境，畏严寒；性耐阴，不耐寒，适应性强。

［园林用途］最宜植于湖边、堤岸，其细枝下垂水面，与水景结合，观赏效果好；也可植于山坡、石隙、台坡边缘，也是优良的花篱和岩石园材料。

**25. 凤尾丝兰 *Yucca gloriosa***

［别名］剑麻、凤尾兰

［科属］龙舌兰科丝兰属

［形态特征］茎短，高达 5m，常分支。叶线状披针形，先端长渐尖，坚硬刺状，全缘，稀具分离的纤维。圆锥花序；花下垂，白或淡黄白色，顶端常带紫红花被片，卵状菱形；花期 5~10 月（图 7-91）。

［分布与习性］我国长江流域普遍栽培。喜光耐阴，适应性强，较耐寒；除盐碱地外，各种土壤都能生长；耐干旱瘠薄，耐湿；耐烟尘，对多种有毒气体抗性强；萌芽力强，易产生不定芽，生长快。

［园林用途］四季青翠，花白色，素雅芳香，常丛植于花坛中心、草坪一角、树丛边缘；是岩石园、街头绿地、厂矿污染区常用的绿化树种；也可在车行道的绿化带中种植，还可作绿篱种植，起阻挡、遮掩作用。

### 7.2.3.2　落叶灌木

**1. 紫玉兰 *Yulania liliflora***

［别名］木笔、辛夷花

［科属］木兰科玉兰属

［形态特征］高达 3m，常丛生。树皮灰褐色，小枝绿紫色或淡褐紫色。叶椭圆状倒卵形或倒卵形，上面深绿色，下面灰绿色。花瓣 6，肉质，外面紫色或紫红色，内面浅紫色或近于白色。花叶同时开放，稍有香气。聚合果深紫褐色，成熟蓇葖果近圆球形。花期 3~4 月，果期 8~9 月（图 7-92）。

［分布与习性］产于我国福建、湖北、四川、云南西北部。喜光，稍耐阴；喜温暖湿润气候，较耐寒；对土壤要求不严，但在过于干燥的黏土和碱

土上生长不良；肉质根，忌积水。

［园林用途］早春著名花木，是庭园珍贵花木之一，适宜于庭园、窗前、草地边缘、池边丛植或孤植；还可作为嫁接白玉兰和二乔玉兰等植物的砧木。

**2. 蜡梅 *Chimonanthus praecox***

［别名］腊梅、黄梅花、黄金茶、麻木柴

［科属］蜡梅科蜡梅属

［形态特征］高达 4m。叶纸质至近革质，卵圆形、椭圆形、宽椭圆形或椭圆形，先端急尖至渐尖，稀尾尖，叶背脉疏被微毛。花被片黄色，无毛，内花被片较短，基部具爪。花期 11 月至翌年 3 月（图 7-93）。

［分布与习性］产于我国中部，野生于山东、江苏、安徽等地，各地普遍栽培。喜光，稍耐阴；耐寒，耐干旱、忌水湿；萌芽力强，耐修剪。

［园林用途］我国珍贵花木，开花时花香四溢。适宜孤植或丛植在窗前、墙角、阶下、山坡等处，也可布置于花台、花池中；常与一些常绿观果树种配置；也可用于盆栽、造型。

**3.‘紫叶’小檗 *Berberis thunbergii* ‘Atropurpurea’**

［别名］‘紫叶’女贞、‘紫叶’日本小檗、‘红叶’小檗

［科属］小檗科小檗属

［形态特征］幼枝淡红带绿色，无毛；老枝暗红色具条棱；茎刺单一，偶三分叉。叶薄纸质，倒卵形、匙形或菱状卵形，先端钝，基部急狭，全缘，整个生长期内呈紫红色。花浅黄色，2~5 朵组成簇生状伞形花序。果实椭圆形，成熟时亮红色（图 7-94）。

［分布与习性］是日本小檗的栽培品种，在欧洲育成，我国各地广为栽培。喜光，略耐阴；喜温暖湿润气候，也耐旱，耐寒；对土壤要求不严，喜深厚肥沃、排水良好的土壤；萌蘖性强，耐修剪。

［园林用途］枝叶艳丽，花黄果红，叶片紫红，远观效果极佳，是优良的绿篱和地被材料，可与其他彩叶树种配色作模纹图案。

图7-92 紫玉兰

图7-93 蜡 梅

图7-94 ‘紫叶’小檗

图7-95 牡 丹

图7-96 木 槿

### 4. 牡丹 *Paeonia × suffruticosa*

［别名］鼠姑、木芍药、百雨金、富贵花

［科属］芍药科芍药属

［形态特征］茎高达2m，分支短而粗。叶常为二回三出复叶，偶尔近枝顶的叶为3小叶；顶生小叶宽卵形，上面绿色，下面淡绿色；侧生小叶窄卵形或长圆状卵形，近无柄。花单生枝顶，花瓣5，或为重瓣，玫瑰红、红紫或粉红色至白色，倒卵形。蓇葖果长圆形，密生黄褐色硬毛。花期4~5月，果期6月（图7-95）。

［分布与习性］原产于我国中部，各地普遍栽培。喜光，稍耐阴；喜温凉气候，较耐寒，畏炎热，忌夏季暴晒；喜肥沃而排水良好的砂质土壤，忌黏重、积水或排水不良处，中性土最好，微酸性土、微碱性土均可；根系发达，肉质肥大。

［园林用途］花大而美，是我国传统名花，素有“花王”之称。牡丹品种繁多，花色丰富，群体观赏效果好，适于成片栽植，建立牡丹专类园。也适合植于小型庭园、门前、坡地，专设牡丹台、牡丹池栽培观赏。

### 5. 木槿 *Hibiscus syriacus*

［别名］喇叭花、荆条、木棉、朝天暮落花

［科属］锦葵科木槿属

［形态特征］叶菱形或三角状卵形，基部楔形，具不整齐缺齿。花单生枝端叶腋，花萼钟形，裂片5，三角形；花冠钟形，淡紫色、白、粉红色；花期7~10月（图7-96）。

［分布与习性］原产于我国中部各地，自东北南部至华南各地栽培。喜光，稍耐阴；喜温暖湿润，耐寒性颇强，耐干旱瘠薄；生长迅速，萌芽力强，耐修剪。

［园林用途］夏秋开花，花期长、花大而美，是优良的花灌木。园林中宜作花篱、绿篱用；也可丛植于草坪、林缘、池畔、庭园各处；抗污染，可用于工矿厂绿化与城市街道的分车带。

### 6. 小叶女贞 *Ligustrum quihoui*

［别名］小叶水蜡

［科属］木樨科女贞属

［形态特征］落叶灌木，高达 3m。小枝圆柱形。叶薄革质，披针形或椭圆形，先端尖、钝或微凹，基部楔形，叶缘反卷，两面无毛，下面常具腺点。圆锥花序顶生，紧缩，近圆柱形，花白色；花期 5~7 月（图 7-97）。

［分布与习性］产于我国华北、华东、华中、西南。喜光，稍耐阴；喜温暖湿润环境，耐寒、耐旱；对土壤适应性强；对各种有毒气体的抗性都强；萌芽力、萌蘖性强，耐修剪，移栽易成活。

［园林用途］适于整形修剪，常用作绿篱，也可修剪成长、方、圆等各种几何或非几何体，用于园林点缀；也可作花灌木栽培，丛植或孤植于水边、草地、林缘或对植在门前；也是优良的抗污染树种，适宜公路及厂矿企业绿化。

图7-97　小叶女贞

**7. 金叶女贞 *Ligustrum* ×*vicaryi***

［别名］英国女贞、金边女贞

［科属］木樨科女贞属

［形态特征］落叶灌木，高 2~3m。幼枝有短柔毛。叶革薄质，单叶对生；新叶金黄色，老叶黄绿色至绿色。总状花序，呈筒状白色小花。核果椭圆形，内含一粒种子，黑紫色（图 7-98）。

图7-98　金叶女贞

［分布与习性］为金边女贞与欧洲女贞的杂交种。现我国各地广为栽培。喜光，喜湿润；耐阴性较差，夏季强光下叶色特点鲜明，有较强适应性；栽植时选择通透性良好、疏松肥沃的砂壤土；病虫害少。

［园林用途］嫩叶金黄色，但需栽植于阳光充足处方可发挥其观叶的效果。适于整形修剪，常用作模纹图案材料，也可作绿篱。常用于绿地广场的组字，还可以用于小庭院装饰。

**8. 木芙蓉 *Hibiscus mutabilis***

［别名］酒醉芙蓉、芙蓉花

［科属］锦葵科木槿属

［形态特征］高达 5m。叶广卵形，掌状，常 5~7 裂，裂片三角形。花单生枝端叶腋，初开时白色或淡红色，后变深红色，花瓣近圆形；花期 8~10 月（图 7-99）。

［分布与习性］原产于我国湖南，常见栽培。喜光，稍耐阴；喜温暖湿润气候；喜肥沃湿润而排水良好的砂壤土；抗污染；萌蘖性强，生长迅速。

图7-99　木芙蓉

［园林用途］花大色艳，为我国久经栽培的园林观赏植物。最宜栽植于池畔、水滨；也可群植、丛植于庭园一隅、房屋周围、亭廊之侧。

**9. 锦绣杜鹃 *Rhododendron* × *pulchrum***

［别名］毛鹃、毛杜鹃、紫鹃、春鹃

［科属］杜鹃花科杜鹃属

图7-100　锦绣杜鹃

图7-101　蓝　莓

图7-102　八仙花

［形态特征］高 2~5m。叶椭圆形或椭圆披针形，先端钝尖，基部楔形。顶生伞形花序，有花 1~5 朵，花萼 5 裂，花冠漏斗状，有深紫红色斑点。蒴果长圆状卵圆形。花期 4~5 月（图 7-100）。

［分布与习性］分布于我国江苏、浙江、江西、福建、湖北、湖南、广东和广西。喜温暖、半阴、凉爽、湿润、通风的环境；怕烈日、高温；喜疏松、肥沃、富含腐殖质的偏酸性土壤，忌碱性和重黏土；需排水通畅，忌积水。

［园林用途］枝繁叶茂，花鲜艳夺目，耐修剪。最宜丛植于林缘、溪边、池畔及岩石旁，也可于疏林下散植，是花篱的良好材料。

**10. 蓝莓 *Vaccinium uliginosum***

［别名］笃斯越橘、笃斯、黑豆树

［科属］杜鹃花科越橘属

［形态特征］多分支，茎短而细瘦。叶散生，叶片纸质，顶端圆形，有时微凹，基部宽楔形或楔形，全缘，背面微被柔毛。总状花序，花下垂，花冠常呈坛形或铃形，白色或粉红色，1~3 朵着生于去年生枝顶叶腋。浆果近球形或椭圆形，成熟时蓝紫色，被白粉。花期 3~5 月，果期 7~8 月（图 7-101）。

［分布与习性］产于我国大兴安岭北部、吉林长白山。耐寒性强，喜湿润气候。

［园林用途］植株低矮、繁密，可植为地被；果实可实，口感酸甜。

**11. 八仙花 *Hydrangea macrophylla***

［别名］绣球、紫阳花

［科属］虎耳草科绣球属

［形态特征］高达 4m。枝圆柱形，粗壮。叶倒卵形或宽椭圆形，先端骤尖，具短尖头，基部钝圆或宽楔形。伞房状聚伞花序近球形，花密集，多数不育；不育花萼片 4，阔物卵形、近圆形或阔卵形，粉红色、蓝色或白色，可孕花极少数。花期 6~8 月（图 7-102）。

［分布与习性］我国长江以南各地庭园中常见栽培，华北南部可露地越冬。喜阴，喜温暖湿润气候；适生于湿润肥沃、排水良好而富含腐殖质土壤，花色因土壤酸碱度的变化而变化。

[ 园林用途 ] 生长茂盛，花序大而美丽。适于丛植于林下、水边、建筑物阴面、窗前、假山、山坡、草地各处；也是优良的花篱材料，常丛植于路边；也可作盆栽。

**12. 珍珠梅 *Sorbaria sorbifolia***

[ 别名 ] 东北珍珠梅、八本条、山高粱条子

[ 科属 ] 蔷薇科珍珠梅属

[ 形态特征 ] 枝条开展，小枝绿色，圆柱形，稍屈曲。小叶片 11~17 枚，连叶柄长 13~23cm，宽 10~13cm。顶生大型密集圆锥花序，花瓣白色，雄蕊 40~50，长为花瓣的 1.5~2 倍，生在花盘边缘。蓇葖果长圆形，无毛。花期 7~8 月（图 7-103）。

图7-103　珍珠梅

[ 分布与习性 ] 产于我国华北和西北。喜光又耐阴，耐寒，不择土壤；萌蘖性强，耐修剪，生长迅速。

[ 园林用途 ] 花叶清秀，花期长，是良好的庭园观赏花木，适合栽植于草坪边缘、水边、屋前、路旁，常孤植或丛植，也可用于背阴处绿化。叶片具有植物杀菌素，适合在结核病院、疗养院周围广泛种植。

**13. 贴梗海棠 *Chaenomeles speciosa***

[ 别名 ] 贴梗木瓜、皱皮木瓜、楙

[ 科属 ] 蔷薇科木瓜属

图7-104　贴梗海棠

[ 形态特征 ] 高达 2m。枝条直立，开展，有刺；小枝圆柱形，微屈曲，无毛，紫褐色或黑褐色。叶卵形至椭圆形，稀长椭圆形，具尖锐锯齿；托叶大，草质，边缘有尖锐重锯齿。花先叶开放，花瓣倒卵形或近圆形，猩红色，稀淡红色或白色。果实球形或卵球形，黄色或带黄绿色，味芳香。花期 3~5 月，果期 9~10 月（图 7-104）。

[ 分布与习性 ] 产于我国陕西、甘肃、四川、贵州、云南、广东。喜光，耐寒，对土壤要求不严，喜生于深厚肥沃的砂质土壤；不耐积水；耐修剪。

[ 园林用途 ] 早春先叶开花，鲜艳美丽，秋季硕果金黄，是优良的观花兼观果灌木。枝密多刺，是绿篱、花篱及基础栽植材料；适于草坪、庭园、树丛周围、池边丛植，也可盆栽。

**14. 野蔷薇 *Rosa multiflora***

[ 别名 ] 蔷薇、营实墙蘼、墙蘼、刺花

图7-105　野蔷薇

图7-106　棣　棠

图7-107　榆叶梅

［科属］蔷薇科蔷薇属

［形态特征］攀缘灌木。小枝圆柱形，通常无毛，有粗短稍弯曲皮刺。小叶片倒卵形、长圆形或卵形，边缘有尖锐单锯齿，稀混有重锯齿，上面无毛，下面有柔毛。花多朵，排成圆锥状花序，花瓣白色略带粉晕，宽倒卵形，先端微凹。果近球形，红褐色或紫褐色，有光泽（图 7-105）。

［分布与习性］我国黄河流域及其以南常见，常生于低山溪边、林缘和灌丛中。性强健，喜光，耐寒、耐旱、耐水湿；对土壤要求不严，在黏重土壤中也能生长。

［园林用途］优良垂直绿化材料，适用于篱垣和棚架造景，花开时节可形成花墙、花棚等，也可用于假山、坡地，或沿台坡边缘列植。

**15. 棣棠 *Kerria japonica***

［别名］土黄条、山吹

［科属］蔷薇科棣棠花属

［形态特征］高 1~2m。小枝绿色，圆柱形，无毛，常拱垂。单叶互生，三角状卵形或卵圆形，有尖锐重锯齿，先端长渐尖，基部圆形、截形或微心形；托叶膜质，带状披针形。单花，着生在当年生侧枝顶端，花瓣黄色，宽椭圆形，顶端下凹；花期 4~6 月（图 7-106）。

［分布与习性］产于我国陕西、甘肃和长江流域至华南、西南。喜温暖、半阴的湿润环境；萌蘖性强，耐修剪。

［园林用途］枝条嫩绿，叶形秀丽，花朵金黄，适宜丛植于墙隅、草坪、水畔、坡地、桥头、林缘、假山石隙，尤其适植于水滨栽植；也可植作花境、花篱。

**16. 榆叶梅 *Prunus triloba***

［别名］小桃红

［科属］蔷薇科李属

［形态特征］小枝无毛或微被毛。叶宽椭圆形至倒卵形，具粗重锯齿，先端尖或常 3 浅裂。花单生或两朵并生，先叶开放，粉红色，萼片卵形，有细锯齿。核果近球形熟时红色，密被柔毛，果肉薄，成熟时开裂。花期 4~5 月，果期 5~7 月（图 7-107）。

［分布与习性］产于我国东北、华北、华东等地，各地广植，朝鲜和俄罗斯也有分布。喜光，稍耐阴；耐寒，耐干旱；不耐水涝，对土壤要求不严，以中性至微碱性的砂质土壤为宜；根系发达，生长迅速。

［园林用途］丛植于屋前、墙角、路旁、坡地均适宜。若以常绿的松柏类或竹丛为背景，与开黄花的连翘、金钟花等相配置，起色彩调和之效。

**17. 紫荆 *Cercis chinensis***

［别名］老茎生花、紫珠、裸枝树、满条红

［科属］豆科紫荆属

［形态特征］高 2~5m。小枝灰白色。叶近圆形或三角状圆形，先端急尖，基部浅至深心形，叶缘膜质透明。花紫红色或粉红色，2~10 朵簇生于老枝和主干上，先叶开放。荚果。花期 3~4 月（图 7-108）。

［分布与习性］产于我国东南部，在我国广泛栽培。喜光，较耐寒，喜肥沃、排水良好的土壤；不耐积水，萌蘖性强，耐修剪。

［园林用途］是常见的早春花木，多植于庭园、屋旁，少数密林或石灰岩地区，也可栽植于草坪边缘、亭廊之侧，孤植或丛植，以常绿树丛或粉墙为背景效果更好。

图7-108 紫 荆

### 18. 胡枝子 *Lespedeza bicolor*

［别名］随军茶、萩、胡枝条、扫皮

［科属］豆科胡枝子属

［形态特征］高1~3m，多分支，小枝黄色或暗褐色，有条棱。小叶质薄，小叶卵状椭圆形至宽椭圆形，先端圆钝或凹，有芒尖，上面绿色，无毛，下面色淡，被疏柔毛，老时渐无毛。总状花序腋生，总梗比叶长；花红紫色。荚果斜倒卵形，稍扁（图7-109）。

［分布与习性］产于我国东北、华北、西北至华中等地；俄罗斯、朝鲜、日本也产。喜光，也稍耐阴；耐寒，耐干旱瘠薄，也耐水湿；根系发达，萌芽力强。

［园林用途］株丛茂盛，叶色鲜绿，花朵紫红繁密，适宜配置自然式园林中，可丛植于水边、山石间、坡地、林缘等处，也是优良的防护林下木树种和水土保持植物。

图7-109 胡枝子

### 19. 沙棘 *Hippophae rhamnoides*

［别名］醋柳、黄酸刺、酸刺柳、黑刺、酸刺

［科属］胡颓子科沙棘属

［形态特征］高1~5m。棘刺较多，粗壮，顶生或侧生。叶多数对生或近对生，狭披针形或矩圆状披针形，两端钝形或基部近圆形，基部最宽，背面密生银白色腺鳞，表面绿色。果球形或卵形，橙黄色或橘红色（图7-110）。

［分布与习性］产于我国河北、内蒙古、山西、陕西、甘肃、青海、四川西部，我国黄土高原地区极为普遍。对土壤适应性强，喜光，耐严寒和酷热；耐干旱瘠薄和风沙，耐盐碱；根系发达，萌蘖性强。

［园林用途］果色艳丽、枝繁叶茂且有枝刺，是优良的果篱材料。应用于园林中可增加自然山野

图7-110 沙 棘

图7-111　紫　薇

图7-112　结　香

气息；也是防风固沙、水土保持、改良土壤的优良树种，是干旱风沙地区进行绿化的先锋树种。

### 20. 紫薇 *Lagerstroemia indica*

［别名］无皮树、百日红、紫兰花、痒痒树

［科属］千屈菜科紫薇属

［形态特征］树皮光滑，灰色或灰褐色。枝干多扭曲，小枝具四棱，略呈翅状。叶互生或有时对生，纸质，椭圆形、宽长圆形或倒卵形，先端短尖或钝，基部宽楔形或近圆。花淡红、紫色或白色，常组成顶生圆锥花序；花期6~9月（图7-111）。

［分布与习性］原产于亚洲，以我国为分布和栽培中心。半阴生，喜温暖气候；喜肥沃湿润的土壤，不论钙质土或酸性土都生长良好，耐干旱，忌水涝；萌蘖性强，生长较慢。

［园林用途］树姿优美，树干光洁古朴，花期长，是著名花木。热带地区已广泛栽培为庭园观赏树，可作盆景；可修剪成乔木型，于庭园门口、堂前对植，路旁列植，或草坪、池畔丛植、孤植；也可修剪成灌木状，用于丛植赏花。

### 21. 结香 *Edgeworthia chrysantha*

［别名］三椏皮、三叉树、蒙花、雪里开

［科属］瑞香科结香属

［形态特征］枝粗壮柔软，三叉状，棕红色。叶长椭圆形至倒披针形，先端急尖，基部楔形并下延，表面疏生柔毛，背面被长硬毛；具短柄，在花前凋落。头状花序，黄色，芳香，无梗，花期3~5月；花冠状萼筒长瓶状，外被绢状长柔毛。果卵形（图7-112）。

［分布与习性］产于我国长江流域至西南地区，日本也常见栽培。喜半阴，喜温暖湿润气候，喜肥沃而排水良好的土壤，也颇耐寒；根肉质，不耐积水；萌蘖力强。

［园林用途］柔条长叶，姿态清雅，花多而成簇，芳香浓郁。适宜丛植于草地、水边、石间、墙隅、疏林下。由于枝条柔软可打结，常将其整形成各种形状。

### 22. 石榴 *Punica granatum*

［别名］若榴木、丹若、山力叶

［科属］石榴科石榴属

［形态特征］高 3~5m。枝顶常成尖锐长刺，幼枝具棱角，无毛；老枝近圆柱形。叶通常对生，长圆状披针形，先端短尖、钝尖或微凹，基部尖或稍钝。花瓣红色、白色或黄色，多皱。果近球形，红色或深黄色（图 7-113）。

［分布与习性］原产于巴尔干半岛至伊朗及其邻近地区，全世界的温带和热带都有种植；我国南北都有栽培，以江苏、河南等地种植面积较大。喜光，喜温暖气候；耐寒、耐旱，也耐瘠薄。

［园林用途］象征着子孙满堂、多子多孙，被视为吉祥植物，故多植于庭园。适合孤植、丛植于建筑附近、草坪、石间、水际、山坡，对植在门口、房前。也可作园路树；矮生品种可植为绿篱，或配置在山石间，还可盆栽观赏。

图7-113　石　榴

### 23. 红瑞木 *Cornus alba*

［别名］凉子木、红瑞山茱萸

［科属］山茱萸科山茱萸属

［形态特征］树皮紫红色。小枝血红色，幼时被灰白色短柔毛，后即秃净而被蜡状白粉；老枝散生灰白色圆形皮孔及略为突起的环形叶痕。叶对生，纸质，卵形或椭圆形，上面暗绿色，下面粉绿色，侧脉 4~5(6) 对，两面疏生柔毛。花小，黄白色。核果长圆形，微扁，乳白色或蓝白色。花期 6~7 月，果期 8~10 月（图 7-114）。

［分布与习性］产于我国东北、华北、西北至江浙一带。性强健，喜光，耐寒，喜湿润土壤，也耐旱。

［园林用途］园林中最适宜丛植于庭园、草地、建筑物前、树间；枝条终年红色，可与棣棠、梧桐、竹类等绿枝树种或常绿树种相配，得红绿相映之效；也可栽作自然式绿篱，赏其红枝与白果。红瑞木也是良好的切枝材料。

图7-114　红瑞木

### 24. 山麻杆 *Alchornea davidii*

［别名］红荷叶、狗尾巴树、桐花杆

［科属］大戟科山麻杆属

［形态特征］高 1~4m。丛生，茎直立而少分支，常紫红色；幼枝有茸毛，老枝光滑。叶薄纸质，宽卵形至圆形，顶端渐尖，基部心形，有粗齿。雄花密生为短穗状花序，雌花疏生成总状花

图7-115　山麻杆

图7-116 紫 珠

图7-117 连 翘

序。蒴果近球形，密生短柔毛（图 7-115）。

［分布与习性］分布于我国黄河流域以南至长江流域和西南地区。喜光，耐半阴；喜温暖气候，不耐严寒；对土壤要求不严，在酸性、中性和钙质土上均可生长；萌蘖力强，更新容易。

［园林用途］植株丛生，春季嫩叶呈胭脂红色或紫红色，艳丽可爱，观赏价值较高，适合丛植于坡地、路旁、水滨、山麓、假山、石间等处，可调和色彩，提升景观。

**25. 紫珠 *Callicarpa bodinieri***

［别名］爆竹紫、白木姜、漆大伯、珍珠枫

［科属］马鞭草科紫珠属

［形态特征］高约 2m。叶卵状长椭圆形或椭圆形，先端长渐尖至短尖，基部楔形，具细锯齿，上面被短柔毛，下面被星状茸毛。小枝、叶和花序均被粗糠状星状毛。果球形，熟时紫色。花期 6~7 月，果期 8~11 月（图 7-116）。

［分布与习性］产于我国华中、华东、华南及四川、云南、贵州，越南也有分布。喜温暖、湿润环境，较耐寒、耐阴，不耐涝，对土壤要求不严。

［园林用途］植株矮小，枝条细柔，果实色彩鲜艳，有光泽，是优良的观果灌木。适合作基础种植材料，或丛植于庭园、草地、假山、路旁、常绿树前。果枝可作切花。

**26. 连翘 *Forsythia suspensa***

［别名］毛连翘、黄花杆、黄寿丹

［科属］木樨科连翘属

［形态特征］枝开展或下垂，棕色、棕褐色或淡黄褐色；小枝土黄色或灰褐色，略呈四棱形，节间中空。叶通常为单叶，或 3 裂至三出复叶，上面深绿色，下面淡黄绿色，两面无毛。花通常单生或 2 至数朵着生于叶腋，先于叶开放，花冠黄色。蒴果卵球形、卵状椭圆形或长椭圆形。花期 3~4 月，果期 7~9 月（图 7-117）。

［分布与习性］产于我国河北、山西、陕西、山东、安徽西部、河南、湖北、四川，除华南地区外，其他各地均有栽培；日本也有栽培。喜光，稍耐阴；耐寒，耐干旱；耐瘠薄，对土壤要求不严。

［园林用途］枝条拱形开展，花色金黄，是北方常见的优良早春观花树种。宜丛植于草坪，或于角隅、路缘或转角等处作基础种植，或作花篱。

**27. 金钟花 *Forsythia viridissima***

［别名］黄金条、迎春条

［科属］木樨科连翘属

［形态特征］全株除花萼裂片边缘具睫毛外，余无毛。小枝具片状髓。叶片长椭圆形至披针形，先端锐尖，基部楔形，上部常具不规则锐齿或粗齿，稀近全缘，两面无毛。花常 1~3 朵生于叶腋，先叶开花，花冠深黄色，裂片狭长圆形至长圆形，反卷；花期 3~4 月（图 7-118）。

［分布与习性］除华南地区外，全国各地均有栽培，尤以长江流域一带栽培较为普遍。喜光，耐半阴，耐旱，耐寒，忌湿涝。

［园林用途］花色美丽，花枝挺直，园林中适宜丛植于草坪或植为花篱，也可作基础种植材料。成片种植可形成黄色的花海，营造出壮丽的春景。

**28. 迎春花 *Jasminum nudiflorum***

［别名］迎春

［科属］木樨科素馨属

［形态特征］枝条下垂，光滑无毛，小枝四棱形，棱上多少具窄翼。叶对生，三出复叶，小枝基部常具单叶；小叶先端锐尖或钝，具短尖头，基部楔形。花单生于去年生小枝叶腋，花冠黄色；花期 2~4月（图 7-119）。

［分布与习性］我国及世界各地普遍栽培。较耐寒，喜阳光，耐旱但不耐涝。

［园林用途］迎春花枝条披垂，花色金黄，叶丛翠绿。在园林绿化中多用作布置花坛，是重要的早春花木，宜配置于湖边、溪畔、桥头、墙隅、草坪、林缘、坡地，房屋周围也可栽植。

**29. 大花六道木 *Abelia × grandiflora***

［别名］大花糯米条

［科属］忍冬科六道木属

［形态特征］老枝具 6 条沟棱，幼枝被刺毛。

图7-118 金钟花

图7-119 迎春花

图7-120 大花六道木

叶全缘或中部以上羽状浅裂而具1~4对粗齿，上面深绿色，下面绿白色，两面疏被柔毛，脉上密被长柔毛，边缘有睫毛。花单生于小枝上叶腋，无总花梗，花冠白色、淡黄色或带浅红色，狭漏斗形或高脚碟形，外面被短柔毛。瘦果状核果，具硬毛。早春开花，8~9月结果（图7-120）。

［分布与习性］产于我国辽宁、山西、河北等地。耐阴，耐寒，喜湿润土壤，生长缓慢。

［园林用途］叶秀花美，可配置于林下、石隙及岩石园中，也可栽植在建筑背阴面。

# 7.3 藤本类

## 7.3.1 概述

### 7.3.1.1 藤本的概念

藤本植物是指茎自身不能直立，必须依附他物生长的一类植物。狭义的藤本植物，专指茎细长，依靠自身功能作用或特殊构造，攀附他物向上伸展的植物，有茎缠绕和茎攀缘两种生长类型；广义的藤本植物，除了缠绕、攀缘的生长类型外，还包括匍匐、披散和垂吊等类型。本教材采用的是广义概念。

### 7.3.1.2 藤本的分类

**（1）按攀缘习性分类**

①缠绕类　依靠自身缠绕支持物而向上延伸生长的藤本类型，如紫藤、中华猕猴桃、常春油麻藤等。

②卷须类　依靠特殊的变态器官——卷须而攀缘的藤本类型。如具有茎卷须的葡萄，具有叶卷须的炮仗花、须叶藤等。

③吸附类　具有气生根或吸盘，依靠吸附作用而攀缘的藤本类型，如具有吸盘的地锦、五叶地锦，具有气生根的扶芳藤、薜荔等。

④藤蔓类　此类植物虽然没有特别突出的攀缘器官，但能发挥其茎细、蔓长的生长习性，匍匐、垂吊或攀挂伸长，如地果、千叶兰、软枝黄蝉等。

**（2）按茎的结构分类**

①木质藤本　藤本植物中茎为木质化的类型，其茎较粗大，如鸡血藤、葡萄等。

②草质藤本　藤本植物中茎为草质化的类型，其茎长而细小，草质柔软，如牵牛、茑萝等。

## 7.3.2 园林应用类型与价值

### 7.3.2.1 应用类型

依据藤本植物特殊的生长方式，在园林中有着广泛的应用，能够起到其他种类植物无法实现的作用。藤本植物在园林中的应用方式主要分为以下几类。

**（1）墙面绿化**

在建筑外面若搭配以软质景观藤本植物进行垂直绿化，既可增添一抹绿意，使其富有生机，又可有效遮挡夏季阳光直射，降低建筑物的温度，增添凉意。在旧墙面配置藤本植物，可以遮陋透新，使之与周围的环境和谐统一，又能提高绿化覆盖率、美化环境（图7-121）。墙面绿化可分为传统型墙面绿化和新型墙面绿化，前者在中西方园林发展中都具有悠久的历史，它主要依靠藤蔓植物的吸附特性使其在墙面上攀附、在墙体前面设置网状物或栅栏，使植物缠绕其上，这种形式主要选择藤本植物，也是目前我国使用最广泛的垂直绿化类型。新型垂直绿化主要利用支撑构架和人工种植基盘固定植物，突破了传统技术的仅依赖植物攀爬特性所形成的立面绿化效果限制，是一个具有完整的结构体系的绿化系统，通常有精细的灌溉系统作为支撑，更多应用观赏小灌木及草本种类，一些小型藤本植物也有选用。

**（2）构架绿化**

把各种攀缘植物种植在花架或者拱门、长廊、栅栏等两侧或亭的四周，使植物攀附上覆盖门、廊及亭，形成绿门、绿廊、绿亭、花架、灯柱等独立景观，既可以赏花观果，又提供了纳凉休憩的场所；既美化环境，又改善生态。在园林绿化工程中，构架绿化需要结合构架的具体结构形式与材料特性，选择不同的藤本植物，从而取得最佳

图7-121 墙面绿化

图7-122 构架绿化

图7-123 地面护坡绿化

图7-124 屋面绿化

的展示效果（图 7-122）。

**（3）立交桥绿化**

利用攀缘植物对立交桥、高架道路、轨道交通等城市交通基础设施进行有效遮蔽，或者通过架设金属网架对桥柱进行包裹后，种植蔷薇进行绿化等，可以降低桥下空间的呆板感、粗糙感和压抑感。这些植物的显著优点是绿化面积大，覆盖率高，生长过程中产生的垂直效果可增强绿化的立体感，也可以消除和减轻驾驶员的视觉疲劳。

**（4）地面护坡绿化**

利用庞大、牢固的藤本植物覆盖地面，可以起到保持水土的作用；在公路、河道护坡上用藤本植物取代草坪，不仅可以降低施工难度，也可以降低管理成本，保绿时间长，护坡能力强（图 7-123）。多数藤本植物生物量大，枝叶丰厚，地面覆盖率较好，可减少雨水冲击，减少水土流失。我国近几年在边坡水土保持工程中大量应用藤本植物，解决了多年来边坡生态治理及水土保持工程中出现的诸多难题，地锦、野葛、栝楼、杠柳、蝙蝠葛 5 种攀缘植物在北方水土保持生态修复中的应用价值较高。

**（5）屋面绿化**

利用某些藤本植物耐热耐瘠薄的特点进行屋面绿化，也能达到很好的绿化效果。屋面绿化在具体布局上，应视楼房高度、承重力等条件而定，可采用悬挂式和花园式绿化等多种形式。悬挂式绿化对楼顶承重能力无特殊要求，适用于楼层较低的建筑物。在楼顶四周及承重墙上修建种植槽，栽种五叶地锦及迎春花、蔷薇等拱垂植物，使其向下悬垂或覆盖楼顶（图 7-124）。花园式屋面绿

图7-125　山石、假山绿化

图7-126　盆栽观赏

化则要求楼顶承重能力不小于400kg/m$^2$，种植层厚度可达30~50cm，除了种植草坪、花卉、花灌木外，花架植物材料还可选用葡萄、紫藤、藤本月季、凌霄、叶子花等藤本植物。

**（6）山石、假山绿化**

在自然山石或假山石的局部，用藤本植物加以点缀，造景手法应遵循“山借树为衣，树借山为骨，树不能多，见山之美”的原则，能够对山石原本冷硬的线条进行柔化，亦能表现自然野趣，使之生机盎然，同时还能起到遮盖山石局部丑陋缺陷的作用（图7-125）。

**（7）盆栽观赏**

可以利用种植槽、种植盆等种植容器，栽培体量轻巧的垂吊型藤本植物，如茑萝、牵牛、千叶兰等，供室内欣赏，点缀居住空间，同时也能起到改善居住空间环境的生态作用（图7-126）。

### 7.3.2.2　应用价值

**（1）观赏价值**

在自然界众多的植物中，藤本植物独特的观赏价值除了自身的自然属性外，更得益于其较强的可塑性。藤本植物按观赏部位不同大致可以分为观花、观叶、观果、观茎四大类，每一类都能给人带来不一样的审美体验。观花藤本植物以其花型和花色为主要观赏对象，在气候适宜的条件下，一年四季几乎都有应季的藤本植物开花，以供人们欣赏，如紫藤、凌霄；观叶藤本植物以其叶型和叶色为主要观赏对象，以叶大或形状奇特，叶色随季节变化为观赏点，如地锦；观果藤本植物以其果型和果色为主要观赏对象，以日常生活中的可食蔬菜、水果最为常见，具有较高的经济价值，如葡萄、葫芦；观茎藤本植物以其奇特的茎为主要观赏对象，给人以新奇和思考，如扁担藤。

**（2）生态价值**

藤本植物因其独特的生长方式独具可塑性，能够充分利用有限的空间，实现更大面积的绿化覆盖。其生态价值主要体现在释氧固碳、降温增湿、杀菌滞尘、水土保持、降低噪声等方面。相关研究表明，凌霄可使周围1000m$^3$的空气温度平均下降0.65℃，地锦可使周围1000m$^3$的空气温度平均下降0.64℃，紫藤可使周围1000m$^3$的空气温度平均下降0.32℃。在污染较重的绿地中，木香单位叶面积年滞尘量和单位绿化面积年滞尘量分别为51.85g/m$^2$、220.36g/m$^2$。此外，在工程实践中发现，在对裸露边坡进行绿化时选择藤本植物既能防止水土流失，又能有效减少灌溉的次数，与种植冷季型草种和野牛草、狗牙草等耐寒草坪相比，地锦可节约用水分别为80%和60%。

**（3）文化价值**

自古以来，藤本植物常作为精神寄托和艺术创作的代表物，在很多艺术作品中均能看到藤本植物的身影。藤本植物作为精神寄托和意境营造往往存在喻意之中，“枯木逢春”即为其中一例。在造园时运用干枯的树木骨架作为依附物，使藤本植物攀缘并向上生长，形成枯木到了春天又焕发生机的景象，形象地表达了“枯木逢春”的含意，进而引发人们的情感共鸣，其不畏艰难、勇敢向上攀爬的生长特点常用来喻指顽强的生命力和奋斗不息的进取精神。

### 7.3.3 常见园林藤本

**1. 绣球藤 *Clematis montana***

［别名］柴木通、日花木通、淮木通

［科属］毛茛科铁线莲属

［形态特征］木质藤本。枝被短柔毛或脱落无毛，具纵沟。三出复叶；小叶纸质，卵形、菱状卵形或椭圆形，长2~7cm，先端渐尖，基部宽楔形或圆，疏生牙齿，两面疏被短柔毛；叶柄长3~10cm。花2~4与数叶自老枝腋芽生出，径3~5cm；花梗长3~10cm；萼片4，白色，稀带粉红色，开展，倒卵形，疏被平伏短柔毛；花期4-6月。瘦果卵圆形，棕红色，长4~5mm，无毛，宿存花柱长2.5~4cm，羽毛状（图7-127）。

［分布与习性］产于中国西南部、河南西部、湖北西部、湖南、广西北部、江西、福建北部、台湾、安徽南部等地。生于山坡、山谷灌丛中、林边或沟旁。喜温暖、湿润、凉爽，须荫蔽，怕强光、怕酷热。

［园林用途］花大而美丽，叶色油绿，可作观赏树种，是优美的垂直绿化材料，适宜点缀园墙、凉亭、门廊等，极为优雅别致。

**2. 三叶木通 *Akebia trifoliata***

［别名］香蜜果、中华圣果、阴阳果、活血藤

［科属］木通科木通属

［形态特征］落叶木质藤本。掌状复叶互生或在短枝上簇生，小叶3片，纸质或薄革质，卵形至阔卵形，基部截平或圆形，边缘具波状齿或浅裂，上面深绿色，下面浅绿色。叶柄直，长7~11cm。总状花序自短枝上簇生叶中抽出；雄花淡紫色，雌花红褐色。果长圆形，成熟时灰白略带淡紫色。种子种皮红褐色或黑褐色。花期4~5月，果期7~8月（图7-128）。

［分布与习性］产于我国河北、山西、山东、河南、陕西南部、甘肃东南部至长江流域各地；日本也有分布。常生于低海拔山坡林下草丛中，喜阴湿，较耐寒，在微酸性、多腐殖质的黄壤土中生长良好，也适应中性土壤。

［园林用途］茎蔓缠绕、柔美多姿，花肉质紫色，三五成簇，花期持久，春夏观花，秋季赏果，是优良的垂直绿化材料。

图7-127 绣球藤

图7-128 三叶木通

**3. 薜荔 *Ficus pumila***

［别名］广东王不留行、木馒头、凉粉果

［科属］桑科榕属

［形态特征］常绿攀缘藤本或匍匐灌木。叶二型，营养枝节上生不定根，叶薄革质，卵状心形，先端渐尖，基部歪斜，近无柄；花序枝上的叶大而厚，革质，花序枝上无不定根，叶大而厚，革质，先端急尖或钝形，基部圆或浅心形，全缘，上面无毛，下面被黄褐色柔毛。花序托（隐花果）单

图7-129　薜　荔

图7-130　光叶子花

生叶腋，梨形或倒卵形，成熟时黄绿色或微带红色，富含淀粉。花期4~5月，果期9~10月（图7-129）。

［分布与习性］产于我国河南、陕西、华东、华南至西南等地；日本和越南亦有分布。性强健，生长迅速；耐阴，喜温暖湿润气候，耐旱，对土壤要求不严，但以酸性土为佳。

［园林用途］气生根发达，具有很强的攀缘能力。在园林中，适于假山、石壁、墙垣、楼房等的绿化，也能用于水边驳岸的点缀；是优良的林下地被。瘦果可作凉粉，藤叶药用。

### 4. 光叶子花 *Bougainvillea glabra*

［别名］三角梅、小叶九重葛、簕杜鹃、宝巾

［科属］紫茉莉科叶子花属

［形态特征］木质藤本状灌木。刺腋生、下弯。叶片椭圆形或卵形，基部圆形，有柄。花序腋生或顶生，苞片椭圆状卵形，基部圆形至心形，暗红色或淡紫红色；花小，位于苞片之中，白色、黄色或黄绿色，三朵聚生；花期长（图7-130）。

［分布与习性］原产于热带美洲。性喜温暖、湿润气候和阳光充足的环境。不耐寒，耐干旱，耐修剪，生长势强，喜水但忌积水。要求充足光照，长江流域及以北地区均盆栽养护。对土壤要求不严，但在肥沃、疏松、排水良好的砂质土壤中生长旺盛。

［园林用途］树势强健，花形奇特，色彩艳丽，缤纷多彩，花开时节格外鲜艳夺目。在我国南方常用于庭园绿化，用作花篱、棚架植物，配置花坛、花带，也可作切花。

### 5. 何首乌 *Pleuropterus multiflorus*

［别名］夜交藤、紫乌藤、多花蓼

［科属］蓼科何首乌属

［形态特征］多年生草本。块根肥厚，长椭圆形，黑褐色。茎缠绕，多分支，具纵棱，下部木质化。叶卵形或长卵形，顶端渐尖，基部心形或近心形，边缘全缘。花序圆锥状，顶生或腋生；苞片三角状卵形，顶端尖；花梗细弱，花被5深裂，白色或淡绿色，花被片椭圆形，大小不相等。瘦

果卵形，黑褐色（图 7-131）。

［分布与习性］产于我国陕西南部、甘肃南部、华东、华中、华南、四川、云南及贵州。喜阳耐半阴，好湿畏涝，能适应干燥环境生长，对气候和环境有极强的适应能力。

［园林用途］可应用于园林中作地被和垂直绿化，也可作为盆栽垂吊植物用于室内观赏和制作中、小型特色盆景。

图7-131 何首乌

**6. 中华猕猴桃 *Actinidia chinensis***

［别名］羊桃藤、羊桃、阳桃

［科属］猕猴桃科猕猴桃属

［形态特征］落叶藤本。幼枝密生灰棕色柔毛，老时渐脱落；髓白色，片隔状。叶圆形、卵圆形或倒卵形，先端突尖、微凹或平截，叶缘有刺毛状细齿，上面暗绿色，沿脉疏生毛，下面密生绒毛。雌雄异株，聚伞花序 1~3 朵花；花乳白色，后变黄色。浆果椭球形或近圆形。花期 4~6 月，果期 8~10 月（图 7-132）。

［分布与习性］广布于长江流域及其以南各地，北达陕西、河南。喜阳光，略耐阴；喜温暖气候，也有一定耐寒能力，喜深厚肥沃湿润而排水良好的土壤。主侧根发达，萌芽力强，耐修剪。

［园林用途］优良的庭院观赏植物和果树，在造景中，既可作棚架、绿廊的攀缘材料，又可模仿自然状态下猕猴桃的生长状态，植于疏林中，让其自然攀附树木。

图7-132 中华猕猴桃

**7. 木香 *Rosa banksiae***

［别名］七里香、木香花、木香藤

［科属］蔷薇科蔷薇属

［形态特征］攀缘小灌木。小枝圆柱形，有短小皮刺；老枝皮刺较大，坚硬。小叶 3~5，椭圆状卵形或长圆状披针形，有紧贴细锯齿，下面淡绿色。花瓣 5，半重瓣，重瓣，白色或黄色，多朵成伞形花序；花期 4~5 月（图 7-133）。

［分布与习性］原产于我国，分布于长江流域以南，华北南部至华南、西南均有栽培。喜温暖和阳光充足的环境，幼树畏寒；喜排水良好的砂质土壤，不耐积水和盐碱；萌芽力强，耐修剪。

［园林用途］著名观赏植物，常栽培供攀缘棚

图7-133 木 香

图7-134 紫 藤

图7-135 常春油麻藤

架之用。藤蔓细长，或白花如雪，在庭园中广泛应用。适于花架、花格、绿门、花亭、拱门、墙垣的垂直绿化，也可丛植于池畔、假山石旁。

**8. 紫藤 *Wisteria sinensis***

［别名］紫藤萝

［科属］豆科紫藤属

［形态特征］落叶大藤本，茎粗壮，左旋，高达 18~30m。嫩枝被白色柔毛，后秃净。奇数羽状复叶长 15~25cm；小叶 3~6 对，纸质，卵状披针形，上部小叶较大，基部一对最小，幼叶密生平贴白色细毛，后变无毛。总状花序发自去年短枝的腋芽或顶芽，花紫色或紫红色，芳香，旗瓣反折，龙骨瓣较翼瓣短。荚果扁，木质，密生茸毛。花期 4~5 月，果期 5~8 月（图 7-134）。

［分布与习性］产于我国河北以南黄河长江流域及陕西、河南、广西、贵州、云南。喜光，略耐阴，较耐寒；较耐干旱瘠薄和水湿；喜深厚肥沃而排水良好的土壤；主根发达，侧根较少，不耐移植；对 $SO_2$ 等多种有毒气体抗性强。

［园林用途］著名的凉廊和棚架绿化材料，庇荫效果好，先叶开花，紫穗满垂缀以稀疏嫩叶，十分优美。紫藤作棚架和凉廊造景时，需要选用坚实耐久的材料搭制；还可以用于装饰枯死的古树。

**9. 常春油麻藤 *Mucuna sempervirens***

［别名］棉麻藤、牛马藤、常绿油麻藤

［科属］豆科黧豆属

［形态特征］常绿木质藤本，茎蔓长可达 25m。羽状复叶具 3 小叶。小叶纸质或革质，顶生小叶椭圆形或卵状椭圆形，先端渐尖，基部近楔形，侧生小叶极偏斜。总状花序生于老茎，无香气或有臭味，花冠深紫色。果木质，带形。种子间缢缩，近念珠状。花期 4~5 月，果期 8~10 月（图 7-135）。

［分布与习性］产于我国华东、华中至西南；日本也有分布。喜光，稍耐阴；耐干旱瘠薄，常生于石灰岩山地；较耐寒。

［园林用途］四季常绿，花朵鲜艳美观，有老茎生花现象，这在亚热带地区较为奇特，为重要的垂直绿化材料，适宜攀附花架、绿廊、拱门、棚架。

### 10. 扶芳藤 *Euonymus fortunei*

［别名］爬行卫矛、胶东卫矛、文县卫矛

［科属］卫矛科卫矛属

［形态特征］常绿藤本状灌木，高约1m至数米。枝具气生根。叶对生，薄革质，椭圆形或长倒卵形，基部楔形，边缘齿浅不明显。聚伞花序3~4次分支，花4数，白绿色。蒴果近球形，熟时粉红色。种子长方椭圆状，棕褐色，假种皮鲜红色，全包种子。花期6月，果期10月（图7-136）。

图7-136　扶芳藤

［分布与习性］产于我国江苏、浙江、安徽、江西、湖北、湖南、四川等地。耐阴，也可在全光下生长；喜温暖湿润，也耐干旱瘠薄；较耐寒，在北京、河北等地可露地越冬，对土壤要求不严。

［园林用途］生长迅速，枝叶繁茂，气生根发达，吸附能力强，适宜配置假山、石壁、墙面、栅栏、灯柱、树干、驳岸等，是优良的地被和护坡植物，也可用于垂直绿化。

### 11. 南蛇藤 *Celastrus orbiculatus*

［别名］南蛇风、大南蛇、金银柳、金红树

［科属］卫矛科南蛇藤属

［形态特征］落叶藤本，缠绕性茎长达12m。小枝无毛。叶先端圆阔，具有小尖头或短渐尖，基部阔楔形到近钝圆形，边缘具锯齿。聚伞花序腋生，间有顶生，花序长1~3cm，花小，黄绿色。蒴果近球形，棕黄色。种子白色，有红色肉质假种皮。花期5~6月，果期7~10月（图7-137）。

图7-137　南蛇藤

［分布与习性］产于我国东北、华北、西北至长江流域各地；日本和朝鲜也有分布。性强健，喜光，耐半阴，耐寒，对土壤要求不严。

［园林用途］叶片经霜变红，黄色果实开裂后露出鲜红色的假种皮，颇具观赏性。在园林中可攀附在花棚、绿廊或缠绕老树，也适宜丛植于湖畔、溪边、坡地、林缘及假山、石隙等处。

### 12. 地锦 *Parthenocissus tricuspidata*

［别名］爬墙虎、爬山虎、土鼓藤、红葡萄藤

［科属］葡萄科地锦属

［形态特征］木质落叶藤本。小枝无毛或嫩时被极稀疏柔毛，具5~9短分支卷须，相隔两节间与叶对生；卷须顶端膨大成吸盘。单叶，倒卵

图7-138　地　锦

圆形，基部心形，通常3裂，叶缘有粗锯齿。花序着生在短枝上，基部分支，形成多歧聚伞花序，花淡黄绿色。浆果球形，熟时蓝黑色，被白粉。花期5~8月，果期9~10月（图7-138）。

［分布与习性］产于我国吉林、辽宁、河北、河南、山东、安徽、江苏、浙江、福建、台湾；日本、朝鲜亦有分布。性强健，耐阴，也可在全光下生长；耐寒性强；耐干旱贫瘠，耐修剪；对土壤适应能力强；生长迅速，抗污染，尤其对 $Cl_2$ 抗性强。

［园林用途］枝繁叶茂，入秋叶片红艳，极为美丽。适于附壁式的造景方式，广泛应用于建筑墙面、石壁、栅栏、桥畔、假山、枯树和高速路边坡等，既可美化环境，又能阻滞尘埃，减少噪声，因其对 $SO_2$、$Cl_2$ 等有害气体的抗性较强，也宜作工矿区的垂直绿化和地面覆盖材料。

### 13. 常春藤 *Hedera nepalensis* var. *sinensis*

［别名］爬崖藤、狗姆蛇、三角藤、牛一枫

［科属］五加科常春藤属

［形态特征］常绿攀缘灌木。茎灰棕色或黑棕色，有气生根。叶片革质，在不育枝上通常为三角状卵形或三角状长圆形，稀三角形或箭形，先端渐尖，基部截形，边缘全缘或1~3裂，上面深绿色，有光泽，下面淡绿色或淡黄绿色。伞形花序顶生，或2~7个总状排列或伞房状排列成圆锥花序，总花梗长1~3.5cm，花淡黄白色或淡绿白色，芳香。果实球形，红色或黄色。花期9~11月，果期翌年3~5月（图7-139）。

图7-139　常春藤

［分布与习性］分布区域广，北自我国甘肃东南部、陕西南部、河南、山东，南至广东（海南省除外）、江西、福建，西自西藏波密，东至江苏、浙江的广泛区域内均有分布。极耐阴，可植于林下；喜温暖湿润，较耐寒，对土壤和水分要求不严，最适中性或酸性土壤；萌芽力强，抗 $SO_2$ 和氟化物污染。

［园林用途］四季常青，生长迅速，攀缘能力强，可用于岩石、假山或墙壁的垂直绿化；耐阴性强，可用于庇荫环境，也可作林下地被。

### 14. 蔓长春花 *Vinca major*

［别名］长春蔓、攀缠长春花

［科属］夹竹桃科蔓长春花属

［形态特征］蔓性半灌木，茎偃卧，花茎直立。叶椭圆形对生，先端急尖，基部下延；侧脉约4对。花单朵腋生；花冠蓝色，冠筒漏斗状；花期3~5月（图7-140）。

［分布与习性］原产于欧洲；我国江苏、浙江和台湾等地栽培。喜温暖湿润的环境，较耐寒，喜半阴环境。

［园林用途］四季常绿，有较强的生命力，是一种理想的地被植物，且其花色绚丽，叶形独特，有较高的观赏价值。

### 15. 络石 *Trachelospermum jasminoides*

［别名］万字茉莉、络石藤、风车藤、石血

［科属］夹竹桃科络石属

［形态特征］常绿木质藤本，长达10m。茎赤褐色；小枝被黄色短柔毛，老时无毛。叶革质，卵形、倒卵形或窄椭圆形，叶面无毛，叶背疏被短柔毛，老渐无毛。二歧聚伞花序腋生或顶生，花萼筒状，5深裂，顶部反卷，外面被有长柔毛及缘毛；花冠白色，芳香，顶端裂片偏斜呈螺旋状排

列。蓇葖果双生，叉开。花期3~7月，果期7~12月（图7-141）。

［分布与习性］在我国山东、安徽、江苏、浙江、福建、台湾、湖南、云南、贵州、四川等地均有分布；日本、朝鲜和越南亦有分布。喜光，耐半阴；喜温暖湿润气候，具有一定耐寒性；对土壤要求不严，耐干旱；萌蘖性强，抗海风；对$SO_2$、$O_2$、HCl、氟化物等有害气体及汽车尾气等光化学烟雾有较强抗性，吸滞粉尘能力强，可净化空气。

［园林用途］叶片浓绿光亮，花朵白色芳香，花冠如风车，有很强的观赏效果。适合配置枯树、假山、墙垣，是优良的垂直绿化植物，也是良好的林下地被。

### 16. 软枝黄蝉 *Allamanda cathartica*

［别名］黄莺、小黄蝉、泻黄蝉、软枝花蝉

［科属］夹竹桃科黄蝉属

［形态特征］藤状灌木，长达4m，高3~5m。枝条软，弯垂。叶对生或3~5轮生，或有时对生或枝条上部互生，倒卵形、狭倒卵形或矩圆状长椭圆形至倒披针形。蒴果球形，具长达1cm的刺。花期春夏（图7-142）。

［分布与习性］原产于巴西；我国华南地区广泛栽培。喜光，喜暖热气候及湿润土壤，不耐寒（最低温度13~15℃）。

［园林用途］美丽的庭园观赏植物，也可作为盆栽及屋顶花园材料，花期春夏两季，花大而美丽，可配置花架、阴棚等，也可植于水边、坡地造景。

### 17. 炮仗花 *Pyrostegia venusta*

［别名］黄鳝藤、鞭炮花

［科属］紫葳科炮仗藤属

［形态特征］常绿藤木。茎粗壮，有棱；小枝顶端具三叉丝状卷须。叶对生，小叶2~3枚，卵状至卵状长椭圆形，全缘，背面有穴状腺体。圆锥状聚伞花序；花萼钟状，花冠橙红色，筒状，稍呈二唇形；裂片端钝，外反卷。果瓣革质，舟状，种子多列，具膜质翅。花期1~6月（图7-143）。

［分布与习性］原产于南美洲巴西，现全世界温暖地区常见栽培；中国海南、华南、云南南部、厦门等地有栽培。喜温暖湿润气候，不耐寒。

图7-140 蔓长春花

图7-141 络 石

图7-142 软枝黄蝉

图7-143　炮仗花

图7-144　凌　霄

图7-145　忍　冬

［园林用途］花期甚长，花朵橙红茂密，累累成串，为美丽的观花藤本和优良的垂直绿化材料，多植于庭园建筑物四周，也可依附棚架、凉廊和墙垣生长，形成花廊、花墙。

**18. 凌霄 *Campsis grandiflora***

［别名］九龙下海、接骨丹、堕胎花

［科属］紫葳科凌霄属

［形态特征］落叶木质藤本。以气生根攀附于他物之上。树皮灰褐色，细条状脱落。奇数羽状复叶，小叶 7~9 枚，卵形或卵状披针形，先端尾状渐尖，基部宽楔形，不对称，两面无毛，边缘有粗锯齿。顶生圆锥花序，花萼钟状，分裂至中部；花冠长约 5cm，内面鲜红色，外面橙黄色。蒴果扁平条形，状如豆荚。花期 5~8 月，果期 10 月（图 7-144）。

［分布与习性］产于我国长江流域各地，以及河北、山东、河南、福建、广西等地；日本、越南、印度和巴基斯坦均有分布。性强健，喜光，稍耐阴；喜温暖湿润气候，耐寒性较差；对土壤要求不严，耐碱，耐旱，忌积水，适生于肥沃湿润、排水良好的微酸性、中性土壤；萌蘖力强。

［园林用途］干枝虬曲多姿，枝叶茂盛，花大色艳，花期长，具有很强的观赏效果。可依附老树、石壁、墙垣攀缘；花期夏季，是棚架、凉廊、花门及各种篱垣的良好造景材料，也可植于墙垣和假山石隙。

**19. 忍冬 *Lonicera japonica***

［别名］金银花、鸳鸯藤、老翁须

［科属］忍冬科忍冬属

［形态特征］半常绿藤本。幼枝暗红褐色，密被黄褐色粗毛及腺毛。叶纸质，基部圆或近心形，有糙缘毛，上面深绿色，下面淡绿色；小枝上部叶通常两面均密被短糙毛，下部叶常平滑无毛。花冠二唇形，上唇具 4 裂片，下唇带状而反卷，花冠筒稍长于唇瓣；初开白色，后变黄色，芳香；花期 4~6 月（图 7-145）。

［分布与习性］除黑龙江、内蒙古、宁夏、青海、新疆、海南和西藏无自然生长外，我国各地均产；日本和朝鲜也有分布，在北美洲为杂草。适应性强，喜光，稍耐阴；喜干燥气候，耐寒性强，

耐旱耐水湿；对土壤要求不严，除重度盐碱土外均能生长，最宜生长在湿润肥沃而深厚的砂壤土中；根系发达，萌蘖性强。

[园林用途] 植株轻盈，藤蔓细长，花朵繁密，是一种观赏价值较高的优良垂直绿化植物。可用于竹篱、栅栏、绿亭、绿廊、花架等各项设施绿化；或攀附山石，用作林下地被；也是优良的盆景材料。

## 7.4 棕榈类

### 7.4.1 概述

**(1) 棕榈类植物的定义**

棕榈类植物（以下简称棕榈类）为常绿性，有乔木、灌木，也有少量藤本。由于其生物学特性和生态习性、繁殖栽培方式比较特殊，与其他园林植物不同，所以通常列为一类，如槟榔、蒲葵等。

**(2) 棕榈类的分类**

棕榈类根据叶分裂方式的不同，可分为扇叶类、羽叶类。

①扇叶类　叶掌状分裂，全形似扇。其中，乔木有棕榈、蒲葵等，灌木有棕竹等。

②羽叶类　叶羽状分裂如羽毛状，种类比扇叶类更多，其中，乔木有椰子、鱼尾葵、槟榔、王棕、假槟榔等，灌木有山槟榔等，藤本有黄藤等。

### 7.4.2 园林应用

棕榈类树形多样独特，具有南国风光特色，其抗性较强，落叶少，易管理。高大树种高逾10m，树形高大雄伟，叶形美观，可作为主景树；有些树种茎干丛生，宜作配景树种；对于一些低矮的种类，株形秀丽，常作盆栽观赏。

棕榈类的应用方式可以概括为室外观赏和室内装饰两类。

①园林绿化观赏　棕榈类的室外观赏可分为露地栽培观赏和盆栽摆放观赏。露地栽培主要采取的手法为列植、孤植及群植，广泛栽植于广场、道路、厂区、公园等空旷地带，展现通直的线条感（图7-146），有异于其他植物种类的观赏效果。盆栽摆放则常应用在特定建筑物入口、主干道两侧以及广场、公园等的主入口处，也可应用在庭园中观赏。

②室内装饰　棕榈类在室内应用主要是盆栽形式，能够装饰客厅、书房、卧室等，稍大型的盆栽种类可以放置于楼梯拐角装饰。同时在火车站、机场等空间较大的公共室内空间中，棕榈类也发挥着不可或缺的作用。充分利用室内空间，发挥棕榈类直立的特性，绿化美化居室环境，创造温馨舒适的生活空间（图7-147）。

图7-146　棕榈类植物用于道路绿化（棕榈）

图7-147　棕榈类植物用于室内装饰（袖珍椰子）

## 7.4.3 常见园林棕榈类

### 1. 棕竹 *Rhapis excelsa*

［别名］裂叶棕竹、筋头竹、观音竹、虎散竹

［科属］棕榈科棕竹属

［形态特征］丛生灌木，高 2~3m。茎圆柱形，有节。叶掌状，4~10 深裂，裂片条状披针形，具 2~5 肋脉，先端平截，边缘有不规则锯齿，横脉多而明显；叶柄稍扁平（图 7-148）。

图7-148 棕 竹

［分布与习性］产于我国华南、西南，日本也有分布。适应性强，喜温暖阴湿及通风良好的环境和排水良好、富含腐殖质的砂壤土，萌蘖性强。

［园林用途］叶形优美，株形饱满，秀丽青翠，是一种富有热带风光的观赏植物。园林中适宜种植于小型庭园，孤植于窗前、中庭等处，也可植为树丛下木，沿道路两旁列植，还可盆栽或制作盆景。

### 2. 蒲葵 *Livistona chinensis*

［别名］扇叶葵、葵树、华南蒲葵

［科属］棕榈科蒲葵属

［形态特征］高达 5~20m，胸径 20~30cm。树冠密实，近圆球形。叶阔肾状扇形，掌状浅裂至深裂，通常部分裂深至全叶 1/4~2/3，下垂，裂片条状披针形，顶端长渐尖，2 深裂成长达 50cm 的丝状下垂的小裂片；叶柄两侧具骨质的钩刺；叶鞘褐色（图 7-149）。

图7-149 蒲 葵

［分布与习性］产于我国华南地区，中南半岛有分布。喜光，略耐阴；喜高温多湿气候；喜肥沃湿润而富含腐殖质的黏壤土，能耐一定的水涝和短期浸泡。虽无主根，但侧根异常发达，密集丛生，抗风力强。

［园林用途］树形美观，可丛植、列植、孤植。

### 3. 棕榈 *Trachycarpus fortunei*

［别名］棕树、栟榈

［科属］棕榈科棕榈属

［形态特征］乔木状，高 3~10m 或更高。树干圆柱形，被不易脱落的老叶柄基部和密集的网状纤维。叶片呈 3/4 圆形或者近圆形，深裂成 30~50 片具褶皱的线状剑形，裂片先端具短二裂或二齿，硬挺甚至顶端下垂（图 7-150）。

图7-150 棕 榈

［分布与习性］原产于亚洲；在我国分布极广，长江以南各地普遍栽培。喜光，耐阴；喜温暖湿润气候，

极耐寒；喜排水良好、湿润肥沃的中性、石灰性或微酸性黏质土壤，耐轻度盐碱；有一定的耐干旱和水湿的能力；抗烟尘，对 $SO_2$ 和 HF 有很强的吸收能力。

[园林用途] 著名观赏植物，树姿优美，窗前、凉亭、假山附近、草坪、池沼、溪涧均适合栽植；列植为行道树，可展现南国风光；种植在山麓、溪边，既可护坡固岸，又可增添景致。

**4. 鱼尾葵** ***Caryota maxima***

[别名] 假桄榔、青棕、钝叶、假桃榔

[科属] 棕榈科鱼尾葵属

[形态特征] 常绿乔木，高 10~15（20）m。茎绿色，具环状叶痕；茎干直立不分支。叶大型，羽状二回羽状全裂，叶片厚，革质，大而粗壮，上部有不规则齿状缺刻，先端下垂，酷似鱼尾。肉穗花序下垂，小花黄色（图 7-151）。

[分布与习性] 原产于热带亚洲，在我国分布于华南至西南，常生于低海拔石灰岩山地。喜光，耐阴；可耐长期 4~5℃低温和短期 0℃低温及轻霜；喜湿润疏松的钙质土；根系浅，不耐旱，较耐水湿。

[园林用途] 树姿优美，叶片翠绿，叶形奇特，花色鲜黄，是优美的行道树和庭荫树，适宜列植于庭园、广场、建筑周围。

图7-151　鱼尾葵

**5. 加拿利海枣** ***Phoenix canariensis***

[别名] 加纳利海枣、加那利海枣

[科属] 棕榈科刺葵属

[形态特征] 株高 10~15m，茎干粗壮。具波状叶痕；羽状复叶，顶生丛出，较密集，每叶有 100 多对小叶（复叶）；小叶狭条形，近基部小叶呈针刺状，基部由黄褐色网状纤维包裹。穗状花序腋生，花小，黄褐色（图 7-152）。

[分布与习性] 性喜温暖湿润的环境，喜光又耐阴，抗寒、抗旱。生长适温 20~30℃，热带、亚热带地区可露地栽培，在长江流域冬季需稍加遮盖，黄淮地区则需室内保温越冬。

[园林用途] 植株高大雄伟，形态优美，可孤植作景观树，或列植为行道树，也可三五株群植造景，是街道绿化与庭园造景的常用树种。幼株可盆栽或桶栽观赏，用于布置节日花坛，效果极佳。

图7-152　加拿利海枣

### 6. 椰子 *Cocos nucifera*

［别名］椰树、椰子树

［科属］棕榈科椰子属

［形态特征］高 15 ~30m。单干，茎干粗壮，基部增粗；干上有明显的环状叶痕及叶鞘残基。叶羽状全裂，裂片向外折叠，簇生于顶；叶柄粗壮，基部有网状褐色棕皮。花果期主要在秋季（图 7-153）。

［分布与习性］现主产区为东南亚及太平洋诸岛；我国海南、台湾和云南南部已有逾 2000 年的栽培历史。在高温、湿润、阳光充足的海边生长发育良好。要求年平均温度在 25℃以上，温差小，最低温度不低于 10℃，才能正常开花结实。最适年平均温度是 26~27℃。

图7-153　椰　子

图7-154　假槟榔

图7-155　散尾葵

［园林用途］苍翠挺拔，在热带和南亚热带风景区，尤其是海滨区主要园林绿化树种。可作行道树，或丛植、片植。椰子全身是宝，有“宝树”之称。

### 7. 假槟榔 *Archontophoenix alexandrae*

［别名］亚历山大椰子

［科属］棕榈科假槟榔属

［形态特征］高达 10~25m。茎干具阶梯状环纹，基部膨大。叶羽状全裂，长 2~3m，羽片二列，线状披针形，全缘或有缺刻，表面绿色，背面灰绿，有白粉，具明显隆起之中脉及纵侧脉，叶背略被灰褐色鳞秕；叶鞘膨大抱茎，革质。圆锥花序式（图 7-154）。

［分布与习性］原产于澳大利亚昆士兰州；中国广东、广西、云南西双版纳、福建及台湾等地有栽培。喜高温、高湿和避风向阳的气候环境；在土层深厚、肥沃、排水良好和微酸性的砂性壤土中生长良好；最适温度为 28~30℃。

［园林用途］树姿优美、管理粗放，大树移栽容易成活，因而在华南、西南适合生长的城市及风景区可以更多推广应用。

### 8. 散尾葵 *Dypsis lutescens*

［别名］黄椰子、凤凰尾、紫葵

［科属］棕榈科马岛棕属

［形态特征］丛生灌木，高 2~5m。茎干光滑，黄绿色，无毛刺，嫩时披蜡粉，上有明显叶痕，纹呈环状。叶面光滑细长，羽状全裂；叶柄稍弯曲，先端柔软。肉穗花序生于叶鞘束下，多分支，排成圆锥花序（图 7-155）。

［分布与习性］原产于非洲马达加斯加岛；在中国华南地区和西南地区适宜生长。性喜温暖湿润、半阴且通风良好的环境；怕冷，耐寒力弱；适宜疏松、排水良好、肥沃的土壤。

［园林用途］我国热带地区庭园中，多作观赏

树栽种于草地、树荫、宅旁等处；我国北方地区主要用于盆栽，是布置客厅、餐厅、会议室、家庭居室、书房、卧室或阳台的高档盆栽观叶植物。

## 7.5 竹类

### 7.5.1 概述

**（1）竹类植物的定义**

竹类植物（以下简称竹类）即指禾本科竹亚科的植物，茎为木质，分为地上茎和地下茎两部分。竹秆常为圆筒形，由节间和节连接而成，节间常中空。叶有两种，一种为茎生叶（即箨叶）；另一种为营养叶，披针形，大小随品种而异。竹类很少开花结实，一旦开花，其个体生长就会出现不正常并随之死亡。由于竹类生物学特性和生态习性、繁殖栽培方式比较特殊，和其他一般的园林植物不同，所以通常列为一类，如桂竹、鹅毛竹等。

**（2）竹类的分类**

根据竹类地下茎形态的不同可分为单轴散生型、复轴混生型、合轴丛生型、合轴散生型。

①单轴散生型　地下茎圆筒形或近圆筒形，细长横走，称为竹鞭；竹鞭上有隆起的节，节上生根，每节着生 1 芽，交互排列；地上的竹秆常稀疏散生。如刚竹属、酸竹属等。

②复轴混生型　有真正的地下茎，既有细长横走的竹鞭，又有密集的秆基，前者竹秆在地面散生，后者竹秆在地面丛生。如箬竹属、倭竹属。

③合轴丛生型　地下茎不为细长横走的竹鞭，而是粗大短缩、节密根多、状似烟斗的秆基；秆基上具有 2~4 对大型芽，每节着生 1 个，交互排列；顶芽出土成竹，新竹一般靠近老秆，新竹秆基的芽次年又发育成竹，如此形成密集丛生的竹丛。如簕竹属、牡竹属、泰竹属。

④合轴散生型　与合轴丛生型的区别在于，秆基的大型芽萌发时，秆柄在地下延伸一段距离后出土成竹，竹秆在地面上散生。延伸的秆柄形成“假竹鞭”，虽然有节，但节上无芽，也不生根。如箭竹属、筱竹属。

### 7.5.2 园林应用与价值

#### 7.5.2.1 园林应用

竹类在园林绿化中优势显著、应用广泛，其种类繁多，不同种类观赏效果各异。

**（1）景观应用环境**

①专类公园　竹类专类公园作为以竹景取胜的主题公园，在竹类运用上更注重科学栽培，通过人工引种和驯化，使竹的自然属性在原适用空间和地域的基础上有所扩展。竹类公园是一个综合性公园，是集文化、教育、科学研究、美化城市以及日常休闲于一体的功能性公园，典型的竹类公园有北京紫竹院公园和成都望江楼公园。

②城市绿地景观　由于竹类适应性强，生长速度较快，成景效果又快又显著，而且具有良好的生态效益，随着竹类资源的深入研究和竹类植物栽培技术的成熟，越来越多的城市公共绿地引进了竹类，创造出不同的绿地景观。

③城市住宅区景观　由于人们的审美趣味和精神追求的不断提高，竹所特有的文化价值、生态价值和美学价值，越来越广地被运用在城市住宅区的景观规划中，是理想的造景植物。近些年，新中式景观如雨后春笋般出现在各大城市，成为高端地产的代名词，竹作为中国传统文化的代表符号重新回到人们的日常生活中。

④城市商业区景观　现代商业区通常以大面积硬质铺装为主，竹子适当地与商业硬质铺装结合，营造出一种高端雅致的商业氛围，在美化商业环境的同时给人以精神上的享受。

**（2）景观应用方式**

竹类多大片群植，形成竹海景观，也可作为竹篱、地被及盆景。

①主景应用　竹类可群植、片植成大片风景林地，也可单独成片成景，营造出较为独立的竹林景观，这是极为常见的竹类应用方式。

②竹径　由于竹类生长迅速且适应性强，常绿清秀挺拔，极宜成丛密植于园路两侧，组成竹径（图 7-156），营造“曲径通幽”的幽深意境。

图7-156 竹 径

图7-157 古典形式的竹类组团造景

③竹篱、盆景 可利用一些生长通直、体型较小的竹类，密集栽植，形成立面的竹篱景观，可在庭园、墙根等处种植，烘托幽静氛围，也可作为常绿背景衬托其他景物，如孝顺竹、方竹等。一些外形矮小的种，如凤尾竹、菲白竹、佛肚竹等，经过整形加工，栽植于浅盆中，高低参差，再配置山石及其他雕塑小件，铺上青苔，尽显竹叶扶疏之美，盆景可将自然中的竹类美景浓缩于盆中，彰显园林艺术手法。

④地被 竹类中的铺地类竹种常用作地被植物，其适应性强、高矮一致、不需修剪，养护管理简单，且自然生长稠密，生长势强，与杂草相比有很强的竞争力，可近乎完美地覆盖地面，起到良好的绿化效果，如菲白竹、菲黄竹等。此类型竹类作为园林地被的应用前景广阔，其稳定性好、外观优美，自然繁殖快，一次种植多年受益，景观效果及意义优于其他地被植物。

⑤古典形式的竹类组团 主要指竹类与建筑小品或者其他中国传统植物共同组成植物景观单元（图7-157）。竹类植于窗前，可营造“移竹当窗”的古典园林意境；植于白粉墙前，可营造“粉墙竹影”的古典园林意境。竹类与梅、松科植物搭配可营造出“岁寒三友”的意境；以竹类为背景，兰花、寒菊为地被植物衬托，几株梅花点缀其间，既突出了“四君子”的主题，又为萧瑟的冬季带来清丽。此外，竹类与碧桃混栽，可营造“竹外桃花三两枝，春江水暖鸭先知”的意境。

### 7.5.2.2 应用价值

**（1）生态价值**

竹类树冠庞大、枝叶浓密，能减少雨水对土壤表面的冲刷。此外，其枯枝落叶层的持水量较大，相比其他植物，可较大幅度地减少地表径流，更有效地截留雨水、缓和雨势，在水土保持方面起着显著作用。竹类相较于其他植物具有很强的固碳能力，在改善局部小气候等方面具有突出成效。在降噪和净化空气包括杀菌、滞尘及吸收有害气体等方面也存在很强的潜力。

**（2）经济价值**

我国是一个竹产业大国，竹产业带动了我国国民经济的发展。竹类植物生长周期短、萌发快、生态适应性强，具有强大的地下根系，多年不开花，无花粉散播，容易繁殖，养护管理费用低，为绿化建设节约成本，且见效良好。随着科学技术的发展，竹类产业迅速发展，竹类应用领域得到很好的推广，竹产品除比较传统的竹木制品以外，还可利用笋壳制作精美工艺品，充分利用竹叶作为饲料和化学原料。以竹为主题开发的旅游业也很好地促进了竹产业经济的发展，收到良好的经济效益。

**（3）文化价值**

中国作为全球研究、栽培以及利用竹类植物最早的国家，拥有深厚悠久的竹文化。竹象征坚韧不拔、虚心谦和、高风亮节的品格，古代文人墨客赞颂竹的诗词歌赋不计其数，如“不用裁为鸣凤管，不须截作钓鱼竿。千花百草凋零后，留向纷纷雪里看。”“宁可食无肉，不可居无竹。无肉令人瘦，无竹令人俗。人瘦尚可肥，士俗不可医。”等，这些诗歌描述、赞颂了竹的高尚品格，同时也展现了中华民族对竹的喜爱以及崇尚之情。

**（4）观赏价值**

竹类竹冠庞大、枝叶浓密、生性强健，是形态优美的常绿树种，具有极高的观赏价值。竹类种类繁多，不同种类高矮、叶形、姿态、色泽各异，用于景观搭配时效果理想，在城市绿化建设中，竹类的优势十分突出。就色彩而言，大多数竹种颜色为绿色，但其绿色明度略有差异，新竹明度高，老竹则多为暗绿色。不少观赏价值比较高的竹种颜色都较为独特，如竹秆为深紫色的紫竹，竹秆为黄绿相间的‘金镶玉’竹，竹叶为黄白相间的菲黄竹等。如此众多的色彩为植物景观创造了很高的观赏价值和审美情趣。

### 7.5.3 常见园林竹类

**1. 毛竹 *Phyllostachys edulis***

［别名］楠竹、茅竹、南竹、江南竹、猫竹

［科属］禾本科刚竹属

［形态特征］秆高达 20m。新秆密被细柔毛，有白粉，老秆无毛，节下有白粉环，后渐黑；分支以下秆环不明显，箨环隆起，初被一圈毛，后脱落。枝叶二列状排列，每小枝具 2~3 叶，叶披针形或卵状披针形（图 7-158）。

［分布与习性］分布自我国秦岭、汉水流域至长江流域以南和台湾，黄河流域也有多处栽培。耐寒性较差，喜空气湿度大；喜肥沃湿润而排水良好的酸性砂质土壤，在干燥的砂荒石砾、盐碱地、排水不良的低洼地均生长不利。

［园林用途］高大挺拔，不适于小面积庭园造景，最宜在大型公园或风景区大面积造林；毛竹材质坚韧富有弹性，是良好的建筑材料和造纸原料；笋可供食用，是园林结合生产的理想材料。

**2. ‘龟甲’竹 *Phyllostachys edulis* ‘Heterocycla’**

［别名］‘龙鳞’竹、‘佛面’竹、‘龟文’竹、‘马汉’竹

［科属］禾本科刚竹属

［形态特征］秆高达 20m。幼秆密被细柔毛及厚白粉，箨环有毛，老秆无毛，并由绿色渐变为绿黄色；基部节间甚短而向上则逐节较长，中部节间长达 40cm 或更长，壁厚约 1cm；箨鞘背面黄褐色或紫褐色，具黑褐色斑点及密生棕色刺毛（图 7-159）。

［分布与习性］分布于中国秦岭、汉江流域至长江流域以南和台湾，黄河流域也有多处栽培。喜温暖湿润的气候，大多生长在山谷或流泉之间，

图7-158 毛 竹

图7-159 ‘龟甲’竹

图7-160 刚 竹

图7-161 紫 竹

图7-162 ‘斑竹’

土壤水分条件较优越；或者为人工栽培，在生长季节需进行必要的浇水灌溉。

[园林用途] 点缀园林，以数株植于庭园醒目之处，也可盆栽观赏。

**3. 刚竹 *Phyllostachys sulphurea* var. *viridis***

[别名] 胖竹、柄竹、台竹、光竹

[科属] 禾本科刚竹属

[形态特征] 乔木或灌木状竹类。地下茎为单轴散生，秆高 6~15m。微被白粉，绿色，成长的秆呈绿色或黄绿色；秆环在较粗大的秆中于不分支的各节上不明显；箨环微隆起（图 7-160）。

[分布与习性] 原产于中国，分布于黄河以南至长江流域各地。适宜生长在土层较肥厚、湿润而又排水良好的微酸性至中性砂质土壤，在干燥的砂荒石砾地、排水不良的低洼地均不宜生长，略耐盐碱。

[园林用途] 庭院曲径、池畔、景门、厅堂四周或山石之侧均可小片配置，也适宜大片栽植形成竹林、竹园。

**4. 紫竹 *Phyllostachys nigra***

[别名] 黑竹、乌竹、墨竹

[科属] 禾本科刚竹属

[形态特征] 高大竹类。幼秆绿色，1 年生以后的秆逐渐变为紫黑色；秆环与箨环均隆起，箨鞘背面红褐或更带绿色，箨耳长圆形至镰形，紫黑色，箨舌拱形至尖拱形，紫色，箨片三角形至三角状披针形，绿色，脉为紫色（图 7-161）。

[分布与习性] 原产于我国，南北各地多有栽培。适于土层深厚肥沃的湿润土壤，耐寒性较强，可耐 –20℃低温。

[园林用途] 竹秆紫黑色，宜种植于庭院或书斋、厅堂、小径、池水旁，也可栽于盆中，置窗前、几上，别有一番情趣；若植于庭园观赏，可与黄槽竹、黄金间碧竹、斑竹等秆具色彩的竹种同植于园中，增添色彩变化。观秆色竹种，为优良园林观赏竹种。

**5.‘斑竹’*Phyllostachys reticulata*‘Lacrima-deae’**

[别名]‘湘妃’竹、‘泪竹’

［科属］禾本科刚竹属

［形态特征］中小型竹，秆高达5~10m，径达3~5cm。秆环及箨环均隆起；秆箨黄褐色，有紫褐色或淡褐色斑点，疏生直立硬毛。箨耳较小，矩圆形或镰形，有长而弯曲之缝毛。箨叶三角形或带形，橘红色，边缘绿色，微皱，下垂（图7-162）。

［分布与习性］产于我国湖南、河南、江西、浙江等地，分布于黄河至长江流域各地。适应性强，对土壤要求不严，喜肥沃和排水良好的酸性砂壤土。

［园林用途］通常栽植于庭园观赏。

**6. 淡竹 *Phyllostachys glauca***

［别名］花皮淡竹、绿粉竹、粉绿竹、花斑竹

［科属］禾本科刚竹属

［形态特征］秆高5~12m，粗2~5cm，中间节间长40cm。幼秆密被白粉，老秆灰黄绿色；秆环与箨环均稍隆起。箨鞘淡紫褐色至淡紫绿色，有显著的紫脉纹和稀疏斑点；无箨耳及鞘口缝毛；箨舌截形，暗紫褐色；箨叶线状披针形或线形，绿色，有紫色脉纹。末级小枝具2~3叶。笋期4月中旬至5月底（图7-163）。

［分布与习性］多分布于我国黄河以南至长江流域各地，以江苏、安徽、山东、河南、陕西较多。适应性强，适宜生长于沟谷、平地、河漫滩，可耐一定程度的干燥瘠薄和暂时的流水浸渍；在-18℃左右的低温和轻度盐碱土中也可正常生长。

［园林用途］竹秆秀丽挺拔，值霜雪而不凋，适应性强，可在园林中广泛应用。

**7. 佛肚竹 *Bambusa ventricosa***

［别名］佛竹、小佛肚竹

［科属］禾本科簕竹属

［形态特征］灌木状竹类植物。秆有两种形态，一种是肿胀的瓶状秆，较细，中下部节间缩短、肿胀；另一种是正常秆，节间不肿大，圆筒形，深绿色，下部数节的节内、节下均有白色毛环（图7-164）。

［分布与习性］我国广东特产，现华南各地园林中常见栽培，长江流域及以北地区也多有盆栽。喜温暖湿润，能耐轻霜和0℃低温；喜深厚肥沃而

图7-163 淡 竹

图7-164 佛肚竹

图7-165 孝顺竹

图7-166　苦　竹

图7-167　菲白竹

湿润的酸性土；耐水湿，不耐干旱。

［园林用途］珍贵的观秆竹种，秆形奇特，古朴典雅，在园林中自成一景。适于庭园、公园、水滨等处种植，与假山、崖石等配置。也可作盆栽用于室内观赏。

8. 孝顺竹 ***Bambusa multiplex***

［别名］凤尾竹、凤凰竹、蓬莱竹、慈孝竹

［科属］禾本科簕竹属

［形态特征］秆和分支节间金黄色，具不规则绿色纵条纹；箨鞘鲜时绿色，具黄白色纵条纹。秆高 4~7m，节间常绿色，微被白粉；秆密集丛生；分支高，基部数节无分支，枝条多数簇生，主枝稍粗长。叶线状披针形，上面无毛，下面灰绿色（图 7-165）。

［分布与习性］分布于我国东南部至西南部，北达江西、浙江，长江以南各地常见栽植。适应性强，喜温暖湿润气候和排水良好湿润的土壤。耐寒性较其他丛生竹类强，在南京、上海等地可生长良好。

［园林用途］竹秆青绿，叶密集下垂，姿态美观，适用于小型庭园造景；可孤植、群植、对植，也可点缀景门、山石、建筑小品，还可植为绿篱。

9. 苦竹 ***Pleioblastus amarus***

［别名］伞柄竹

［科属］禾本科大明竹属

［形态特征］秆高 3~5m，径 1.5~2cm，节间圆筒形，在分支一侧的下部稍扁平。箨环隆起呈木栓质。箨鞘革质，绿色，被较厚白粉；箨舌截形；箨片狭长披针形。叶鞘无毛，有横脉；叶舌坚韧紫红色；叶片坚韧椭圆状披针形，长 4~20cm，表面深绿色，背面淡绿色，基部白色绒毛。笋期 6 月（图 7-166）。

［分布与习性］原产于中国，分布于长江流域及西南，华东各地常见栽培。适应性强；喜温暖湿润气候，颇耐寒，北京地区小气候条件下能露地栽植；在低山、丘陵、山麓、平地的一般土壤上均可生长良好。

［园林用途］常用于庭园栽植观赏。

10. 菲白竹 ***Pleioblastus fortunei***

［别名］翠竹

［科属］禾本科大明竹属

［形态特征］矮型灌木竹类。节间细而短小，圆筒形。叶片短小，披针形，先端渐尖，基部宽楔形或近圆形；两面均具白色柔毛，尤以下表面较密，叶面通常有黄色或浅黄色乃至于近于白色的纵条纹（图 7-167）。

［分布与习性］原产于日本；我国南京、杭州等地引种。喜温暖湿润气候，耐阴性较强。

［园林用途］具有很强的耐阴性，可以在林

下生长，在园林中常植于庭园观赏，可栽作地被、绿篱或与假山石相配；也是优良的盆栽或盆景材料。

**11. 铺地竹 *Pleioblastus argenteostriatus***

［科属］禾本科大明竹属

［形态特征］秆高0.3~0.5m，径0.2~0.3cm，节间长约10cm。箨鞘绿色，短于节间，秆绿色无毛，节下具窄白粉环。箨鞘基部具白色长纤毛，边缘具淡棕色纤毛；箨耳无，各具长5~7mm白色直立长毛；箨舌几不见；箨叶秆下部者小，上部为叶片状。叶片卵状披针形，绿色，偶具黄或白色纵条纹。笋期4~5月（图7-168）。

［分布与习性］我国浙江、江苏分布较广，喜温暖湿润气候。

［园林用途］植株低矮，适宜片植点缀于疏林、河谷、地被、路旁等处，或用作地被植物，均颇具野趣。

**12. 鹅毛竹 *Shibataea chinensis***

［别名］矮竹、小竹

［科属］禾本科倭竹属

［形态特征］小型竹，秆高约1m。秆壁厚，几乎实心，秆淡绿色，略带紫色，无毛；秆环肿胀；每节3~6分支；箨鞘早落，鞘口有毛。叶常1~2枚生于小枝顶端，卵状披针形，有小锯齿，两面无毛，形似鹅毛（图7-169）。

［分布与习性］我国华东特产，江苏、安徽、浙江、江西等地常见栽培。常成片生于山麓谷地、林缘、林下土壤湿润地区。较耐阴，耐寒性较强，浅根性，在疏松、肥沃、排水良好的砂质土壤中生长良好。在山东中部可露地越冬，冬季仅有部分叶片枯萎。

［园林用途］竹丛矮小，竹秆纤细而叶形秀丽，可作地被植物栽培，可丛植于假山石间、路旁或配置疏林下作地被点缀，或植为自然式绿篱。也可盆栽观赏。

**13. 箬竹 *Indocalamus tessellatus***

［别名］长鞘茶竿竹

［科属］禾本科箬竹属

［形态特征］秆箨长于节间，被棕色刺毛；无箨耳和繸毛，或具少数繸毛；箨叶披针形或线状披针形，不抱茎，易脱落；每小枝2~数叶；叶鞘无毛，无叶耳和缝毛；叶椭圆状披针形（图7-170）。

［分布与习性］分布于我国华东、华中至秦岭一带，常生于海拔300~1400m的山坡路旁。生长适应性强，喜光，耐半阴；较耐寒，喜湿耐旱；对土壤要求不严，在轻度盐碱土中也能正常生长。

图7-168　铺地竹

图7-169　鹅毛竹

图7-170　箬　竹

图7-171　凤尾竹

图7-172　黄金间碧竹

［园林用途］可植于庭园观赏；适宜片植点缀于疏林下、河边、路旁、石间、台坡等处，或用作地被植物。

**14. 凤尾竹 *Bambusa multiplex* f. *fernleaf***

［别名］米竹、筋头竹、蓬莱竹

［科属］禾本科簕竹属

［形态特征］秆高 1~2m，绿色，老时变黄色。箨鞘硬脆，厚纸质，无毛；箨耳缺或不明显；箨舌甚不显著；箨叶直立，三角形或长三角形。枝叶稠密、纤细而下弯，每小枝有叶 10 余枚，羽状排列（图 7-171）。

［分布与习性］产于中国中南部。性喜温暖湿润气候及排水良好、湿润的土壤，是丛生竹类中分布最广、适应性最强的竹种之一，可以引种北移。

［园林用途］本种植丛秀美，多栽培于庭园供观赏，适宜配置于墙隅、屋角、门旁，植株较小的凤尾竹可栽植于花台上，也可制作竹类盆景，同时，也可栽于寺庙庭园中，在南方地区常作为低矮绿篱材料广泛应用。

**15. 黄金间碧竹 *Bambusa vulgaris* f. *vittata***

［别名］玉韵竹

［科属］禾本科簕竹属

［形态特征］多年生常绿植物，高 1~3.5m。秆黄色，节间正常，但具宽窄不等的绿色纵条纹，箨鞘在新鲜时为绿色而具宽窄不等的黄色纵条纹，分支开展，竹叶浓绿（图 7-172）。

［分布与习性］我国长江流域偶有栽培，是我国南方园林的观赏竹种，抗性强，易繁殖。

［园林用途］观秆色、叶色竹种，绿化造园、配景或盆栽观赏效果好。

## 小　结

我国园林树木种类繁多、资源丰富，在城市各类绿地应用广泛。在对园林树木的认知过程中，需要学习各类树木的识别特点，掌握其生长习性、观赏特性及园林应用特点，在充分了解各类植物的前提下，进行植物材料的选择和种植。

## 思考题

1. 简述乔木树种的园林应用方式及特点。
2. 列举常见的观赏灌木并说明其园林应用特点。
3. 行道树选择有哪些要求？试列举南方常见的行道树树种。
4. 园林中常见的秋色叶树种有哪些？指出其科属及园林应用特点。

# 第8章 风景园林花卉

狭义的风景园林花卉是指具有观赏价值的草本植物；广义的风景园林花卉，是指以观花、观叶为主的各类草本和木本植物。风景园林花卉是园林绿地建设的基本素材，具有改善生态环境、美化环境、提供观赏、康养休闲等功能。园林花卉种类繁多，分类方法也很多，针对风景园林专业的需求和特点，本章主要根据园林花卉的生态习性，分类介绍狭义风景园林花卉的概念、类型、常见种类及其园林应用。

## 8.1 一、二年生花卉

### 8.1.1 概述

#### 8.1.1.1 含义及类型

**（1）一年生花卉**

①一年生花卉　指在一年内完成整个生命周期的花卉。花卉从播种到种子萌发再到开花、死亡均在当年内进行，一般在春季播种，夏秋开花，冬季来临时死亡。如凤仙花、百日菊。

②多年生作一年生栽培的花卉　指把在原生地多年生的花卉，用作一年生栽培应用的一类花卉。主要原因有：花卉在当地露地环境中作多年生栽培时，对气候不适应；如果作多年生栽培，生长不良或一年后生长差，观赏效果不佳；或者具有容易结实，当年播种就可以开花的特点。如荷包牡丹、一串红等。

**（2）二年生花卉**

①二年生花卉　指在两年内完成整个生命周期的花卉。花卉从播种到种子萌发再到开花、死亡的过程跨过两个年头，第一年营养生长，然后经过冬季一段时间的低温，第二年开花结实、死亡。一般在秋季播种，种子萌发，营养生长，次年春季或初夏开花、结实，在炎夏来临时死亡。如羽衣甘蓝、报春花等。

②多年生作二年生栽培的花卉　指把在原生地多年生的花卉，用作二年生栽培应用的一类花卉。园林中的二年生花卉，大多数种类是多年生花卉中喜冷凉的种类，在露地环境中作多年生栽培时对气候不适应，不耐炎热，生长不良或两年后生长差、观赏效果不佳，但具有容易结实，当年播种次年开花的特点。如金盏菊、雏菊等。

**（3）兼作一、二年生栽培的花卉**

既可以作为一年生栽培，也可以作为二年生栽培的一类花卉。这类花卉由其本身的耐寒性、耐热性及栽培地的气候特点所决定，通常情况下此类花卉的抗性较强，有一定耐寒的能力，但又不畏炎热。此外，还有一些喜温暖、忌炎热、喜凉爽、不耐寒的花卉也属于此类，如香雪球等。

#### 8.1.1.2 生态习性

①大多数一、二年生花卉以播种繁殖为主，多数喜阳光充足的环境，仅少数喜半阴环境；对土壤的要求除了黏土和过度疏松的土壤外，都可以生长，以深厚肥沃、排水良好的土壤为佳；不耐干旱，根系浅，易受表土影响，要求土壤湿润；大多数生长周期都比较短，花期集中。

②一年生花卉大多属于短日照花卉，喜温暖，

不耐严寒，大多不能忍受 0℃以下的低温，生长发育主要在无霜期进行，因此主要是春季播种，又称春播花卉。二年生花卉大多属于长日照花卉，喜冷凉，耐寒性强，可耐 0℃以下的低温，一般在 0~10℃下 30~70d 完成春化作用，不耐炎热，主要采用秋播繁殖，又称秋播花卉。

#### 8.1.1.3 园林应用及特点

一、二年生花卉种类繁多、色彩鲜艳，在园林中主要利用其丰富的色彩、变化的形态等来营造不同景观，主要形式有花坛、花境、花丛、花台等，一些蔓生性的花卉可用来装饰柱、廊、篱及棚架等。

**（1）应用特点**

①一年生花卉是夏季园林景观的重要花卉，二年生花卉是春季园林景观的重要花卉。

②一、二年生花卉品种繁多、形状各异、色彩鲜艳，开花时繁茂整齐、装饰效果好。

③花期长且集中。一、二年生花卉是规则式园林应用形式如花坛、种植钵等的常用花卉，如三色堇、金鱼草、百日菊等，方便及时更换种类，以保证较长时间的良好观赏效果。

④种苗繁殖容易，可大面积使用，见效快。

⑤有些种类可以自播繁衍，形成趣味景观，可以用作宿根花卉栽培。

**（2）应用目标**

一、二年生花卉在园林建设中应用广泛，在生态绿化、经济等方面均有重要作用。

①生态绿化应用　一、二年生花卉种类多样、色彩丰富，在园林建设中能起到营造局部小气候、改善生态环境的作用。某些生性强健、根系强大的花卉种类能够作为地被植物种植在护坡草坪上，起到固土护坡、保持水土的作用，在保护生态方面有重要意义。

同时，一、二年生花卉的观赏价值高，种类多样，常在园林中以多种形式出现。通过科学合理的规划及后期处理，花卉景观丰富多彩，如可呈现出株形一致、高矮一致、色彩搭配适宜的景观效果。

②经济应用　一、二年花卉可结合生产取得良好的经济效益。花卉通常可与其他植物种类一起开展花木节、花木展等主题活动项目，传播花卉文化的同时可带动经济发展。一、二年生花卉在切花、插花、花束等方面也占有重要地位，是其重要来源之一。我国有多处花卉生产种植基地，资源丰富，可为各类绿化项目提供原材料，达到良好的经济效益。同时，一些一、二年花卉还具有食用、药用价值，如金盏花、半枝莲、曼陀罗等。

**（3）应用方式**

一、二年生花卉在园林绿化中应用方式多样，在园林中常见的形式有花坛、花丛花群、花池及花台、篱垣及棚架等。

①花坛　是在具有几何形轮廓的植床内，种植各种不同色彩的花卉，运用花卉的群体效果来展示图案纹样，或观赏盛花时绚丽景观的一种花卉应用形式。花坛一般设在公园、广场及建筑物的出入口，或设在道路的中央、两侧及周围等处。花坛需要保持鲜艳的色彩和整齐的轮廓，一、二年生花卉多具有植株低矮、生产整齐、花期相对集中、株丛相对紧密且花色艳丽的特点，是布置花坛的主要材料（图 8-1）。

②花丛花群　是模拟自然界中野生花卉散生于草坪山坡景观的一种花卉应用方式，多布置于开阔的草坪周围，为树丛、林缘、树群等与草坪之间建立联系，起过渡作用，常用一、二年生花卉作为花材。花丛花群还可点缀小型院落和铺装场地（图 8-2）。

③花池及花台　花台是将花卉栽植在高出地面的台座上，花池则一般齐平地面或稍微高出地面，周围用砖石等围起，形成一种封闭空间。整体面积比花坛小，常设置于庭园中央或两侧角隅，或建筑物的墙基、窗下等地。

④篱垣及棚架　在景观配置中，对于篱垣、棚架、栏杆等也常用花卉材料加以装饰和点缀，可使原本较为简单不起眼的设施成为有看点的景观，遮挡较为丑陋的部分，把美观的一面展现给游人。

图8-1　一、二年生花卉是花坛的主要材料

图8-2　一、二年生花卉形成花群

图8-3　高翠雀花

图8-4　花菱草

### 8.1.2　常见一、二年生花卉

#### 1. 高翠雀花 *Delphinium elatum*

［别名］穗花翠雀、飞燕草

［科属］毛茛科翠雀属

［形态特征］多年生草本，常作一、二年生栽培。茎直立，中部以上分支；茎下部叶有长柄。叶掌状细裂，小裂片线性。总状花序生于各分支顶端，下部苞片叶状，上部苞片小，不分裂，线形；萼片紫色、粉红色或白色，宽卵形（图 8-3）。

［分布与习性］原产于欧洲南部和亚洲西南部；我国各地有栽培。较耐寒，喜干燥而忌水涝，在肥沃而含有机质的砂质土壤中生长最好，喜光照充足、通风良好的凉爽环境。

［园林用途］植株挺拔，叶细，花序大，花朵美丽，常成束成捆点缀在花束中，是理想的切花材料，也是花境的重要材料。

#### 2. 花菱草 *Eschscholzia californica*

［别名］加州罂粟、金英花、人参花

［科属］罂粟科花菱草属

［形态特征］多年生草本，常作一、二年生栽培。肉质根，直立或开展倾卧状，全株披白粉，灰绿色。叶互生，多回三出羽状，深裂或全裂。单花顶生，花瓣狭扇形，亮黄色，基部色深；花色丰富，有白色、淡黄、金黄、橙黄等多个品种，也分重瓣和半重瓣品种。花期春季至初夏（图 8-4）。

［分布与习性］原产于美国，广泛分布于温带和地中海型气候带。较耐寒，喜冷凉干燥气候，要求阳光充足，不耐湿热，适合生长于疏松肥沃、排水良好及土层深厚砂质土壤中，也耐瘠薄；能自播繁衍，直根性。

［园林用途］花朵繁多，花色丰富艳丽，茎叶

图8-5　虞美人

图8-6　地　肤

灰绿，宜作花带、花境和盆栽。

3. 虞美人 ***Papaver rhoeas***

［别名］丽春花、赛牡丹、满园春

［科属］罂粟科罂粟属

［形态特征］一年生草本。茎直立。叶互生或散生，二回羽状分裂，下部全裂。花单生茎枝顶端，花芽下垂；花瓣 4，宽倒卵形，全缘，稀具圆齿或先端缺刻，紫红色，基部常具深紫色斑点；花丝深紫红色，花药黄色。花期 3~8 月（图 8-5）。

［分布与习性］原产于欧洲；我国各地常见栽培。喜阳光充足，喜温暖，耐寒，忌高温，要求生长在干燥通风的地方；对土壤要求不严，最适宜生长于排水良好、肥沃的砂质土壤中；不耐移栽，能自播繁衍。

［园林用途］花色艳丽，花姿优美，是优良的观花品种，适宜种植花坛、花带或成片栽植，是春季装饰公园绿地、庭园的理想材料，也可作盆花、切花。

4. 地肤 ***Bassia scoparia***

［别名］扫帚菜、孔雀松、观音菜

［科属］藜科雾冰藜属

［形态特征］一年生草本。株高达 1m。茎直立，基部分支。叶扁平，线状披针形或披针形，先端短渐尖，基部渐窄成短柄。花被近球形，5 深裂，裂片近角形，翅状附属物角形或倒卵形，边缘微波状或具缺刻。花期 6~9 月（图 8-6）。

［分布与习性］原产于欧洲及亚洲中部和南部地区。适应性较强，喜温暖、喜光、耐干旱，不耐寒，对土壤要求不严，较耐碱性土壤。在肥沃、疏松、含腐殖质多的壤土中生长旺盛。

［园林用途］可用于布置花篱、花境，或数株丛植于花坛中央，可修剪成各种几何造型进行布置，也可作盆栽。

5. 紫茉莉 ***Mirabilis jalapa***

［别名］胭脂花、粉豆花、夜饭花

［科属］紫茉莉科紫茉莉属

［形态特征］多年生草本，常作一年生栽培。株高可达 1m，茎多分支，节稍肿大。叶卵形或卵状三角形，先端渐尖，基部平截或心形，全缘。

花常数朵簇生枝顶，总苞钟形，5 裂，花被紫红、黄或杂色。花期 6~10 月（图 8-7）。

［分布与习性］原产于热带美洲，我国南北各地常栽培。性强健，喜温暖湿润气候，不耐寒；冬季地上部分枯死，在我国南方冬季温暖地区地下根系可安全越冬；耐炎热，在稍庇荫处生长良好；对土壤要求不严，在土层深厚而肥沃的土壤中生长良好；能自播繁衍。

［园林用途］花形美观，芳香，可丛植于房前屋后、篱垣、疏林旁，在园林绿地内自然丛植，或点缀在居住区。

图8-7 紫茉莉

**6. 鸡冠花 *Celosia cristata***

［别名］鸡髻花、老来红、芦花鸡冠

［科属］苋科青葙属

［形态特征］多年生草本，常作一年生栽培。株高 15~120 cm，茎直立，上部扁平，绿色或红色。叶互生，卵形，顶部渐狭，全缘；有柄。穗状花序肉质顶生，具丝绒般光滑，花序上部退化成丝状，中下部成干膜质状，生不显著细小花；花序有不同形状，短日照下花芽分化快，火焰形花序分支多，长日照下鸡冠状花序形体大；花色深红、鲜红，也有黄、白及复色变种。花果期 7~9 月（图 8-8）。

图8-8 鸡冠花

［分布与习性］原产于东亚及南亚亚热带和热带地区；我国南北各地均有栽培，广布于温暖地区。喜高温，不耐寒，怕霜冻，遇霜则植株枯萎；怕涝，耐肥不耐瘠薄，宜栽植在阳光充足、空气干燥的环境和排水良好的肥沃砂壤土上；对 $SO_2$ 抗性强，对 $Cl_2$ 也有一定抗性。

［园林用途］花色丰富，适合布置大型花坛、花境和景点，也是很好的盆栽材料，还可制作成干花，用于插花。

**7. 千日红 *Gomphrena globosa***

［别名］火球花、百日红

［科属］苋科千日红属

［形态特征］一年生草本。茎粗壮，有分支。单叶对生，纸质，长椭圆形至倒卵形，凸尖，基部渐窄，边缘波状，全缘。头状花序，着生于枝顶，小花干后不落，不变色。花色丰富，有紫红、粉红、金黄、橙黄、白色等（图 8-9）。

图8-9 千日红

图8-10　半支莲

图8-11　蜀　葵

图8-12　三色堇

［分布与习性］原产于亚洲热带，我国南北各地均有栽培；喜阳光，生性强健，耐干热，耐旱不耐寒，在疏松肥沃的土壤中生长良好。

［园林用途］适合栽植于花坛、花境，或用于盆栽，也可作切花及干花；与其他花卉搭配种植，十分美观。

### 8. 半支莲 *Portulaca grandiflora*

［别名］大花马齿苋、太阳花、死不了、松叶牡丹

［科属］马齿苋科马齿苋属

［形态特征］一年生草本。枝条倒伏半匐生、肉质；茎平卧或斜升，紫红色，多分支。叶密集枝顶，较下不规则互生，叶细圆柱形，有时微弯，先端钝圆。蝶形花瓣 5 枚，有重瓣种，花色丰富，有白色、黄色、粉色、橙色、红色、紫色等。花期 6~9 月（图 8-10）。

［分布与习性］原产于巴西。适应性强，易栽培，喜阳光充足，过阴不易开花，不耐寒，怕炎热，生长适温为 15~25℃；喜肥沃的砂质土壤，耐瘠薄，忌积水。

［园林用途］叶花均美，是优良的地被花卉，是毛毡花坛、花坛边缘、花境边缘的良好材料，可种植于公路边、江河边、湖岸边，既可美化环境又具有护坡的作用；在园林中可用于布置花坛、岩石园以及盆栽观赏。

### 9. 蜀葵 *Alcea rosea*

［别名］淑气、斗蓬花、栽秧花

［科属］锦葵科蜀葵属

［形态特征］二年生草本。茎直立。叶大，近圆心形，掌状 5~7 浅裂或波状棱角。花呈总状花序顶生单瓣或重瓣，有紫、粉、红、白等色。花期 2~8 月（图 8-11）。

［分布与习性］原产于我国四川，在我国分布很广，华东、华中、华北均有种植，华北地区可露地越冬。耐寒；喜光，耐半阴；忌涝，要求排水良好而肥沃的土壤。

［园林用途］花色丰富，花大而重瓣性强，可连年开花，常应用于庭园、路侧、场地布置花境；是绿篱、花墙的良好材料；常在建筑物前列植或丛

植，作花境的背景效果好，也可盆栽观赏。

**10. 三色堇 *Viola tricolor***

［别名］蝴蝶花、人面花

［科属］堇菜科堇菜属

［形态特征］多年生草本，常作二年生栽培。全株光滑，茎长而分支。叶互生，基生叶长卵形或披针形，具长柄；茎生叶卵形，先端圆或钝，基部圆。每花有紫、白、黄三色；上方花瓣深紫堇色，侧瓣及下瓣均为三色，有紫色条纹，侧瓣内面基部密被须毛，下瓣距较细。花期 4~7 月（图 8-12）。

［分布与习性］原产于欧洲南部。喜凉爽，忌酷热，较耐寒，能耐 -15℃的低温；喜光，耐半阴；不耐瘠薄，喜肥沃、排水良好、富含有机质的中性土壤或砂壤土。

［园林用途］优良春季花坛材料，花期长，色彩丰富，花形奇特，可在公园成片栽植，也适宜应用在花坛、花境、盆栽，或作为镶边材料，是优良盆栽和庭园花卉。

**11. 香雪球 *Lobularia maritima***

［别名］小白花、玉蝶球、庭荠

［科属］十字花科香雪球属

［形态特征］多年生草本，常作一、二年生栽培。全株被“丁”字毛，毛带银灰色。茎自基部向上分支，常呈密丛。叶条形或披针形，全缘。花序伞房状，果期极伸长；花瓣淡紫色或白色。短角果椭圆形，种子每室一粒，淡红褐色，遇水产生胶黏物质（图 8-13）。

［分布与习性］原产于地中海沿岸。我国河北、山西、江苏、浙江、陕西、新疆等地公园及花圃有栽培。喜冷凉、干燥气候，稍耐寒，忌酷暑；喜光，亦稍耐阴；对土壤要求不严，耐干旱瘠薄，忌涝渍；耐海边盐碱。

［园林用途］可作岩石园花卉，可植于花境、花坛，尤其是模纹花坛及花坛镶边；也可盆栽观赏。

**12. 紫罗兰 *Matthiola incana***

［别名］草桂花、四桃克、草紫罗兰

［科属］十字花科紫罗兰属

［形态特征］多年生草本，常作二年生栽培。茎直立，多分支，基部稍木质化。叶长圆形、倒披

图8-13 香雪球

图8-14 紫罗兰

图8-15　羽衣甘蓝

图8-16　二月蓝

针形或匙形，全缘或微波状，先端钝圆，基部渐窄成柄。花瓣紫红、淡红或白色，倒卵形，不拳卷，先端2裂或微凹。花期4~5月（图8-14）。

［分布与习性］原产于欧洲南部。喜阳光充足；温暖和冷凉的环境，能耐短时间约 -5℃的低温；需生长在疏松肥沃、土层深厚而排水良好的土壤中。

［园林用途］花朵茂盛、花期长，色彩丰富，有香味，可用于布置花坛、花境，也可作盆栽和切花，用于美化居室。

### 13. 羽衣甘蓝 *Brassica oleracea* var. *acephala*

［别名］叶牡丹、绿叶甘蓝

［科属］十字花科芸薹属

［形态特征］二年生草本。叶基生，幼苗与食用甘蓝极像，但长大后不结球；叶大而肥厚，皱缩，叶色丰富，有白色、黄色、红色、紫红色、灰绿色等。开花时总状花序高可达1.2m（图8-15）。

［分布与习性］喜冷凉气候，较耐寒；苗期能耐较低温度，旺盛生长期适温为15~20℃；短日照植物，喜阳光充足；耐盐碱，喜疏松肥沃的砂质土壤。

［园林用途］盆栽或布置花台、花坛。叶姿雍容华贵，适合成簇栽培，景观优雅；还可用作切花，实为切叶。

### 14. 二月蓝 *Orychophragmus violaceus*

［别名］紫金草、诸葛菜

［科属］十字花科诸葛菜属

［形态特征］一、二年生草本。株高10~50 cm，无毛。茎单一，直立，基部或上部稍有分支，浅绿色或带紫色。基生叶及下部茎生叶大头羽状全裂。花紫色、浅红色或褪成白色；花萼筒状，紫色，花瓣宽倒卵形，密生细脉纹。长角果线形；种子卵形至长圆形，长约2mm，稍扁平，黑棕色，有纵条纹。花期3~5月，果期5~6月（图8-16）。

［分布与习性］常生于平原、山地、路旁或地边。适应性强，耐寒，萌发早，喜光；对土壤要求不严，在酸性土和碱性土中均可生长，但在疏松、肥沃、土层深厚的地块上生长良好，在瘠薄地栽培时，只要加强管理，也能获得高产。可自播繁衍。

［园林用途］可配置树池、坡上、树荫下、路旁、草地、假山石周围、山谷中等处。利用二月蓝的高度和群体的色块作树裙装饰树干，如侧柏、油松的树干；因其直根系极长，可用于保持水土、涵养水源，同时还能绿化荒坡，自成景观。

### 15. 报春花 *Primula malacoides*

［别名］藏报春、阿勒泰报春花

［科属］报春花科报春花属

［形态特征］二年生草本。叶丛生；叶卵形、椭圆形或长圆形，先端圆，基部心形或平截；叶柄具窄翅。伞形花序，苞片线形或线状披针形，通常被乳白色粉，裂片三角形；花冠粉红、淡蓝紫或近白色。花期2~5月（图8-17）。

［分布与习性］原产于我国云南、贵州和广西西部。喜气候温凉、湿润的环境和排水良好、富含腐殖质的土壤，不耐高温和强烈的直射阳光，多数亦不耐严寒。

［园林用途］株丛雅致，花色艳丽，花期正值元旦和春节，可增添节日喜庆气氛。宜盆栽，适合装点客厅、居室及书房。在温暖地区，还可露地植于花坛、假山、岩石园、野趣园、水榭旁。

### 16. 羽扇豆 *Lupinus micranthus*

［别名］鲁冰花

［科属］豆科羽扇豆属

［形态特征］一年生草本。株高100~150cm。叶多基生成丛，掌状复叶，披针形至倒披针形，叶质厚，叶面平滑，背面具粗毛。轮生总状花序，小花多而密，在枝顶排列成塔形，长可达60cm；花色丰富，有白、黄、橙、红、紫、蓝以及双色品种。花期3~5月（图8-18）。

［分布与习性］原产于南欧地中海地区。喜凉爽、阳光充足的环境，忌炎热，较耐寒，生长适温为10~28℃；稍耐阴，要求土层深厚、肥沃疏松、排水良好的酸性砂壤土；深根性，主根发达，须根少，不耐移植。

［园林用途］叶形优美，花色丰富，可作盆栽，点缀大堂、庭院、门厅；也可作切花装饰家居；亦可用作花境、花坛。

### 17. 旱金莲 *Tropaeolum majus*

［别名］旱莲花、荷叶七

［科属］旱金莲科旱金莲属

［形态特征］多年生草本，常作一年生栽培。蔓生。叶互生；叶柄向上扭曲，盾状；叶圆形，具波状浅缺刻，下面疏被毛或有乳点。花黄、紫、橘红或杂色；花托杯状。花期7~9月（图8-19）。

［分布与习性］原产于南美秘鲁、巴西等地；我国普遍引种作为庭园或温室观赏植物。不耐寒，喜温暖湿润。需要阳光充足和排水良好的肥沃土壤。夏季高温时不易开花，35℃以上时生长受抑制。

［园林用途］叶肥花美，叶形如碗莲，在旱金莲盛开的季节，群花开放，景色非常壮观，犹如群蝶飞舞，别具风趣。盆栽可供室内观赏或用于装饰阳台、窗台。

图8-17 报春花

图8-18 羽扇豆

图8-19 旱金莲

图8-20　长春花

图8-21　曼陀罗

图8-22　碧冬茄

18. 长春花 *Catharanthus roseus*

［别名］日日春、日日草、日日新

［科属］夹竹桃科长春花属

［形态特征］多年生草本，常作一年生栽培。叶膜质，倒卵形或椭圆形，先端具短尖头，基部楔形，侧脉7~11对。聚伞形花序顶生或腋生，花冠高脚碟状，5裂，红、粉红或白色，常具粉红、稀黄色斑。花期、果期几乎全年（图8-20）。

［分布与习性］原产于南非、非洲东部及美洲热带；我国西南、中南及华东等地有栽培。喜温暖和阳光充足环境；忌干热，夏季应充分灌水；忌旱怕涝，一般土壤均可栽培，在排水良好、通风透气的土壤中生长最好。

［园林用途］适用于盆栽、花坛和岩石园观赏，特别适用于大型花槽观赏；在热带地区可作林下地被栽培；高型品种可作切花观赏。

19. 曼陀罗 *Datura stramonium*

［别名］醉心花、闹羊花、野麻子

［科属］茄科曼陀罗属

［形态特征］一年生草本或半灌木状，高达1.5m，植株无毛或幼嫩部分被短柔毛。茎粗壮，圆柱状，淡绿色或带紫色，下部木质化。叶广卵形，顶端渐尖，基部不对称楔形，边缘有不规则波状浅裂，裂片顶端急尖，有时亦有波状齿裂（图8-21）。

［分布与习性］广布于世界各大洲，我国各地区都有分布。常生于住宅旁、路边或草地上。宜生长在阳光充足处，适应性强，不择土壤，但以富含有机质和石灰质的土壤为好。

［园林用途］可观赏栽培。

20. 碧冬茄 *Petunia × hybrida*

［别名］矮牵牛、毽子花、撞羽朝颜

［科属］茄科碧冬茄属

［形态特征］一年生草本。全株具黏毛，株高20~50cm，茎直立。叶互生，嫩叶略对生，卵形、全缘；近无柄。花单生于叶腋或顶生，花萼五裂，花冠漏斗形，先端具波状浅裂；花色繁多，有红、紫红、粉红、橙红、紫、蓝、白及复色等。花期4~10月（图8-22）。

［分布与习性］产于南美洲巴西、阿根廷、智利及乌拉圭等地。喜温暖阳光充足环境，耐半阴；不耐寒，夏季耐高温，对温度的适应性高；喜疏松、排水良好及微酸性土壤，忌积水雨涝。

［园林用途］花期长，开花早，花朵硕大，色彩丰富，是优良的花坛和种植钵的材料，也适作盆栽、悬吊观赏，可美化阳台居室。

21. 番薯 *Ipomoea batatas*

［别名］地瓜、山芋、甘薯

［科属］旋花科番薯属

［形态特征］多年生草质藤本，常作一年生栽培。具乳汁。茎生不定根，匍匐地面。叶宽卵形或卵状心形，先端渐尖，基部心形或近平截，全缘或具缺裂。聚伞花序腋生，由1、3、7朵花聚集成伞状；苞片披针形，先端芒尖或骤尖；花冠粉红、白、淡紫或紫色，钟状或漏斗状。花期7~9月（图8-23）。

［分布与习性］在我国大多数地区都普遍栽培。其生长开花习性随品种和生长条件不同而异。

［园林用途］适合盆栽、悬吊；也可进行地被栽植，适合在阳光充足处作地被，也可与其他彩叶植物配置，起对比与衬托作用。

图8-23 番 薯

### 22. 福禄考 *Phlox drummondii*

［别名］小天蓝绣球、金山海棠、雁来红

［科属］花荵科天蓝绣球属

［形态特征］一年生草本。茎直立，被腺毛。下部叶对生，上部叶互生；全缘，叶面有柔毛；无叶柄。圆锥状聚伞花序顶生，有短柔毛，花梗很短；花萼筒状，萼裂片披针状钻形；花冠高脚碟状。花期6~9月（图8-24）。

［分布与习性］原产于墨西哥。喜阳光充足，忌炎热多雨及碱地。

［园林用途］可用于模纹花坛、岩石园及地被；也可盆栽观赏。

图8-24 福禄考

### 23. 美女樱 *Glandularia* × *hybrida*

［别名］紫花美人樱

［科属］马鞭草科美女樱属

［形态特征］多年生草本，常作一、二年生栽培。茎粗壮，具四棱，直立或匍匐生长。叶对生，有柄，矩圆形，先端钝，边缘有不等大的阔圆齿，近基部略呈裂片状。穗状花序顶生，花小而密集，花色丰富，有紫、紫红、玫瑰红、白色等。花期6~9月（图8-25）。

［分布与习性］原产于巴西、秘鲁和乌拉圭等地。喜温暖湿润而阳光充足的环境；不耐阴，较耐寒，生长适温为5~25℃；怕干旱，忌积水，在疏松湿润、透水性良好而肥沃的土壤中生长良好；能自播繁衍。

图8-25 美女樱

图8-26　彩叶草

图8-27　鼠尾草

［园林用途］花色丰富，适合盆栽和吊盆栽培，装饰窗台、阳台和走廊，鲜艳雅致；也可作花坛和花境，也可群植在公园入口处、广场花坛、街旁、草坪边缘。

**24. 彩叶草 *Coleus scutellarioides***

［别名］五彩苏、锦紫苏

［科属］唇形科鞘蕊花属

［形态特征］匍匐多年生草本，常作一年生栽培。茎四棱形，通常紫色。叶卵形，先端钝或短渐尖，基部宽楔形或圆，具圆齿状锯齿或圆齿，黄、深红、紫及绿色，下面疏被红褐色腺点。轮伞花序多花，花冠淡紫色、蓝色（图 8-26）。

［分布与习性］我国广泛栽培。喜温性植物，适应性强，要求冬季温度不低于 10℃，夏季高温时稍加遮阴；喜充足阳光，光线充足能使叶色鲜艳；要求水肥条件好，土壤肥沃、疏松、透气的砂质土壤，在盐碱及重黏土地不适宜或生长不良，不耐寒，不耐水淹。

［园林用途］色彩鲜艳、品种甚多、繁殖容易，为应用较广的观叶花卉，除可作小型观叶花卉陈设外，还可用于配置模纹花坛，也可用作花篮、花束的配叶。

**25. 鼠尾草 *Salvia japonica***

［别名］消炎草、秋丹参、水青、乌草

［科属］唇形科鼠尾草属

［形态特征］一年生草本。茎直立，四棱形，具沟，沿棱上被疏长柔毛或近无毛。茎下部叶为二回羽状复叶，茎上部叶为一回羽状复叶，顶生小叶披针形或菱形，先端渐尖或尾状渐尖，基部长楔形，侧生小叶卵圆状披针形，先端锐尖或短渐尖，基部偏斜近圆形。轮伞花序 2~6 朵花，组成总状花序或圆锥花序，花萼筒形；花冠淡红、淡紫、淡蓝至白色。花期 6~9 月。小坚果椭圆形，褐色，光滑（图 8-27）。

［分布与习性］产于我国浙江、安徽南部、江苏、江西、湖北、福建、台湾、广东、广西。耐旱，但不耐涝；不择土壤，宜排水良好、土质疏松的中性或微碱性土壤。

［园林用途］可作盆栽，用于布置花坛、花境

和园林景点。同时，可点缀岩石旁、林缘空隙地，以及公园、风景区林缘坡地、草坪一隅、河湖岸边布置。

**26. 一串红 *Salvia splendens***

［别名］爆仗红、炮仔花

［科属］唇形科鼠尾草属

［形态特征］多年生草本，常作一年生栽培。株高20~90cm。茎钝四棱形，具浅槽，无毛。叶卵形或三角状卵形，端渐尖，基部平截或近圆，具锯齿。顶生总状花序，披红色柔毛，花2~6朵轮生，苞片卵形，深红色，早落，花冠唇形。花期3~10月（图8-28）。

［分布与习性］原产于巴西，我国各地庭园中广泛栽培。喜阳光充足，耐半阴，喜温暖，忌霜害，不耐寒，生长适温为20~25℃，低于15℃出现黄叶，高于30℃时花叶变小。对土壤要求不严，在肥沃疏松的土壤上生长最佳。

［园林用途］花朵繁茂，常作花坛、花丛的主题材料或装饰花带和自然式纯植于林缘，常与其他花卉配置，矮型品种宜作花坛材料，不同花色的品种可搭配应用。

图8-28　一串红

**27. 金鱼草 *Antirrhinum majus***

［别名］龙头花、狮子花、龙口花

［科属］玄参科金鱼草属

［形态特征］多年生草本，常作一、二年生栽培。茎直立。叶基部对生，上部螺旋状互生；叶片披针形至长圆状披针形，先端渐尖，基部楔形，全缘。总状花序顶生，花冠二唇瓣，基部膨大；有火红、金黄、艳粉、纯白和复色等色。花果期6~10月（图8-29）。

［分布与习性］原产于地中海沿岸，现各地栽培。性强健，喜凉爽气候，忌高温多湿，较耐寒，不耐热；喜阳光，也耐半阴，对光照长短反应不敏感；喜肥沃、疏松和排水良好的微酸性砂质土壤。

［园林用途］性强健，易栽培，色彩丰富，为我国常见庭园花卉，矮型品种常用于花坛、花境或路边栽培观赏，盆栽观赏可置于阳台、窗台等处装饰，也可用来布置岩石园；高型品种常用作切花，也可作背景材料。

图8-29　金鱼草

图8-30　毛地黄

图8-31　藿香蓟

图8-32　雏　菊

### 28. 毛地黄 *Digitalis purpurea*

［别名］洋地黄、德国金钟、山白菜

［科属］玄参科毛地黄属

［形态特征］一年生或多年生草本。茎直立，分支少。基生叶多数成莲座状，叶卵形或长椭圆形，先端尖或钝，基部渐窄，边缘具带短尖圆齿，少有锯齿；茎生叶下部的与基生叶同形，向上渐小，叶柄短直至无柄而成为苞片。花冠紫红色，内面具斑点，裂片很短。花期5~6月（图8-30）。

［分布与习性］原产于中欧中部与南部山区；在我国分布于江苏、江西、四川、浙江等低海拔地区。耐寒，耐旱，喜光耐阴，耐瘠薄；喜富含腐殖质的肥沃土壤。

［园林用途］花茎挺直，花冠奇特美观，色彩艳丽，适用于盆栽、花境或岩石园。

### 29. 藿香蓟 *Ageratum conyzoides*

［别名］胜红蓟、臭草

［科属］菊科藿香蓟属

［形态特征］多年生草本，常作一、二年生栽培。叶对生或上部叶互生，叶片卵形，叶基部钝或宽楔形。头状花序，呈伞房花序或圆锥花序排列，小花全部为管状花，花色有淡蓝色、蓝紫色、紫红色、白色等。花期7月至霜降（图8-31）。

［分布与习性］原产于中南美洲。喜温暖和阳光充足环境，稍耐阴，不耐寒，忌炎热，怕高温，生长适温为15~30℃；对土壤要求不严，最适宜生长在肥沃排水良好的砂壤土；分支力强，耐修剪，适宜粗放管理，种子有自播繁衍能力。

［园林用途］株丛繁茂，花朵美观，是美化花坛、花境的优质材料，也可用于小庭园、路边点缀，植株密生还可覆盖地面；矮型品种可盆栽观赏，高型品种可用于切花插瓶或花篮。

### 30. 雏菊 *Bellis perennis*

［别名］马兰头花、春菊、延命菊、太阳菊

［科属］菊科雏菊属

［形态特征］多年生或一年生草本，常作二年生栽培。叶基生，匙形，先端圆，基部渐窄成柄，上半部有疏钝齿或波状齿。头状花序单生，舌状花1层，雌性，舌片白带粉红色，开展，全缘或有2~3齿；管

状花多数，两性，均结实。花期 2~5 月（图 8-32）。

［分布与习性］原产于欧洲，性强健，较耐寒，喜冷凉气候，可耐 -4℃，通常可以露地稍加覆盖越冬；适宜在肥沃、富含腐殖质、湿润、排水良好的砂质土壤中生长；忌炎热，能自播繁衍，不耐水湿。

［园林用途］小巧玲珑，花期较长，适宜布置花坛和作花境镶边材料，也可与春季开花的球根花卉配置；盆栽雏菊可用来点缀室内、案边或窗台。

### 31. 波斯菊 *Cosmos bipinnatus*

［别名］秋英、格桑花

［科属］菊科秋英属

［形态特征］一年生草本。茎无毛或稍被柔毛。叶二回羽状深裂。头状花序单生，舌状花紫红、粉红或白色，舌片椭圆状倒卵形；管状花黄色，管部短，上部圆柱形，有披针状裂片。花期 6~8 月（图 8-33）。

［分布与习性］原产于墨西哥。适应性强，喜阳光充足，不耐寒，不耐酷暑，生长适温为 13℃左右；耐干旱、耐瘠薄，在肥沃、疏松湿润而排水良好的土壤中生长最佳，但肥水不宜过多。

［园林用途］株形高大，叶形雅致，色彩丰富，有红、白、粉、紫等色，适宜作花境，可成片栽植于草地边缘、树丛周围及路旁作背景材料；重瓣品种可作切花材料。

### 32. 向日葵 *Helianthus annuus*

［别名］丈菊、向阳花、望日葵

［科属］菊科向日葵属

［形态特征］一年生草本。茎直立，粗壮，被白色粗硬毛。叶互生，有出基三脉，边缘有粗锯齿，两面被短糙毛，有长柄。头状花序极大，常下倾；总苞片多层，叶质，覆瓦状排列，被长硬毛或纤毛；舌状花多数，黄色，舌片开展，不结实；管状花极多数，棕色或紫色，有披针形裂片，结果实。瘦果有细肋。花期 7~9 月，果期 8~9 月（图 8-34）。

［分布与习性］原产于北美，世界各国均有栽培。喜光，喜温暖湿润环境，耐旱不耐寒，不择土壤。

［园林用途］宜用于中性花坛、花田及切花。

图8-33　波斯菊

图8-34　向日葵

### 33. 黑心金光菊 *Rudbeckia hirta*

［别名］黑心菊、黑眼菊

［科属］菊科金光菊属

［形态特征］一、二年生草本。茎不分支或上部分支，全株被粗刺毛。下部叶长卵圆形，长圆形或匙形，有三出脉，边缘有细锯齿，有具翅的柄；上部叶长圆披针形，顶端渐尖，边缘有细至粗疏锯齿或全缘，两面被白色密刺毛。头状花序，有长花序梗；舌状花鲜黄色；管状花暗褐色或暗紫

图8-35　黑心金光菊

图8-36　万寿菊

图8-37　球　菊

色。瘦果四棱形，黑褐色。花期 5~9 月，可以开 3~4 个月（图 8-35）。

［分布与习性］原产于北美洲；我国各地庭园常见栽培。喜向阳、通风的环境，耐寒性强，耐干旱，忌水湿，能适应一般园土。

［园林用途］花朵硕大，色彩鲜艳，花期长，可作花境，也可作树坛边缘、隙地或需要遮蔽物体的绿化材料。

**34. 万寿菊 *Tagetes erecta***

［别名］臭芙蓉、万寿灯、臭菊花

［科属］菊科万寿菊属

［形态特征］一年生草本。茎直立，光滑而粗壮。叶羽状分裂，裂片长椭圆形或披针形，具锐齿，上部叶裂片齿端有长细芒，叶缘有少数腺体。头状花序单生，舌状花黄或暗橙黄色，管状花花冠黄色。花期 7~9 月（图 8-36）。

［分布与习性］原产于墨西哥；我国各地均有栽培。喜阳光充足温暖的环境，稍耐早霜，稍耐阴，较耐旱，在酷暑条件下生长不良，对土壤要求不严，在肥沃深厚、富含腐殖质而排水良好的砂质土壤中生长良好。

［园林用途］花大色艳，花期长；矮型品种适合作花坛布置或栽植于花丛、花境中；中型品种可用于群体栽植、点缀草坪；高型品种可作切花，可作带状栽植代替篱垣，或作背景材料应用。

**35. 球菊 *Epaltes australis***

［别名］鹅不食草

［科属］菊科球菊属

［形态特征］一年生草本。茎枝铺散或匍匐状，基部多分支，无毛或被疏粗毛，无翅。叶倒卵形或倒卵状长圆形，边缘有粗锯齿，无毛或被疏柔毛，无柄或有短柄。头状花序多数，扁球形，无或有短花序梗，侧生，单生或双生。花期 3~6月，9~11月（图 8-37）。

［分布与习性］广布于台湾、福建、广东及其南部沿海岛屿、广西及云南等地。耐寒、怕热，生长适温为 20℃左右；喜阳光充足环境，适应性较强，较耐旱，适合排水良好的土壤，对中性到碱性土壤有较好的适应性。

［园林用途］最宜作庭院或花坛景观材料，也可作为草坪或地被植物，还可用于制作干花束和手工艺品。

**36. 百日菊 *Zinnia elegans***

［别名］百日草、节节高

［科属］菊科百日菊属

［形态特征］一年生草本。茎被糙毛或硬毛。叶宽卵圆形或长圆状椭圆形，基部稍心形抱茎，两面粗糙，下面密被糙毛。头状花序单生枝顶，梗长，总苞钟状，基部连生成数轮，舌状花倒卵形，有白、黄、红、紫等色，管状花黄橙色。花期6~9月（图8-38）。

图8-38 百日菊

［分布与习性］原产于墨西哥。喜阳光，耐半阴；喜温暖，忌酷暑，耐早霜；不耐寒，耐干旱，忌连作，怕湿热；地栽以肥沃和土层深厚的土壤中生长良好，盆栽需富含腐殖质、疏松肥沃排水良好的砂质土等。

［园林用途］花期长，夏秋季花坛、花境的常用花卉。高型品种用于切花，水养持久；矮型品种用于花坛，也可作盆栽。

**37. 金盏菊 *Calendula officinalis***

［别名］盏盏菊、金盏花

［科属］菊科金盏花属

［形态特征］一年生草本。株高30~60cm。叶互生，长圆至长圆状倒卵形，全缘或有不明显锯齿，基部稍抱茎。头状花序单生茎枝顶端，小花黄或橙黄色，长于总苞2倍，舌片宽4~5mm。花期4~9月（图8-39）。

图8-39 金盏菊

［分布与习性］原产于欧洲南部及地中海沿岸。耐寒、怕热，生长适温为7~20℃；喜阳光充足环境，适应性较强，较耐干旱瘠薄，最宜肥沃、疏松和排水良好的砂质土壤或培养土；栽培容易，易自播繁衍。

［园林用途］花期早，色彩艳丽，可供花坛布置，也可作切花及盆花。

## 8.2 宿根花卉

### 8.2.1 概述

#### 8.2.1.1 含义及类型

宿根花卉是指地下部分形态正常，入冬后地上部分枯死或进入冬眠状态，根系在土壤中宿存，来年春天再萌发生长的一类草本植物。

根据耐寒性强弱不同，宿根花卉可分为耐寒性宿根花卉和常绿性宿根花卉。

①耐寒性宿根花卉　一般产于温带，耐寒，可

露地栽培。冬季地上茎叶全部枯死，地下部分进入休眠状态。如菊花、桔梗等。

②常绿性宿根花卉　大多产于热带、亚热带，耐寒力弱。在冬季茎叶仍为绿色，温度低时停止生长，温度适宜则休眠不明显或只是生长稍停顿，在北方寒冷地区不能露地越冬，多为叶片常绿，以观花为主的温室宿根花卉，如鹤望兰、花烛、君子兰等。

#### 8.2.1.2　生态习性

宿根花卉一般生长强健，适应性较强。不同种类在生长发育过程中对外界环境的要求不一致，生态习性有所差异。

**（1）温度要求**

不同种类的宿根花卉耐寒力差异大，早春及春季开花的种类大多喜冷凉，忌炎热；夏秋季开花的种类则大多喜温暖。

**（2）光照要求**

对光照的要求不一致，有些种类喜阳光充足，如菊花、宿根福禄考；有些种类喜半阴，如玉簪、紫萼；有些种类喜微阴，如耧斗菜、桔梗等。

**（3）水分要求**

宿根花卉的根系比一、二年花卉强壮，抗旱性强，对水分的要求不尽相同，如鸢尾、乌头要求湿润的土壤；而松果菊、黄花菜等则耐干旱。

**（4）土壤要求**

宿根花卉对土壤要求不严，除砂土和重黏土外，大多数都可生长。一般栽培 2~3 年后以生长在黏质壤土中为佳，小苗时期喜富含腐殖质而疏松的土壤。对土壤的肥力有着不同的适应性，金光菊、荷兰菊、桔梗等耐瘠薄，而芍药、菊花则喜肥。对土壤酸碱度的要求也不一致，多叶羽扇豆喜酸性土壤，而非洲菊、宿根霞草则喜微碱性土壤。

#### 8.2.1.3　园林应用及特点

宿根花卉种类繁多，色彩绚丽，花期长且适应性强，因而在园林中广泛应用，常应用于花坛、花境、地被、水体绿化、道路绿化、专类园等。

**（1）主要应用特点**

①可选种类多　宿根花卉的种类繁多，有上千种，目前广泛应用于园林绿化建设中的种类约 200 种。由于宿根花卉的株形、颜色、花期、性状等差异较大，因此园林应用可选种类多。

②适应性强　由于宿根花卉根系发达，且通常为纺锤状和块状，因此，其根系的蓄水能力较强，可适应极端天气，且许多种类都具有较好的耐寒、耐旱、耐盐碱、抗病性等优点。

③易栽培　宿根花卉的栽种方法较多且较简单，通常采用播种、嫁接、扦插等常规方法。如薰衣草多选用播种方式，丛生福禄考多采用扦插方式，美人蕉多采用分根繁殖方式。

④养护简单　宿根花卉可在播种后连年数次开花，病虫害极少，对于外界自然环境条件没有严格的要求，因此，宿根花卉可以适当采用粗放管理。

⑤应用形式多样　宿根花卉应用种类较多，不同宿根花卉在形状、生长特性方面存在一定差异，应用方便，可适用于多种造景方式，如花坛、花丛花群、花带等，利用价值高。

⑥环境效益好　由于宿根花卉种类繁多、适应性强且养护管理较方便，适合大面积种植。大量种植宿根花卉会带来较好的环境效益。

**（2）应用目标与作用**

①生态环境目标　宿根花卉种类繁多、栽培容易，在各大园林中广泛应用，与一、二年生花卉相同，对提高人类的生存环境质量有着重要意义，在保持水土、固土护坡、改善局部小气候方面都能起到巨大的作用。

宿根花卉色彩丰富，大多数种类花叶俱佳，凭借自身优势以各种形式应用于各大园林绿地中。通过景观设计者的合理配置，能够呈现出花色鲜艳、株形丰富、美观而不单调的景观效果，与其他植被种类共同构成优美和谐的风景线。

②经济社会作用　宿根花卉适应性强，根系发达，容易成活，其栽培容易，有性和无性繁殖均可快速、大量地生产出种苗，用于大面积绿化；一次栽植即可多年观赏，科学的繁殖与栽培管理可以充分保持宿根花卉的优良性状，其养护简单，

能够有效降低种植成本。宿根花卉养护简单，成本低、收效快的特点能够取得良好的经济效益。宿根花卉还能够结合生产，作为切花、花束等的原材料，投入生产基地中等，也可带来较大的经济效益。同时，有些宿根花卉不仅具有良好的观赏价值，其食用、药用价值也极其显著，如牡丹、芍药等，其花瓣、花粉、根、种子等均可加工成制品，并广泛应用于食品、药品、化妆品等行业，产生较好的经济效益。

**（3）应用方式**

①花境　是模拟自然界中野生花卉交错生长状态的一种花卉应用形式，常带状布置。其花卉布置是自然斑块混交，也须考虑同一季节中不同花材间的色彩、姿态体型以及数量的对比，还要注意不同花期花卉的应用，保证景观的长期性。宿根花卉色彩丰富且鲜艳，有多种不同花期的花卉种类，能够充分发挥花境的特色，保证景观的良好效果。

②花坛　宿根花卉由于其品种繁多，花色艳丽多彩等特点，适于种植在各种花坛中，如广场中央及道路两侧要求轮廓分明简洁、具有鲜艳色彩的花坛，宿根花卉能够充分满足其要求，常见种植种类有金鸡菊、菊花等。

③园林地被　宿根花卉中的低矮种类多样，且花色鲜艳，能够在覆盖地面，起到绿化效果的同时，增加观赏效果，丰富景观，再加上其自身能够自播繁衍，管理成本低，利用率很高。部分种类也常用于道路镶边，如垂盆草、石竹、紫露草等常种植于道路边缘，提高道路的景观效果。

④水体绿化　宿根花卉有些种类适合水边栽植，如鸢尾、燕子花、云南黄馨等，能够与周围的背景及水体融合，呈现出丰富的水景变化，给人带来亲水的体验感。

⑤垂直绿化　宿根花卉中一些蔓生种类，如花叶蔓长春、铁线莲等，常应用于垂直绿化，装饰墙体、栅栏、篱垣等，也适合垂吊，其自然生长的状态能够创造富有野趣的景观。

⑥专类园　由于宿根花卉的品种繁多，可以根据其不同特点配置成各种专类园，如百合园、芍药园等，这些专类园已经成为各大城市的重要园林景观。也有一些矮生花卉，如宿根石竹、景天、虎耳草等种类，可以作岩石园的材料。

### 8.2.2　常见宿根花卉

**1. 蕺菜 *Houttuynia cordata***

［别名］鱼腥草、臭狗耳、狗腥草、狗心草

［科属］三白草科蕺菜属

［形态特征］多年生草本。高达 60cm。具根茎；茎下部伏地，上部直立，无毛或节上被毛，有时紫红色。叶薄纸质，有腺点，卵形或阔卵形。穗状花序顶生或与叶对生。蒴果近球形，顶端开裂。花期 4~8 月，果期 6~10 月（图 8-40）。

［分布与习性］原产于我国中部、东南至西南部各地，亚洲东部和东南部广布。生于沟边、溪边或林下湿地。耐阴植物，怕强光；喜温暖潮湿环境，较耐寒，-15℃可越冬；忌干旱，以肥沃的砂质土壤或腐殖质壤土生长最好。

［园林用途］全株入药，嫩根茎可食，在我国西南地区常用作蔬菜或调味品。本种植株叶茂花繁，生性强健，为乡土地被植物，可带状丛植于溪沟旁，或群植于潮湿的疏林下。

**2. 豆瓣绿 *Peperomia tetraphylla***

［别名］碧玉、椒草、碧玉椒草

［科属］胡椒科草胡椒属

图8-40　蕺　菜

图8-41　豆瓣绿

图8-42　耧斗菜

图8-43　荷包牡丹

［形态特征］肉质、丛生草本。茎匍匐，多分支，节间有粗纵棱。叶密集，大小近相等，4 或 3 片轮生，带肉质，有透明腺点。穗状花序单生，顶生和腋生。浆果近卵形，长近 1mm，顶端尖。花期 2~4 月及 9~12 月（图 8-41）。

［分布与习性］分布于美洲、大洋洲、非洲及亚洲热带和亚热带地区；我国台湾、福建、广东、广西、贵州、云南、四川、甘肃南部和西藏南部有分布。生于潮湿的石上或枯树上。喜温暖，不耐寒。

［园林用途］常作小型盆栽置于室内观赏，可对环境空气起到净化作用。

### 3. 耧斗菜 *Aquilegia viridiflora*

［别名］猫爪花

［科属］毛茛科耧斗菜属

［形态特征］茎高达 50cm。基生叶具长柄，二回三出复叶，小叶楔状倒卵形，宽长近相等或更宽，疏生圆齿，上面无毛，下面被短柔毛或近无毛；茎生叶较小。花瓣黄绿色，瓣片宽长圆形，与萼片近等长，直或稍弯。花期 5~7 月（图 8-42）。

［分布与习性］原产于欧洲和西伯利亚地区。性强健，耐寒，华北及华东等地区均可露地越冬；宜生长在富含腐殖质、湿润且排水良好的砂质土壤中；忌干燥，忌酷暑。

［园林用途］叶片优美，花形独特，花期长，是重要的春季园林花卉；在园林中可配置灌木丛间及林缘，也常植于花坛、花境及岩石园；部分品种可作切花材料。

### 4. 荷包牡丹 *Lamprocapnos spectabilis*

［别名］荷包花、兔儿牡丹、滴血的心

［科属］罂粟科荷包牡丹属

［形态特征］茎带紫红色。叶三角形，二回三出全裂，一回裂片具长柄，小裂片常全缘，两面叶脉明显。总状花序，花朵着生一侧并下垂，花瓣羽状，外面 2 枚粉红色，基部囊状，上部狭长且反卷；内 2 枚狭长，近白色；花期 4~6 月（图 8-43）。

［分布与习性］产于我国北部，现国内多地均

有种植。性耐寒，耐半阴，不耐高温干旱，不耐高湿，喜肥沃疏松的砂质土壤。

［园林用途］可丛植或作花境、花坛布置，也可作地被植物；低矮品种可盆栽观赏；还可作切花，水养期 3~5d。

### 5. 冷水花 *Pilea notata*

［别名］白雪草、透白草、花叶荨麻、铝叶草

［科属］荨麻科冷水花属

［形态特征］多年生草本。具匍匐茎，茎肉质，密布条形钟乳体。叶纸质，卵状披针形或卵形，先端尾状渐尖或渐尖，基部圆形，有齿。花雌雄异株，雄花序聚伞总状，雌聚伞花序较短而密集，花期 6~9 月。瘦果，有刺状小疣（图 8-44）。

［分布与习性］原产于我国广东、广西、华中、贵州、四川、甘肃、陕西南部；日本也有分布。喜温暖湿润的半阴环境，不耐寒，较耐水湿，要求疏松透气、排水良好的壤土。

［园林用途］株形圆浑紧凑，叶片花纹美丽，清新淡雅，是室内装饰植物的佳品。

### 6. 商陆 *Phytolacca acinosa*

［别名］山萝卜、见肿消、金七娘、倒水莲

［科属］商陆科商陆属

［形态特征］多年生草本。高达 1.5m，全株无毛。根肉质，倒圆锥形。茎肉质，绿或红紫色，多分支。叶片薄纸质，椭圆形或披针状椭圆形，先端急尖或渐尖，基部楔形。总状花序圆柱状，直立，多花密生，两性，花被片 5，白或黄绿色，椭圆形或卵形；雄蕊 8~10，花丝宿存，花药粉红色，心皮分离。果序直立，浆果扁球形，紫黑色；种子肾形，黑色。花期 5~8 月，果期 6~10 月（图 8-45）。

［分布与习性］我国除东北、内蒙古、青海、新疆外，普遍野生于海拔 500~3400m 的沟谷、山坡林下、林缘路旁；朝鲜、日本及印度也有分布。生活力强，喜温暖湿润气候。

［园林用途］乡土草本，铬镍重金属富集植物和耐性植物，自然生长的优势草本植物，可作为生态修复的首选植物。

图8-44　冷水花

图8-45　商　陆

### 7. 石竹 *Dianthus chinensis*

［别名］长萼石竹、丝叶石竹、大菊、瞿麦

［科属］石竹科石竹属

［形态特征］茎直立，节间膨大，茎疏丛生。单叶对生，线状披针形，先端渐尖，基部稍窄，全缘或具微齿。花单生或成聚伞花序，花瓣倒卵状三角形，紫红、粉红、鲜红或白色，先端不整齐齿裂，喉部具斑纹；花期 5~6 月。蒴果圆筒形，

图8-46 石 竹

图8-47 芍 药

图8-48 四季秋海棠

果期 7~9 月（图 8-46）。

［分布与习性］原产于中国及东亚地区，分布广泛。喜阳光充足、通风冷凉的环境；不耐阴，耐寒性强，耐干旱瘠薄；喜排水良好、含石灰质的偏碱性而肥沃的土壤。

［园林用途］花色丰富，花期长，可应用于花坛、花境布置，或点缀装饰岩石园，也可作盆栽和切花。

**8. 芍药 *Paeonia lactiflora***

［别名］野芍药、芍药花、山芍药、山赤芍

［科属］芍药科芍药属

［形态特征］肉质根粗壮，分支黑褐色。下部茎生叶为二回三出复叶，上部茎生叶为三出复叶；小叶窄卵形、椭圆形或披针形，先端渐尖，基部楔形或偏斜，具白色骨质细齿。花数朵，生茎顶和叶腋，有时仅顶端一朵开放，花紫红、粉红、黄或白色。花期 5~6 月（图 8-47）。

［分布与习性］原产于我国东北、华北、陕西及甘肃南部。喜冷凉，北方均可露地越冬；喜向阳处，稍有庇荫时开花更好；宜生长在排水良好的砂质土壤中，不宜栽植在盐碱地及低洼处。

［园林用途］花大色艳，观赏性佳，可作专类园、切花、花坛用花等，与牡丹搭配可在视觉效果上延长花期，因而常和牡丹搭配种植。

**9. 四季秋海棠 *Begonia cucullata***

［别名］四季海棠、玻璃翠

［科属］秋海棠科秋海棠属

［形态特征］肉质草本。根纤维状。茎直立，肉质，基部多分支，多叶。叶互生，有光泽，卵形，边缘有锯齿，绿色或带淡红色。聚伞花序腋生，花有单瓣和重瓣，花色有红、白、粉红。花期全年（图 8-48）。

［分布与习性］原产于巴西；我国各地有栽培。病虫害少，易栽培；喜温暖，不耐寒；喜空气湿度较大且土壤湿润的环境，不耐干燥、忌积水；喜半阴，夏季不可被阳光直射，需要适当遮阴。

［园林用途］植株低矮，株形圆整，是夏季花坛的重要材料，也是很受欢迎的盆花；在园林中，也可应用于花境、花丛。

### 10. 落新妇 *Astilbe chinensis*

[别名] 红升麻、铁火钳、小升麻

[科属] 虎耳草科落新妇属

[形态特征] 根状茎粗壮呈块状。基生叶为二或三回三出羽状复叶；顶生小叶菱状椭圆形，侧生小叶卵形或椭圆形，先端短渐尖或急尖，具重锯齿，基部楔形、浅心形或圆；茎生叶较小。圆锥花序花密集，花瓣 5，淡紫色，线形。花果期 6~9 月（图 8-49）。

[分布与习性] 分布于我国长江流域至东北各地；朝鲜、俄罗斯也有分布。耐寒，喜半阴；以腐殖质丰富的微酸性或中性土壤为宜，也耐轻碱性土壤。

[园林用途] 株形挺立，叶色秀美，高耸于叶面；是花境中优良的竖线条材料；适宜种植在疏林下、溪边、林缘，也可与山石搭配。

图8-49　落新妇

### 11. 矾根 *Heuchera micrantha*

[别名] 肾形草

[科属] 虎耳草科矾根属

[形态特征] 多年生耐寒浅根性草本花卉。叶基生，阔心形，叶色丰富，有深紫色、墨绿色、浅绿色等。花小，钟状，红色，两侧对称。花期 5~9 月（图 8-50）。

[分布与习性] 原产于美洲中部，自然状态下生长在湿润多石的高山地区，或生长在悬崖边。喜光，耐阴，极耐寒，适宜生长在中性偏酸、排水良好、富含腐殖质的肥沃土壤中，忌强光直射。

[园林用途] 作为彩叶植物中的常色叶植物，叶色多变、叶形多样、品种丰富，有极高的观赏价值，可应用于林下花境、地被、庭园绿化，也可配置于多年生花坛或者花带边缘、岩石园、公园道路两侧，还常应用于高架桥的立体装饰。

图8-50　矾　根

### 12. 紫花地丁 *Viola philippica*

[别名] 光瓣堇菜、光萼堇菜、辽堇菜

[科属] 堇菜科堇菜属

[形态特征] 多年生草本，有毛或近无毛。地下茎短，无匍匐枝。叶基生，矩圆状披针形或卵状披针形。萼片 5 片，卵状披针形，基部附器短；花

图8-51　紫花地丁

图8-52　虎耳草

图8-53　含羞草

瓣5片，淡紫色，常向顶部渐红，长4~5mm，直或稍下弯。果椭圆形，长5~12mm，无毛。花果期4~9月（图8-51）。

［分布与习性］原产于我国东北、华北、华中等地；朝鲜、日本、俄罗斯远东地区也有分布。性喜光，喜湿润的环境，耐阴也耐寒，不择土壤，适应性极强。生于田间、荒地、山坡草丛、林缘或灌丛中，在庭园较湿润处常形成小群落。

［园林用途］植株低矮，生长整齐，株丛紧密，适用于花坛或早春模纹花坛的构图。也可作有适度自播能力的地被植物大面积群植，也可作花境或与其他早春花卉构成花丛。

### 13. 虎耳草 *Saxifraga stolonifera*

［别名］石荷叶、通耳草、耳朵草

［科属］虎耳草科虎耳草属

［形态特征］茎被长腺毛。基生叶具长柄，叶片近心形、肾形至扁圆形，先端钝尖或急尖，基部近截形，腹面绿色，背面通常红紫色，有斑点。聚伞花序圆锥状；花两侧对称；萼片在花期开展至反曲，卵形（图8-52）。

［分布与习性］原产于我国河北（小五台山）、陕西、甘肃东南部、江苏、安徽、浙江等地。喜阴凉潮湿，土壤要求肥沃、湿润，以茂密多湿的林下和阴凉潮湿的坎壁上较好。

［园林用途］其株形矮小，枝叶疏密有致，叶片鲜艳美丽，是观赏价值较高的室内观叶植物。适用于布置室内较明亮的居室、书房、客厅、会议室等，可较长期栽培于室内观赏。

### 14. 含羞草 *Mimosa pudica*

［别名］知羞草、害羞草、怕丑草

［科属］豆科含羞草属

［形态特征］披散、亚灌木状草本。茎圆柱状，具分支，有散生、下弯的钩刺及倒生刺毛。羽片和小叶触之即闭合而下垂，羽片通常2对，小叶线状长圆形。头状花序圆球形，直径约1cm，具长总花梗，花小，淡红色，多数。荚果长圆形，扁平，稍弯曲，荚缘波状，具刺毛。种子卵形。花期3~10月，果期5~11月（图8-53）。

［分布与习性］原产于我国台湾、福建、广

东、广西、云南等地，长江流域常有栽培供观赏。性强健、生长迅速，喜深厚、肥沃、湿润的土壤，在阳光充足的条件下根系生长很快。

[园林用途] 株形散落，羽叶纤细秀丽，花多而清秀，可地栽于庭院墙角，也可盆栽于窗口案几，常用作家庭观赏植物。

**15. 白车轴草 *Trifolium repens***

[别名] 白三叶、三叶草、荷兰翘摇

[科属] 豆科车轴草属

[形态特征] 多年生草本。主根短，侧根和须根发达。茎匍匐蔓生，上部稍上升，节上生根，全株无毛。掌状三出复叶，小叶倒卵形至近圆形，先端凹头至钝圆；叶柄较长。花序球形，顶生，花冠白色、乳黄色或淡红色，具香气。花期 6~9 月。荚果长圆形（图 8-54）。

[分布与习性] 原产于欧洲和北非，世界各地均有栽培；在我国亚热带及暖温带地区分布较广泛。喜光，不耐庇荫，喜温暖湿润气候，不耐干旱和长期积水，抗寒耐热，在酸性和碱性土壤中均能适应。

[园林用途] 本种为优良牧草，可作为绿肥、堤岸防护草种和草坪装饰，还可用于公园、高尔夫球场等绿化草坪的建植。

图8-54 白车轴草

图8-55 乳浆大戟

**16. 乳浆大戟 *Euphorbia esula***

[别名] 乳浆草、宽叶乳浆大戟、猫眼草

[科属] 大戟科大戟属

[形态特征] 多年生草本。直根系，没有念珠状根和不定根，根圆柱状，茎单生或丛生。叶线形至卵形，变化极不稳定，基部楔形至平截；无叶柄，不育枝叶常为松针状。花序单生于二歧分支的顶端，基部无柄。蒴果三棱状球形，种子卵圆形。花果期 4~10 月（图 8-55）。

[分布与习性] 广布于欧亚大陆，且归化于北美洲；我国分布于除海南、贵州、云南和西藏外的全境。生于路旁、杂草丛、山坡、林下、河沟边、荒山、沙丘及草地。喜温暖湿润气候，耐旱、耐寒，喜潮湿；对土壤要求不严，以土层深厚、疏松肥沃、排水良好的砂质土壤或黏质壤上栽培为好。

[园林用途] 乡土草本，是耐受汞污染的土壤生态型植物，可用作废弃地景观环境修复的植物材料。

**17. 天竺葵 *Pelargonium hortorum***

[别名] 洋绣球、洋葵、臭海棠

[科属] 牻牛儿苗科天竺葵属

[形态特征] 多年生草本。茎肉质，株高 30~

图8-56　天竺葵

图8-57　马蹄金

图8-58　聚合草

60cm。全株被毛，直立，多分支。叶互生，圆形乃至肾形，叶缘内有蹄纹。通体被细毛和腺毛，具鱼腥气味。伞形花序顶生，总梗长，花在蕾期下垂，花瓣近等长，花有红、粉、白、肉红等色。花期5~7月，果期6~9月（图8-56）。

［分布与习性］主产于南非。喜凉爽，怕高温，亦不耐寒；要求阳光充足，不耐水湿，而稍耐干燥，适宜在排水良好的肥沃土壤中生长。

［园林用途］是重要的盆栽花卉和春夏花坛材料。

**18. 马蹄金 *Dichondra micrantha***

［别名］金马蹄草、小铜钱草、落地金钱

［科属］旋花科马蹄金属

［形态特征］多年生匍匐小草本，茎细长，被灰色短柔毛，节上生根。叶肾形至圆形，先端宽圆形或微缺，基部阔心形，全缘；具长的叶柄。花单生叶腋，花柄短于叶柄，丝状，花冠钟状，黄色，深5裂。花期4月。蒴果近球形，直径约1.5mm，膜质。果期7~8月（图8-57）。

［分布与习性］我国长江以南各地均有分布，广布于南北两半球热带亚热带地区。性喜温暖、湿润气候，其对土壤要求不严，具有一定的耐践踏能力，抗病、抗污染能力强。

［园林用途］绿期久，叶片观赏性强，是一种优良的草坪草及固土材料，适用于公园、庭园绿地等片植栽培观赏。

**19. 聚合草 *Symphytum officinale***

［别名］友谊草、爱国草

［科属］紫草科聚合草属

［形态特征］丛生型多年生草本。高30~90cm，全株被向下稍弧曲的硬毛和短伏毛。根发达，主根粗壮，淡紫褐色。茎数条，直立或斜升，有分支。基生叶通常50~80片，最多可达200片，叶片带状披针形、卵状披针形至卵形；具长柄。花序含多数花，花萼裂至近基部，裂片披针形，先端渐尖；花冠淡紫色、紫红色至黄白色。小坚果歪卵形，长3~4mm，黑色，平滑，有光泽。花期5~10月（图8-58）。

［分布与习性］原产于俄罗斯欧洲部分及高加索，生于山林地带，为典型的中生植物。我国于

1963年引进，现在广泛栽培。性既耐寒又抗高温，不受地域限制，对土壤也无严格要求。

［园林用途］花朵色彩丰富多变，可作庭园植物、地被植物和盆栽等。本种因长期人工栽培，产生很多变异，我国目前栽培的为本种的三个园艺品种。

### 20. 细叶美女樱 *Glandularia tenera*

［别名］羽叶马鞭草

［科属］马鞭草科美女樱属

［形态特征］茎基部稍木质化，节部生根。株高20~40cm，枝条细长、四棱形，微生毛。叶对生，二回羽状深裂，端尖，全缘；叶有短柄。穗状花序顶生，开花呈碎状花序顶生短缩呈伞房状，花冠玫瑰红色；花期4~10月。蒴果，黑色（图8-59）。

［分布与习性］原产于我国东部、南部至西南部。喜光，稍耐阴；喜温暖湿润气候，也较耐寒；对土壤要求不严，酸性、微碱性至钙质土均可；萌芽力较弱，不耐修剪；对$SO_2$抗性强。

［园林用途］优良园林露地观花品种。适用于花坛镶边或布置花境、缀花草坪、庭园绿化中。也可盆栽应用于家居美化、园林绿化、会场布置、室外公共空间营造。

图8-59 细叶美女樱

### 21. 宿根福禄考 *Phlox paniculata*

［别名］锥花福禄考、草夹竹桃、天蓝绣球

［科属］花荵科天蓝绣球属

［形态特征］茎直立。叶对生，有时3叶轮生，长圆形或卵状披针形，先端渐尖，基部楔形，全缘；无柄或具短柄。花梗和花萼近等长，花冠淡红、红、白或紫色，先端圆，全缘（图8-60）。

［分布与习性］原产于北美洲东部；我国各地庭园常见栽培。喜充足的阳光和排水良好的腐殖质土，耐寒。

［园林用途］夏季开花，可用于布置花坛、花境，也可点缀于草坪中，是优良的庭园宿根花卉，还可用作盆栽或切花。

图8-60 宿根福禄考

### 22. 柳叶马鞭草 *Verbena bonariensis*

［别名］铁马鞭、龙芽草、凤颈草、野荆草

［科属］马鞭草科马鞭草属

［形态特征］多年生草本。株高1.5m，茎直

图8-61 柳叶马鞭草

图8-62 碰碰香

图8-63 桔 梗

图8-64 紫 菀

立，叶对生，线形或披针形，先端尖，基部无柄，绿色。由数十朵小花组成聚伞花序，顶生，小花蓝紫色。花期 5~9 月（图 8-61）。

［分布与习性］主要产地为南北美洲。习性强健，性喜温暖及湿润气候，不耐寒，较耐热；对土壤要求不高，以疏松、肥沃及排水良好的中性至微酸性壤土为宜。

［园林用途］身姿摇曳，花色娇艳，开花繁茂，观赏期长久，常大片种植以营造景观效果，也适合与其他植物配置，或用于园路边、滨水岸边、墙垣边群植，景观效果也佳；也可作花境的背景材料。

**23. 碰碰香 *Plectranthus hadiensis* var. *tomentosus***

［别名］一抹香、绒毛香茶菜

［科属］唇形科延命草属

［形态特征］多年生灌木状草本。高 15cm 左右。茎细瘦，匍匐状，多分支；茎枝呈棕色，嫩茎绿色或泛红晕。全株被细密白色茸毛。肉质叶，对生，叶卵形或倒卵形，光滑，厚肉质，叶缘呈钝锯齿状；花小，白色。花期为早春和秋季（图 8-62）。

［分布与习性］原产于非洲好望角、欧洲及西南亚地区。喜阳光，全年可全日照培养，也较耐阴。喜温暖，怕寒冷，冬季需要 0℃ 以上的温度；喜疏松、排水良好的土壤和基质，不耐水湿，过湿则易烂根致死。

［园林用途］在室内具有很好的适应性，且具有提神醒脑、清热解暑、驱避蚊虫的功效。

**24. 桔梗 *Platycodon grandiflorus***

［别名］铃铛花、包袱花

［科属］桔梗科桔梗属

［形态特征］茎有乳汁，通常不分支。叶轮生、部分轮生至全部互生，卵状椭圆形，基部宽楔形或圆钝，先端急尖，上面无毛而绿色，下面常无毛而有白粉。花单朵顶生，或数朵集成假总状花序，花冠漏斗状钟形，蓝或紫色。花期 7~9 月（图 8-63）。

［分布与习性］原产于日本；我国南北各地均有分布。喜凉爽、湿润、阳光充足环境，耐阴、

耐寒，要求肥沃而排水良好的砂壤土。

［园林用途］花期长，花色淡雅，是良好的露地观赏花卉；多作背景材料，可用于岩石园中，也可作盆栽或切花。

### 25. 紫菀 *Aster tataricus*

［别名］还魂草、青菀、山白菜

［科属］菊科紫菀属

［形态特征］茎直立，粗壮，具粗毛。叶疏生，基部叶长圆形或椭圆状匙形，上部叶厚纸质，上面被糙毛，下面疏被粗毛，沿脉较密，侧脉 6~10 对。头状花序多数，在茎和枝端排列成复伞房状，花序梗长，有线形苞叶；舌状花蓝紫色，1~3 轮。花期 7~9 月（图 8-64）。

［分布与习性］原产于中国、日本及西伯利亚。生于海拔 400~2000m 的低山阴坡湿地、山顶和低山草地及沼泽地。耐涝、怕干旱，耐寒性较强。

［园林用途］花朵清秀，花色淡雅，生长强健，是花境的常用材料，也可作庭园观赏或切花。

### 26. 菊花 *Chrysanthemum morifolium*

［别名］小白菊、杭白菊、白菊花

［科属］菊科茼蒿属

［形态特征］茎直立，分支或不分支。叶卵形至披针形，羽状浅裂或半裂，有短柄，叶下面被白色短柔毛。头状花序单生或数个集生于茎枝顶端，舌状花白色、红色、紫色或黄色。花期 9~11 月（图 8-65）。

图8-65　菊　花

［分布与习性］原产于中国及日本，为观赏栽培种。适应性强，喜凉爽，较耐寒；喜充足阳光，但也稍耐阴；较耐干旱，最忌积涝；喜地势高、土层深厚、富含腐殖质、疏松肥沃而排水良好的砂壤土，在微酸性至微碱性的土壤中均能生长。

［园林用途］我国传统名花，生长旺盛，观赏价值高，品种繁多，选取适宜品种可布置花坛、花境及岩石园等；也可作盆栽、切花，菊花是世界上最重要的切花之一，切花可供制作花束、花圈、花篮使用。

### 27. 薄荷 *Mentha canadensis*

［别名］野薄荷、夜息香

［科属］唇形科薄荷属

图8-66　薄　荷

［形态特征］茎多分支，高 30~60cm，下部数节具纤细的须根及水平匍匐根状茎，锐四棱形，具四槽。叶片先端锐尖，基部楔形至近圆形，边缘在基部以上疏生粗大的牙齿状锯齿，上面绿色。轮伞花序腋生，轮廓球形。花萼管状钟形，花冠淡紫，花盘平顶。小坚果卵珠形，黄褐色，具小腺窝。花期 7~9 月，果期 10 月（图 8-66）。

［分布与习性］原产于我国南北各地；俄罗斯、朝鲜及日本也有分布。对环境条件适应能力较强，其根茎宿存越冬，能耐 −15℃低温。对土壤的要求不严，一般土壤均能种植，以砂质土壤、冲积土为好。土壤 pH 以 6~7.5 为宜。

［园林用途］株丛繁盛，花色鲜丽，花期长久，而且抗性强、管理粗放，特别是花开于夏秋之际，十分引人注目。枝叶芳香，适宜栽植在天然花园中或栽种于林下、水边，也可以丛植或列植在水池、溪旁作背景材料，还可盆栽观赏及用作鲜切花。

### 28. 大花金鸡菊 *Coreopsis grandiflora*

［别名］大花波斯菊、剑叶波斯菊

［科属］菊科金鸡菊属

［形态特征］多年生草本。茎直立，上部有分支。叶对生，基部叶有长柄，下部叶羽状全裂，中部及上部叶 3~5 深裂。头状花序单生枝端，具长花序梗；总苞片近等长，披针形；舌状花 6~10 个，黄色；管状花两性。花期 5~9 月（图 8-67）。

［分布与习性］原产于美洲；我国各地常有栽培。适应性强，耐寒耐旱，对土壤要求不严，喜光，但耐半阴，对 $SO_2$ 有较强的抗性。

［园林用途］枝叶密集，春夏之间，花大色艳，常开不绝，还能自播繁衍，是极好的疏林地被。可观叶，也可观花；在屋顶绿化中作覆盖材料效果好，还可作花境材料。

### 29. 松果菊 *Echinacea purpurea*

［别名］紫锥菊、紫锥花

［科属］菊科松果菊属

［形态特征］株高 60~150cm，茎直立。基生叶卵形或三角形，茎生叶卵状披针形，叶柄基部稍抱茎。头状花序单生于枝顶，或数多聚生，舌状花紫红色，中心管状花具光泽，呈深褐色，盛开时橙黄色。花期 6~7 月（图 8-68）。

［分布与习性］原产于北美洲。喜温暖及阳光充足的环境，耐瘠薄，耐寒，不耐湿热，不择土壤；可自播繁衍；喜肥沃、深厚、富含有机质的土壤。

［园林用途］生长健壮而高大，花期长，宜作花境、花坛的材料或丛植，花梗挺拔，水养持久，是切花的良好材料。

### 30. 大吴风草 *Farfugium japonicum*

［别名］活血莲、独角莲、一叶莲

［科属］菊科大吴风草属

［形态特征］多年生草本，花莛高达 70cm。叶全部基生，莲座状，叶片肾形，上面绿色，下

图8-67　大花金鸡菊

图8-68　松果菊

图8-69 大吴风草

图8-70 宿根天人菊

面淡绿色。头状花序辐射状，排列成伞房状花序；舌状花 8~12 枚，黄色，舌片长圆形或匙状长圆形；管状花多数，冠毛白色与花冠等长。瘦果圆柱形。花果期 8 月至翌年 3 月（图 8-69）。

［分布与习性］原产于我国湖北、湖南、广西、广东、福建、台湾。生于低海拔地区的林下，山谷及草丛，也栽培于国内外的一些植物园和家庭中。喜湿润和半阴的环境，忌强光直射，耐寒。

［园林用途］叶片硕大，深绿，有光泽，花期恰逢秋冬少花季节，且生性强健，适宜大面积种植作林下地被，也可植于林边阴湿处、溪沟边、岩石旁。

### 31. 宿根天人菊 *Gaillardia aristata*

［别名］车轮菊、大天人菊

［科属］菊科天人菊属

［形态特征］高 60~100cm，全株被粗节毛。茎不分支或稍有分支。基生叶和下部茎叶长椭圆形或匙形，全缘或羽状缺裂；中部茎叶披针形、长椭圆形或匙形，基部无柄或心形抱茎。头状花序，舌状花黄色；管状花外面有腺点，裂片长三角形。瘦果，被毛。花果期 7~8 月（图 8-70）。

［分布与习性］原产于北美洲西部，我国各地均有栽培。喜日光充足、排水良好之处，以壤土或砂质土壤为宜，在半阴处生长不良。

［园林用途］生长迅速，花朵繁茂整齐，花色鲜艳，花量大，花期长，是园林绿化和盆栽的优良品种。可用于花坛、花海、庭园栽培，也可用于野花组合、草地或盆花栽培，还可作切花。

### 32. 银叶菊 *Jacobaed maritima*

［别名］白妙菊、雪叶菊、雪叶莲

［科属］菊科疆千里光属

［形态特征］多分支，茎灰白色。基生叶椭圆状披针形，叶一至二回羽状裂，裂片长圆形，叶片质较薄，缺裂，呈叶匙形或羽状裂叶。头状花序集成伞房花序，舌状花小，金黄色；管状花褐黄色。花期 6~9 月（图 8-71）。

［分布与习性］原产于地中海地区。喜温暖及阳光充足的环境，较耐寒，较耐热生长适温 15~25℃；耐瘠，喜疏松肥沃、排水良好的砂质土或富含有机质的黏质壤土。

［园林用途］叶色银白，观赏价值高；盆栽适合置于卧室、书房、餐厅、阳台等处观赏，也常用于庭园的路边、墙边栽培；园林中可用于布置花境、花坛或造型等。

### 33.‘金叶’石菖蒲 *Acorus gramineus*‘Ogan’

［别名］‘金叶’水剑草、‘金叶’香菖蒲

［科属］天南星科菖蒲属

［形态特征］多年生草本。根茎较短，横走或斜伸，芳香，外皮淡黄色，须根密集；根茎上部多分支，呈丛生状。叶基对折，两侧膜质叶鞘棕色，下部宽 2~3mm，上延至叶片中部以下，渐狭，脱落。叶片质地较厚，线状金黄，无中肋，平行脉多数。叶状佛焰苞短，肉穗花序黄绿色，圆柱形。果黄绿色。花期 5~6 月，果 7~8 月成熟（图 8-72）。

［分布与习性］生于海拔 1800m 以下的水旁湿

图8-71　银叶菊

图8-72　‘金叶’石菖蒲

图8-73　花　烛

图8-74　春　羽

地或石上。各地常栽培。

［园林用途］常作地被或盆栽，可在较密的林下作地被植物，可成片密植或丛植、条植于水体的边缘，作浅水景绿化或水边石上附石绿化。

### 34. 花烛 *Anthurium andraeanum*

［别名］红鹅掌、火鹤花、安祖花、红掌

［科属］天南星科花烛属

［形态特征］多年生草本，茎矮。叶互生，叶片革质，有光泽，阔心形、圆心形，先端钝或渐尖，基部深心形。肉穗花序，有细长花序梗，佛焰苞深红色或橘红色，园艺品种还有其他颜色，先端有细长尖尾，基部心形，肉穗花序淡黄色，直立，圆柱形，花多数，密生轴上。花期多在冬季（图 8-73）。

［分布与习性］原产于墨西哥、哥斯达黎加、哥伦比亚等热带雨林区。性喜温暖、潮湿而又排水良好的半阴环境，畏干旱和强光暴晒。

［园林用途］品种繁多，佛焰苞极为独特，色泽丰富，以红色为主，为世界广为种植的观赏草本花卉，多用于插花及盆栽，也偶用于稍庇荫的园路边、水岸边种植观赏。

### 35. 春羽 *Philodendron xanadu*

［别名］春芋

［科属］天南星科喜林芋属

［形态特征］多年生常绿草本。具短茎，成年株茎常匍匐生长。老叶不断脱落，新叶主要生于茎的顶端，轮廓为宽心脏形，羽状深裂，裂片宽披针形，边缘浅波状，有时皱卷；叶柄较长。佛焰苞外面绿色，内面黄白色，肉穗花序总梗甚短，白色，花单性，无花被；花期 3~5 月。果实为浆果（图 8-74）。

［分布与习性］原产于巴西；我国热带、亚热

带地区有引种栽培。喜温暖及阳光充足的环境，耐半阴，喜湿润，耐热，不耐寒；生长适温20~28℃；喜肥沃、疏松和排水良好的微酸性砂质土壤。

［园林用途］株形美观，叶姿秀丽，终年常绿，花序大，有较强的观赏性，园林中常用于水岸边、林下、路边或角隅栽培观赏，多丛植造景。

### 36. 白鹤芋 *Spathiphyllum lanceifolium*

［别名］苞叶芋、一帆风顺、和平芋、白掌

［科属］天南星科苞叶芋属

［形态特征］多年生常绿草本。叶片深绿色。花器官包含佛焰苞和肉穗花序两部分，佛焰苞大而显著，白色；肉穗花序圆柱状直立，黄绿色或白色（图8-75）。

［分布与习性］原产于南美洲热带雨林地区，世界各地广泛栽培。喜高温潮湿环境，不耐低温；较耐阴，忌阳光直射；喜肥沃、含腐殖质丰富的壤土，忌黏重土壤。

［园林用途］叶色浓绿，花姿独特，肉穗花序与佛焰苞形似风帆，观赏价值较高，可以盆栽，也可以在花台、庭园的庇荫地点、山石和水池边缘丛植、列植，起绿化作用。

### 37. 合果芋 *Syngonium podophyllum*

［别名］长柄合果芋、白果芋

［科属］天南星科合果芋属

［形态特征］多年生蔓性常绿草本。茎节具气生根，攀附他物生长。叶二型，幼叶为单叶，箭形或戟形；老叶成5~9裂的掌状叶，中间一片叶大型，叶基裂片两侧常着生小型耳状叶片；初生叶色淡，老叶呈深绿色，且叶质加厚。佛焰苞浅绿或黄色（图8-76）。

［分布与习性］原产于热带美洲地区，世界各地广泛栽培。对光照的适应性很强，喜散光；不耐严寒，喜高温高湿环境；喜疏松肥沃、排水良好的微酸性土壤。可以提高室内空气湿度，并能吸收甲醛和氨气。

［园林用途］株态优美，叶形多变，色彩清雅，为代表性室内观叶植物，也是欧美十分流行的室内吊盆装饰材料，还可用作插花配叶材料。可随环境而变化的叶形和叶色也是一大观赏亮点。

### 38. 紫露草 *Tradescantia ohiensis*

［别名］紫鸭趾草、紫叶草、毛萼紫露草

［科属］鸭跖草科紫露草属

［形态特征］多年生草本。茎直立、簇生，高可达50cm。叶互生。伞形花序顶生，花紫色；萼片卵圆形，绿色。花期6~9月。蒴果近圆形，无毛（图8-77）。

［分布与习性］原产于美洲热带地区；我国多地有引种栽培。喜凉爽、湿润气候，耐寒性较强；喜光照，在庇荫环境下易徒长而倒伏；对土壤要求不高，在砂土、壤土中均可正常生长，耐瘠薄；怕涝。

图8-75 白鹤芋

图8-76 合果芋

图8-77　紫露草

图8-78　紫竹梅

［园林用途］既能观花赏叶，又能吸附粉尘，净化空气，在园林绿化中可大面积布置于花坛，也可用于花境、林下地被。

### 39. 紫竹梅 *Tradescantia pallida*

［别名］紫叶鸭跖草、紫鸭跖草、紫竹兰

［科属］鸭跖草科紫露草属

［形态特征］多年生草本。茎肉质，紫红色，下垂或匍匐状呈半蔓性。叶互生，披针形，基部抱茎，叶色为紫红色，被有短毛。聚伞花序顶生，常开粉色花朵，总苞片佛焰苞状。花期 5~11 月（图 8-78）。

［分布与习性］原产于墨西哥，现世界各地广为栽培。喜温暖，湿润气候；在全光照或半阴环境下都能生长，忌阳光暴晒；对土壤要求不严，耐旱性强。

［园林用途］常用于室内盆栽观叶或掉盆观赏。温暖地区还可用于花坛及基础种植。可植于花台，或悬挂于走廊或屋檐下。让其枝叶沿盆四周蓬散下垂。也可置于书橱和花架之上，下垂生长，显得潇洒自如，观赏性强。

### 40. 紫背万年青 *Tradescantia spathacea*

［别名］紫锦兰、紫万年青

［科属］鸭跖草科紫露草属

［形态特征］多年生草本。茎直立，不分支。叶互生，无柄；叶片上面深绿色，下面紫色，长圆状披针形。花腋生，具总梗，形成不分叉或分叉的、多花伞形花序，花瓣白色、卵形。花期 5~8 月（图 8-79）。

［分布与习性］原产于墨西哥和西印度群岛。性强健，喜光耐阴；喜温暖湿润环境，耐热，不耐寒，生长适温 20~30℃；耐瘠薄，不择土壤。

［园林用途］株形自然，叶色美丽，苞片状似蚌壳，极为奇特，为优良观叶植物。常成片种植于草地中、园路边、林缘或疏林下，或与其他观叶植物配植打造不同色块；也可植于庭园的路边、墙下等处；盆栽用于阳台、天台等处绿化。

### 41. 乱子草 *Muhlenbergia huegelii*

［别名］粉黛乱子草

［科属］禾本科乱子草属

［形态特征］高 70~90cm，秆较硬，直立，径 1~2mm，常染紫色，节下常有白色微毛。鳞片硬纸质，有光泽。叶扁平，窄披针形，深绿色，两面及边缘糙涩。圆锥花序稍疏散开展，有时下垂，每节簇生数分支，分支斜升或稍开展，糙涩，细弱。花果期 7~10 月（图 8-80）。

［分布与习性］原产于我国东北、华北、西北、西南、华东等地。生于海拔 900~3000m 的山谷、河边湿地、林下和灌丛中。

［园林用途］可用于城市公园，营造统一、集中而又富有视觉冲击力的特色植物景观。也可与其他植物材料混合使用，充分发挥其适应性强、易于养护、观赏性强的特点。其细密的质感、明

亮的色彩可以在花卉不多的秋季凸显出来，与绚烂的秋色叶相得益彰。

42. 芒 ***Miscanthus sinensis***

［别名］花叶芒、芒草、高山芒

［科属］禾本科芒属

［形态特征］秆高 1~2m。叶鞘长于其节间；叶舌膜质；叶片线形，下面疏生柔毛及被白粉。圆锥花序直立；小穗披针形，黄色有光泽，基盘具等长于小穗的白色或淡黄色的丝状毛；第一颖顶具 3~4 脉；第二颖常具 1 脉；第一外稃长圆形，膜质；第二外稃明显短于第一外稃，棕色。颖果，长圆形，暗紫色。花果期 7~12 月（图 8-81）。

［分布与习性］遍布于海拔 1800m 以下的山地、丘陵和荒坡原野，常组成优势群落。喜阳光充足和湿润的砂壤土，耐寒，耐旱，适应性强。

［园林用途］观赏禾草，为新颖的园林植物，可用作花坛、花境布置或点缀草坪，还可作切花。

43. 鹤望兰 ***Strelitzia reginae***

［别名］天堂鸟、极乐鸟之花

［科属］芭蕉科鹤望兰属

［形态特征］多年生草本，无茎。叶长圆状披针形，叶柄细长。花数朵生于约与叶柄等长或略短的总花梗上，下托一佛焰苞；佛焰苞舟状，绿色，边紫红；萼片披针形，橙黄色，箭头状花瓣基部具耳状裂片，暗蓝色。花期冬季（图 8-82）。

［分布与习性］原产于南非；我国南方大城市的公园、花圃有栽培，北方则为温室栽培。喜温暖、湿润的气候，要求阳光充足；喜疏松肥沃、富含有机质的黏质土壤；耐旱，不耐水湿。

［园林用途］花叶俱美，花态秀雅，端庄大方，花形奇特，宜栽植于庭园、花坛，也可作切花，也是大型高档盆栽花卉。

44. 芭蕉 ***Musa basjoo***

［别名］芭苴、板蕉、大头芭蕉

图8-79　紫背万年青

图8-80　乱子草

图8-81　芒

图8-82　鹤望兰

图8-83　芭　蕉

图8-84　天门冬

［科属］芭蕉科芭蕉属

［形态特征］叶片长圆形，长2~3m，宽25~30cm，先端钝，基部圆形或不对称，叶面鲜绿色，有光泽；叶柄粗壮，长达30cm。花序顶生，下垂，苞片红褐色或紫色。浆果三棱状，长圆形，肉质，内具多数种子；种子黑色（图8-83）。

［分布与习性］原产于日本琉球群岛；我国台湾可能有野生，秦岭淮河以南可以露地栽培。喜温暖、湿润的气候；喜土层深厚、疏松肥沃、排水良好的土壤。

［园林用途］适宜栽于庭前屋后，或植于窗前院落、假山之畔。不宜成行栽植，宜散点或几株丛植，绿荫如盖，掩映成趣。

### 45. 天门冬 *Asparagus cochinchinensis*

［别名］老虎尾巴根、丝冬、三百棒、野鸡食

［科属］百合科天门冬属

［形态特征］攀缘植物。根在中部或近末端呈纺锤状膨大。茎平滑，常弯曲或扭曲，分支具棱或狭翅。叶状枝通常3条成簇，扁平或三棱状镰刀形；叶退化后呈鳞状，基部具刺。花通常每2朵腋生，淡绿色。浆果球形。花期5~6月，果期8~10月（图8-84）。

［分布与习性］分布于我国华北、西北、华东、华南至西南各地。喜温暖湿润、半阴环境，耐干旱和瘠薄；耐寒，冬季须保持6℃以上温度。

［园林用途］枝叶纤细嫩绿，悬垂自然洒脱，是广为栽培的室内观叶植物，也可用于布置会场、花坛边缘镶边，还是理想的切花材料。

### 46. 美丽月见草 *Oenothera speciosa*

［别名］粉晚樱草、粉花月见草

［科属］柳叶菜科月见草属

［形态特征］多年生草本。株高40~50cm。叶互生，披针形，先端尖，基部楔形，下部有波缘或疏齿，上部近全缘，绿色。花单生或2朵着生于茎上部叶腋，花瓣4，粉红色，具暗色脉缘，雄蕊黄色，雌蕊白色。花期夏季（图8-85）。

［分布与习性］原产于美洲温带，中国有引种，多栽种在华南地区。性喜温暖及光照充足环境，不耐寒；较耐旱，忌水湿；对土壤要求不严，以疏松、肥沃的壤土为宜；生长适温15~30℃。

［园林用途］花大而美丽，常成片开放，极为壮观，为极优观花草本；可片植于园路边、疏林下、庭前观赏，也常栽培于花境、花坛、花台，还可用作观花地被植物。

### 47. 蜘蛛抱蛋 *Aspidistra elatior*

［别名］一叶兰、大叶万年青、箬兰

［科属］百合科蜘蛛抱蛋属

［形态特征］多年生草本。根状茎短粗、横

生，具节和鳞片。叶单生，中央有明显的槽沟，叶片长椭圆形，深绿而有光泽，具明显的平行叶脉；叶柄粗壮而长，坚硬挺直。花序自茎上生出，单生，紧附地面，褐紫色。蒴果球形似蜘蛛卵。花期 4~5 月（图 8-86）。

［分布与习性］原产于我国海南、台湾等地；现世界各地均有栽培。喜温暖、阴湿，不耐寒，极为耐阴；耐贫瘠，喜疏松、肥沃、排水良好的砂质土壤。

［园林用途］适应性强，极耐阴，叶色浓绿光亮，姿态优美，是室内绿化装饰的优良喜阴观叶植物。可单独观赏，也可以和其他观花植物搭配布置。此外，还是现代插花极佳叶材。

### 48. 铃兰 *Convallaria keiskei*

［别名］草玉玲、君影草

［科属］百合科铃兰属

［形态特征］株高 18~30cm。地下部具平展多分支的长匍匐根状茎，根茎先端具椭圆形顶芽。叶常 2 枚，椭圆形或卵状披针形。花白色，钟状，俯垂，偏向一侧。花期 5~6 月（图 8-87）。

［分布与习性］主要分布于欧洲、亚洲及北美洲；我国东北、华北有分布。性强健，忌炎热干燥，极耐寒；喜湿润半阴、凉爽、排水良好而富含腐殖质的肥沃砂质土壤。

［园林用途］植株矮小，是林下、林缘、小块林中空地及建筑物北边的地被花卉；可配置在自然山石旁及岩石园中。丛植，或点缀草坪、栽植于花境、混合花径中；也是良好的室内观赏小盆花材料，还可作切花。

### 49. 萱草 *Hemerocallis fulva*

［别名］摺叶萱草、黄花菜

［科属］百合科萱草属

［形态特征］根近肉质，中下部常纺锤状。叶基生成丛，条形。花莛粗壮，圆锥花序顶生，具 6~12 朵花或更多，盛开时花瓣裂片反卷。花果期 5~7 月（图 8-88）。

［分布与习性］原产于中国、西伯利亚、日本

图8-85 美丽月见草

图8-86 蜘蛛抱蛋

图8-87 铃 兰

图8-88 萱 草

和东南亚。性强健，耐寒，喜光耐半阴，耐干旱；对土壤要求不严，喜肥沃湿润且排水良好的砂质土壤。

［园林用途］花色鲜艳，叶丛美丽，是优良的夏季园林花卉；园林中多丛植或于花境、路旁栽植，也可作疏林地被，还可作切花。

**50. 玉簪 *Hosta plantaginea***

［别名］白萼、白鹤仙

［科属］百合科玉簪属

［形态特征］株高约40cm。根状茎粗厚。叶卵状心形、卵形或卵圆形，先端近渐尖，基部心形。花单生或2~3簇生，管状漏斗形，白色，芳香。花果期8~10月（图8-89）。

［分布与习性］原产于我国四川（峨眉山至四川东部），各地常见栽培。多生于海拔2200m左右的林下、草坡或岩石边。性强健，耐寒；喜阴，忌烈日照射；喜深厚湿润肥沃而排水良好的砂质土壤。

［园林用途］花大叶美，喜阴，在园林中可作林下地被，也可栽植于建筑物周围的庇荫处，还适合盆栽。

**51. 紫萼 *Hosta ventricosa***

［别名］紫萼玉簪

［科属］百合科玉簪属

［形态特征］叶卵状心形、卵形至卵圆形，先端通常近短尾状或骤尖，基部心形或近截形，极少叶片基部下延而略呈楔形。花单生，盛开时从花被管向上骤然作近漏斗状扩大，紫红色。花期6~7月（图8-90）。

［分布与习性］原产于中国、日本，西伯利亚也有分布。常生于海拔500~2400m的林下、草坡或路旁。适应性强，耐寒；喜阴，忌阳光长期直射；喜肥沃、湿润、排水好的土壤。

［园林用途］花叶均美，可地栽、盆栽；地栽主要应用在小区、公园及地下空地绿化，盆栽主要应用于室内、庭园及公共场所绿化。

**52. 火炬花 *Kniphofia uvaria***

［别名］火把莲、红火把

［科属］百合科火把莲属

［形态特征］茎直立。叶丛生、草质、剑形；叶片的基部常内折，抱合成假茎，假茎横断面呈菱形。花通常在叶片中部或中上部开始向下弯曲下垂，很少有直立；总状花序着生数百朵筒状小花，呈火炬形，花冠橘红色。花期6~10月（图8-91）。

［分布与习性］原产于南非；我国广泛种植。喜温暖及阳光充足的环境；耐寒，不耐炎热，生长适温15~25℃；宜生长于疏松肥沃的砂壤土中。

［园林用途］犹如燃烧的火把，点缀于翠叶丛中，具有独特的园林风韵。在园林绿化布局中常用于路旁、街心花园、成片绿地中；也在庭园、花境中作背景栽植或作点缀丛植；一些大型花品种的花枝可用作切花。

**53. 沿阶草 *Ophiopogon bodinieri***

［别名］铺散沿阶草、矮小沿阶草

图8-89 玉 簪

图8-90 紫 萼

图8-91 火炬花

图8-92 沿阶草

图8-93 麦 冬

图8-94 吉祥草

［科属］百合科沿阶草属

［形态特征］多年生草本。茎短，包于叶基中。叶丛生于基部，禾叶状，下垂，常绿，具3~7条脉。总状花序，花莛较叶鞘短或更长；花白色或淡紫色具20~50朵花，常2~4朵簇生于苞片腋内。浆果成熟时蓝黑色。花期6~8月，果期8~10月（图8-92）。

［分布与习性］原产于我国云南、贵州、四川、湖北、河南、陕西（秦岭以南）、甘肃南部、西藏和台湾。喜温暖湿润，喜阳光充足；耐旱、耐寒、耐热性很强；对土壤要求不严，适应性广。

［园林用途］长势强健，耐阴性强，植株低矮，根系发达，覆盖效果较快，是一种良好的地被植物。可成片栽植于风景区的阴湿空地形成草坪，也可在水边湖畔点缀镶边。叶色终年常绿，花色淡雅，还可作盆栽观叶。

### 54. 麦冬 *Ophiopogon japonicus*

［别名］麦门冬、沿阶草、矮麦冬

［科属］百合科沿阶草属

［形态特征］多年生草本。叶丛生，线状，深绿色。总状花序顶生，花莛比叶稍短或近等长，花白色或淡紫色。浆果圆球形，幼时绿色，成熟时蓝黑色。花期5~8月，果期8~9月（图8-93）。

［分布与习性］原产于我国长江流域；日本、越南和印度也有分布。喜温暖湿润，耐寒性较强；耐阴；宜肥沃、排水良好的土壤，适应性强，耐贫瘠。

［园林用途］麦冬植株低矮，四季常绿，是良好的地被植物。可作林下地被或大面积种植形成草坪，也可种植在路边、树穴、街角、花坛边缘等处，拓展绿化空间。

### 55. 吉祥草 *Reineckea carnea*

［别名］松寿兰、小叶万年青

［科属］百合科吉祥草属

［形态特征］多年生草本。匍匐根状茎，节处生根。叶丛生，常绿，阔线形至披针形，先端渐

尖，中脉下凹，基部渐狭成柄，具叶鞘。花莛从叶丛中抽出，短于叶丛，顶生穗状花序，花内白色外紫红色，稍有芳香。浆果球形，红色。花果期 7~11 月（图 8-94）。

［分布与习性］主要分布在我国长江以南，以云南、贵州、广东、广西、四川、福建等地最为常见。喜温暖湿润环境，耐寒性较强；对土壤要求不严，以排水良好、富含腐殖质的土壤为宜。

［园林用途］株丛低矮，终年常绿，耐阴性强，匍匐茎萌蘖力较强，是林下、林缘优良的地被植物，成片栽植绿化效果极好，其叶片潇洒飘逸，也可作盆栽或小型盆景。

### 56. 万年青 *Rohdea japonica*

［别名］蒀、千年蒀、屋周

［科属］百合科万年青属

［形态特征］多年生草本。根状茎短粗。叶基生，厚纸质，披针形或倒披针形，先端急尖，基部稍狭，绿色，纵脉明显浮凸。花莛短于叶，穗状花序，小花密集，花淡黄色，裂片厚。浆果熟时红色。花期 5~6 月，果期 9~11 月（图 8-95）。

［分布与习性］原产于中国和日本；在中国分布较广，华东、华中及西南地区均有。喜温暖湿润、通风半阴的环境，忌烈日直射；喜疏松砂质土壤及土层深厚的腐殖质壤土。

［园林用途］四季常青，浆果殷红圆润，是一种良好的观果、观叶花卉，可作林下、湿地地被植物，也可盆栽观赏或作切叶材料。

### 57. 君子兰 *Clivia miniata*

［别名］大花君子兰、和尚君子兰

［科属］石蒜科君子兰属

［形态特征］根肉质粗长，少分支。茎基部宿存的叶基呈鳞茎状；叶质厚，深绿色，具光泽，宽大扁平带状，二列交叠互生。伞形花序顶生，花茎直立，花色有橙黄、橙红、鲜红、深红等。浆果成熟红色。盛花期 2~3 月（图 8-96）。

［分布与习性］原产于非洲南部。畏寒惧热，要求温暖湿润和半阴环境；忌积水，要求疏松肥沃排水良好而富含腐殖质的微酸性砂壤土；不宜强光照射，夏季需置于荫棚下栽培。

［园林用途］株形端庄，叶片宽厚而有序，花形规整，花色鲜艳，果实红色，且能够早春开花，是重要的节庆花卉；也是布置会场、厅堂，美化家庭环境的名贵花卉。

### 58. 马蔺 *Iris lactea*

［别名］马莲、马帚、马兰花、马兰

［科属］鸢尾科鸢尾属

［形态特征］根状茎粗壮，斜伸。叶基生，灰绿色，线形，无明显中脉。苞片 3~5，绿色，边缘膜质，白色；花蓝紫或乳白色。花期 5~6 月（图 8-97）。

［分布与习性］原产于我国吉林、内蒙古、青海、新疆、西藏。常生于荒地、路旁及山坡草丛中，尤以盐碱化草场上生长较多。耐盐碱，耐践踏，耐高温、耐干旱，耐水涝，是一种适应性极强的地被花卉，在任何土壤中均生长良好。

［园林用途］可用于水土保持，盐碱地、工业废弃地改造，可作地被、镶边植物或孤植等。

### 59. 鸢尾 *Iris tectorum*

［别名］扁竹花、紫蝴蝶、蓝蝴蝶

图8-95　万年青

图8-96　君子兰

图8-97　马　蔺

图8-98　鸢　尾

［科属］鸢尾科鸢尾属

［形态特征］植株较矮，根茎粗短。叶基生，黄绿色，宽剑形。花蓝紫色，花被筒细长，上端喇叭形；外花被裂片圆形或圆卵形，有紫褐色花斑，中脉有白色鸡冠状附属物。花期 4~5 月（图 8-98）。

［分布与习性］原产于我国云南、四川、江苏、浙江等地。性强健，耐寒、耐旱、耐阴、耐湿；根系较浅；喜肥沃、适度湿润、排水良好、含石灰质的微碱性土壤。

［园林用途］叶片碧绿青翠，花形大而奇，宛若翩翩彩蝶，是庭园中的重要花卉之一，也是优美的盆花、切花和花坛用花；其花色丰富，花形奇特，是花坛及庭园绿化的良好材料，也可用作地被植物。

## 8.3　球根花卉

### 8.3.1　概述

#### 8.3.1.1　含义及类型

球根花卉是指植株地下部分变态，膨大呈球状或块状的多年生草本花卉。这类花卉一般是在不良环境条件下，植株地下部的茎或根膨大形成贮藏器官，并以地下球根的形式度过其休眠期，到环境条件适宜时，再度萌发生长并开花，因此，球根花卉常采用分球繁殖，也可采用播种繁殖（如仙客来、大岩桐、球根秋海棠）和扦插繁殖（如大丽花、百合）。球根花卉种类丰富，花色艳丽，花期较长，栽培容易，适应性强，是园林造景中比较理想的植物材料。

**（1）根据球根的形态和变态部位分类**

①鳞茎类　地下变态茎，茎极度缩短，成为扁盘状的鳞茎盘；鳞茎盘上生不定根，大部分叶片变成肥厚多肉的鳞片，着生在鳞茎盘上。鳞茎中贮藏丰富的有机物质和水分，借以度过不利的气候条件。鳞茎又可分为有皮鳞茎和无皮鳞茎。有皮鳞茎如水仙花、郁金香、朱顶红、风信子、文殊兰等，其鳞片薄且紧紧包裹主芽和侧芽；无皮鳞茎如百合、贝母等，鳞片分离，不包被全球。

②球茎类　地下茎短缩膨大呈实心球状或扁球形或圆锥形，没有如鳞茎一样具有新鲜的变态叶片，干枯呈膜质状的叶基紧紧包裹球茎，将干膜质外皮剥除后，球茎上有环状节，节上着生膜质鳞叶和侧芽。如唐菖蒲、小苍兰、番红花等。

③块茎类　地下茎膨大呈不规则实心块状或球状，外形不整齐。外部没有干膜质状的变态叶包裹，基部叶没有次年发根的底盘；也没有明显茎节，块茎上长有不明显的芽或芽眼，从此处可

长出芽和茎、叶等，根可从表皮许多部位长出来，如仙客来、大岩桐、马蹄莲、球根秋海棠等。

④根茎类　地下茎肥大，似根状水平生长，具分支。地下茎上具有明显的节和节间，节上有小而退化的鳞片叶，叶腋有腋芽，尤其是在根茎顶端侧芽较多，由此发育成地上枝，并产生不定根，且在茎生长后，在其基部又会独立膨大贮藏养分形成新的根茎，如美人蕉、荷花、睡莲等。

⑤块根类　地下膨大部分由根变态而来，这是唯一由根部贮藏养分的球根类。其芽和芽眼长在根和茎相连的根颈部。在块根表皮具有根眼，为将来发生新根的部位，块根不能萌生不定芽，繁殖时须带有着生休眠芽的根颈部，如大丽花、花毛茛、红花酢浆草等。

**（2）根据适宜的栽植时间分类**

球根花卉根据栽植时间的不同，可分为春植球根花卉和秋植球根花卉。

①春植球根花卉　指在春季栽植，夏秋季开花，冬季进入休眠的球根花卉。花芽分化一般在夏季生长期进行，如大丽花、美人蕉、唐菖蒲等。

②秋植球根花卉　指在秋季栽植，秋冬季生长，春季开花，炎夏休眠的球根花卉，在冬季寒冷地区，冬季强迫休眠，春季生长开花。花芽分化一般在夏季休眠期进行。大部分球根花卉属于秋植球根花卉，如水仙、郁金香、风信子等；也有少数种类花芽分化在生长期进行，如百合类。

### 8.3.1.2　生态习性

**（1）温度要求**

春植球根花卉主产于夏季降雨地区，生长季要求高温，耐寒力弱，秋季温度下降后，地上部分停止生长，进入休眠。原产热带耐寒性弱的种类需要在温室中栽培。

秋植球根花卉主产于冬雨地区，喜凉爽，怕高温，较耐寒。秋季气候凉爽时开始发育，春季开花，炎夏来临前地上部分休眠。耐寒性差异大，如卷丹、喇叭水仙等可耐 –30℃低温，在北京地区可露地越冬；而小苍兰、郁金香等在北京地区则需要保护过冬；中国水仙不耐寒，只能在温室栽培。

**（2）光照要求**

大多数球根花卉要求阳光充足，少数耐半阴，如石蒜、百合等。一般为中日照花卉，只有铁炮百合、唐菖蒲等少数种类是长日照花卉。阳光不足不仅会影响当年的开花，而且球根生长不能充实肥大，以致影响第二年的开花。日照长短对地下器官形成有影响，如短日照促进大丽花块根的形成，长日照促进百合等鳞茎的形成。

**（3）土壤要求**

大多数球根花卉喜中性至微碱性土壤，喜疏松肥沃的砂质土壤，要求排水良好而保水性好的土壤，上层为深厚土壤，下层砂砾层最为合适。少数种类在潮湿、黏重的土壤中也能生长，如水仙、晚香玉、郁金香、风信子、百合等喜黏质壤土。

**（4）水分要求**

球根是旱生形态，土壤中不宜积水，尤其在休眠期，过多水分会造成腐烂，但旺盛生长期必须有充足水分；球根在接近休眠时土壤宜保持干燥。

### 8.3.1.3　园林应用及特点

球根花卉与其他种类花卉相比，种类较少，但其品种丰富，通常每种都有几十到上千品种，是重要的园林植物。球根花卉具有开花整齐、色彩艳丽、管理方式简易、用途多样等特点，在园林中常应用于花境、花坛及水景配置中，也常栽植为地被植物，还常用于点缀草坪，栽植花带、种植钵、花台等。

**（1）主要应用特点**

①种类繁多　球根花卉种类繁多，目前园林中常见逾 100 种。同时，可供选择的花卉品种多，花期变化大，延续时间长，通过不同类型的合理搭配，实现周年观赏。

②色彩丰富　球根花卉具有鲜艳明亮的色彩，分为红色系、黄色系、白色系、橙色系、紫色系、蓝色系等，如果在种植设计时配合得当，将会形成丰富多彩、绚丽多姿的优美景色。如黄色的菊芋、中国石蒜、忽地笑，紫色的蛇鞭菊、再力花，白色的铃兰、晚香玉，红色的红花酢浆草、射干、石蒜，蓝色的百子莲、鸢尾以及具有多种色彩的

百合、郁金香、风信子等。

③适应性强　在球根花卉中，许多种类具备耐旱、耐寒、耐水湿、耐盐碱、耐瘠薄的能力，可以适用于多种用途。

④管理方便　大多数球根花卉对繁殖、栽培没有特殊要求。一般采用播种繁殖，也可采用分球、扦插繁殖。只要掌握好栽培季节和方法，均能成活。同时，对环境条件适应性极强，病虫害也较少，管理相对粗放。

⑤经济适用　球根种植后，在100d左右能开花，并能一次种植多年受益，减少培育时间，节省栽培养护费用。同时，球根花卉的球根便于贮运，节省人力、物力和财力。

⑥应用形式多样　球根花卉因种类繁多、适应性强且养护管理较方便，是各种花卉应用的良好材料。除可应用在花坛、花境及点缀草坪，创造良好的景观效果外，也可用于切花、盆花，许多种类可水养栽培，便于室内绿化和不适宜土壤栽培的环境使用。

**（2）应用环境与作用**

①生态绿化　球根花卉与其他植物种类相同，在改善生态环境、提高人类生活质量方面具有重要意义，与其他植物搭配应用，能带来良好的环境效益。

球根花卉花色艳丽、花期长，是园林绿化较理想的一类植物材料，其花色、株形、高矮组合千变万化，不同组合在不同时期开花，季相不断变化，可保持长期的景观效果，给人新鲜感，符合人们的欣赏要求。球根花卉这些特点对提高城市园林绿化水平、丰富绿化内涵均具有重要意义。

②经济应用　球根花卉的种球贮藏运输方便，种植后短时间内就能开花，且体积小、重量轻，节省人力、财力，能在短时间内达到景观效果。球根花卉对水肥无特殊要求，养护管理简单，成本低，见效快。近年来，球根花卉的大量引进促进了我国球根花卉产业的快速发展，结合国内各种花卉展览以及生产基地等的推进，球根花卉的应用越来越广泛，带来了重要的经济效益。同时，许多球根花卉还是重要的食材、中药材或香料，贝母、白及、延龄草等以药用价值而久负盛名，鸢尾、番红花、小苍兰、晚香玉、风信子等是重要的香料植物，常用于香水、化妆品、沐浴用品、菜肴等，具有重要的经济价值。

**（3）应用方式**

①花坛　球根花卉品种繁多、花大而色彩艳丽的特点，是花坛的优良材料。球根花卉中开花整齐、花茎挺拔的种类多用于规则式花坛中，如风信子、郁金香等，营造欢快热闹的氛围。

②花境　球根花卉是营造花境的主要植物材料之一，种植养护简单、能够体现四季季相变化，做到三季有花、四季常绿。球根花卉还能弥补花期较短的多年生植物和灌木的不足，通过合理布局和精心布置，能够使球根花卉的花期与花境中其他植物的花期良好衔接，展现出观赏价值高的周年性植物花期组合。

③庭园栽植　球根花卉也是传统庭园栽植的优良花卉品种。如鸢尾、唐菖蒲、蜘蛛抱蛋等常成丛点缀于庭园的台阶、角隅、山石小品中，石蒜可与攀缘式多年生花卉如紫藤等进行多层次多色彩的组合，从而能够达到更丰富的视觉效果。球根花卉也常作为盆栽应用于庭园，如郁金香、马蹄莲、风信子、百合等。

④水景种植　水生类球根花卉常用于临水、水边湖畔种植，丰富水景景观，也是水景园或沼泽园的主景植物材料，常用的种类有美人蕉、睡莲、荷花、球根鸢尾等，与水生植物搭配布置，提高水景的观景质量，使游人享受到自然亲水的体验感。

⑤观花地被　球根花卉中很多种类满足地被植物低矮、能覆盖地面且养护简单、观赏性强的要求，能够与草坪草等混合使用，用作草坪镶边，组成缀花地被，构成良好的视觉效果。

⑥专类园　由于球根花卉花大、色艳、花形奇特、种类丰富、品种极多，在专类园的设计中占有重要地位，如国家植物园、西安植物园中的郁金香园、风信子园，沈阳植物园中的百合园，南京中山植物园中的石蒜园等。每年开花季节举办各种花卉展览，吸引成千上万的观众参观游览。

### 8.3.2 常见球根花卉

**1. 欧洲银莲花 *Anemone coronaria***

［别名］毛蕊茛莲花、冠状银莲花

［科属］毛茛科银莲花属

［形态特征］植株高 25~65cm。根茎垂直。叶基生，具长柄，叶心状五角形，稀圆卵形。苞片约 5，无柄，不等大，3 裂，萼片白或带粉红色，倒卵形。花期 4~7 月（图 8-99）。

［分布与习性］分布于中国（山西、河北）和朝鲜。喜光照；喜温及冷凉气候；喜湿，怕涝；喜肥，要求光照充足的环境和富含有机质、疏松肥沃而排水良好的土壤。

［园林用途］茎叶优美，花大色艳，是春、秋季优良的庭园花卉，常丛植于花境、林缘、草坪等，也可作花坛镶边材料；还可作切花、盆栽。

**2. 花毛茛 *Ranunculus asiaticus***

［别名］芹菜花、波斯毛茛

［科属］毛茛科毛茛属

［形态特征］株高 20~50cm。块根纺锤形。茎单生，或少数分支。基生叶具长柄，三出复叶；茎生叶小，近无柄，羽状细裂。花单生或数朵聚生于茎顶，花红、黄、白、橙、紫等多色，重瓣或半重瓣。花期春季（图 8-100）。

［分布与习性］原产于欧洲东南部及亚洲西南部。喜冷凉环境；喜光，也耐阴；忌酷热，喜疏松肥沃、排水良好的中性或微碱性的砂质土；夏季休眠，较耐寒，在我国长江流域可以露地越冬；喜湿，怕干，忌积水。

［园林用途］花大秀美，且花色丰富，具有牡丹的风韵，在昆明等地俗称“洋牡丹”，可片植林下、林缘、小径边或庭园中，也可数株点缀于草地边、假山石旁或用于花坛、花台等处，是花境、花带不可或缺的观花草本植物。

**3. 红花酢浆草 *Oxalis corymbosa***

［别名］多花酢浆草、南天七、铜锤草

［科属］酢浆草科酢浆草属

［形态特征］多年生直立草本。无地上茎，地下部分有球状鳞茎。叶基生。总花梗基生，二歧聚伞花序，通常排列成伞形花序式；花瓣 5，倒心形，淡紫色至紫红色，基部颜色较深。花、果期 3~12 月（图 8-101）。

［分布与习性］原产于南美洲热带地区；中国长江以北各地作为观赏植物引入，南方各地已逸为野生，分布于我国河北、陕西、华东、华中、华南、四川和云南等地。喜光，在露地全光下和树荫下均能生长；日本亦然。抗寒力较强。

［园林用途］植株低矮、整齐，花多叶繁，花期长，花色艳，能迅速覆盖地面，是优良的地被花卉，适用于花坛、花境、疏林地及林缘大片种植。

**4. 大丽花 *Dahlia pinnata***

［别名］大理花、大丽菊、天竺牡丹、苕菊

［科属］菊科大丽花属

［形态特征］地下部分具粗大棒状肉质块根。茎中空，多分支。叶对生，一至二回羽状分裂，边缘具粗钝锯齿。头状花序有长花序梗，常下垂，

图8-99 欧洲银莲花

图8-100 花毛茛

图8-101　红花酢浆草

图8-102　大丽花

图8-103　马蹄莲

图8-104　美人蕉

舌状花 1 层，白、红或紫色；管状花黄色，有时栽培种全为舌状花。花期 6~12 月（图 8-102）。

［分布与习性］原产于墨西哥。喜湿润清爽，昼夜温差大、通风良好的环境；夏季高于 30℃则生长不良，开花少；冬季低于 0℃时易发生冻害；喜柔和充足光照，10~12 h 的日照长度。

［园林用途］花色艳丽，花形多变，品种丰富，应用范围广，宜作花坛、花境及庭前丛栽；矮生品种可作盆栽观赏，高型品种宜作切花，是制作花篮、花圈和花束的理想材料。

### 5. 马蹄莲 *Zantedeschia aethiopica*

［别名］水芋、观音莲、花芋

［科属］天南星科马蹄莲属

［形态特征］块茎褐色，肥厚肉质。叶基生，下部具鞘，叶片较厚，绿色，心状箭形或箭形，先端锐尖、渐尖或具尾状尖头，全缘，光滑。佛焰苞黄色；肉穗花序圆柱形，黄色，雄花着生在花序上部，雌花着生在下部，花有香气。浆果短卵圆形，淡黄色。花期 2~3 月，果 8~9 月成熟（图 8-103）。

［分布与习性］原产于非洲东北部及南部。我国北京、江苏、福建、台湾、四川、云南及秦岭地区栽培供观赏。性喜温暖、湿润环境，不耐寒，不耐干旱，稍耐阴。喜疏松肥沃、腐殖质丰富的砂壤土。

［园林用途］叶片翠绿、形状奇特；花朵苞片硕大洁白，宛如马蹄，是国内外重要的切花花卉。常用于插花，制作花束、花圈和花篮等，也常作盆栽观赏。

### 6. 美人蕉 *Canna indica*

［别名］蕉芋、红艳蕉，小花美人蕉

［科属］美人蕉科美人蕉属

［形态特征］植株全绿色。具粗壮肉质根，上有节及鳞片状皮膜，地下茎直立不分支。单叶互生，叶卵状长圆形。总状花序疏花，略超出叶片之上；花红色，单生，花期长，初夏至秋末陆续开

放。花果期 3~12 月（图 8-104）。

［分布与习性］原产于印度，我国南北各地常有栽培。性强健，喜阳光充足；喜温暖炎热气候；不耐寒，在华北、东北地区不能露地越冬；喜湿润肥沃的深厚土壤，可耐短期水涝；对有害气体抗性较强。

［园林用途］茎叶茂盛，花大色艳，花期长，适宜大片自然栽植，或应用于花坛、花境布置及基础种植，也可栽植于水岸边，构成良好的驳岸景观；低矮品种可盆栽观赏。

**7. 风信子 *Hyacinthus orientalis***

［别名］洋水仙、西洋水仙、时样锦

［科属］百合科风信子属

［形态特征］鳞茎卵形，有膜质外皮，颜色与花色正相关。叶带状披针形，绿色有光。总状花序密生其上部，花冠漏斗状，花色有蓝色、粉红色、白色、鹅黄、紫色、黄色、绯红色、红色八个品系。花期早春（图 8-105）。

［分布与习性］原产于地中海沿岸及小亚细亚一带。喜阳光充足和湿润环境；较耐寒；要求排水良好和肥沃的砂壤土。

［园林用途］姿态娇美，清香宜人，是著名早春花卉，适用于布置花坛、花境，也可作切花、盆栽水植，装饰居室、阳台。

**8. 百合 *Lilium brownii* var. *viridulum***

［别名］山百合、香水百合、天香百合

［科属］百合科百合属

［形态特征］鳞茎球形，淡白色。茎直立，绿色，圆柱形，常有紫色斑点。花着生在茎顶端，单生或呈总状花序，花瓣 6 枚，呈漏斗状或杯状，花色有红、白、黄等，并常常带有各种颜色的斑点或条纹。花期 5~6 月（图 8-106）。

［分布与习性］主产于我国湖南、四川、河南、江苏、浙江，全国各地均有种植。喜凉爽，较耐寒，在高温地区生长不良，宜半阴环境；喜干燥，怕水涝；对土壤要求不严，但在土层深厚、肥沃疏松而排水良好且富含腐殖质的微酸性壤土中生长良好，不宜栽培在黏重的土壤中。

［园林用途］花姿雅致，叶片青翠娟秀，是名贵的切花新秀；适宜于大片纯植或丛植于疏林下、草坪边、亭台畔以及用作建筑基础栽植；也可作花坛、花境及岩石园材料或盆栽观赏。

**9. 郁金香 *Tulipa gesneriana***

［别名］洋荷花、草麝香、郁香、荷兰花

［科属］百合科郁金香属

［形态特征］地下鳞茎卵形，鳞茎皮纸质。茎叶光滑、被白粉。叶二型，基生叶 2~3 枚，卵状宽披针形；茎生叶 1~2 枚，披针形；均无柄。花单朵顶生；花被片红色或杂有白色和黄色，有时具有条纹和斑点；无花柱，柱头鸡冠状。花期 4~5 月（图 8-107）。

［分布与习性］原产于欧洲，我国引种栽培。喜光；喜冬暖夏凉气候，耐寒力强，冬季球根能耐 −35℃的低温，生根需 5℃以上；要求疏松、富含腐殖质而排水良好的土壤。

［园林用途］植株矮小，花形美丽，是世界著名观赏花卉，主要用作切花；也可用于布置花坛、花境，美化庭园，宜丛植或带状布置，或点缀于多种植物组合花坛之中。

**10. 百子莲 *Agapanthus africanus***

［别名］紫君子兰、蓝花君子兰、非洲百合

［科属］石蒜科百子莲属

［形态特征］多年生草本。具鳞茎。叶二列状基生，线状披针形或带形，近革质，从根状茎上抽生而出，斜展而不下垂。花莛自叶丛中抽出；花 10~50 排成顶生伞形花序；花被合生，漏斗状，鲜蓝色，花被裂片长圆形，与筒部等长或稍长。花期 7~8 月，果期秋季（图 8-108）。

［分布与习性］原产于非洲南部。性喜温暖、湿润环境；对土壤要求不严，但在腐殖质丰富、肥沃且排水良好的土壤中生长良好；具有一定抗寒能力，在南方温暖地区可以露地稍加覆盖越冬。

［园林用途］叶丛浓绿、光亮；花色优雅，花形秀丽，适合植于公园、绿地、庭院等路边、山石边、墙垣处观赏，也可盆栽装饰阳台、天台等处。

**11. 大花葱 *Allium giganteum***

［别名］吉安花、巨葱、绒球葱

［科属］百合科葱属

［形态特征］株高 50~110cm。具球形半球形鳞

图8-105 风信子

图8-106 百 合

图8-107 郁金香

图8-108 百子莲

图8-109 大花葱

茎，外被白色膜质皮。叶倒披针形，长约60cm，宽约5cm。花梗自叶丛中抽生，高可达1.2m；球形花序由数千朵小花组成，直径达10~18cm，花淡紫色；花序开放前有一闭合的总苞，花期5~6月，6~7月果熟（图8-109）。

［分布与习性］原产于中亚及地中海地区。性喜凉爽和阳光充足的环境，忌湿，不耐热，要求肥沃、疏松，排放良好的砂质土壤。

［园林用途］叶片灰绿，花茎健壮挺拔，花色鲜艳，球形花丰满别致，是很好的花坛材料，也

可丛植于草坪。花头可剪下插瓶。多植于花境、花径，也可用作切花。

### 12. 文殊兰 *Crinum asiaticum* var. *sinicum*

［别名］文珠兰、罗裙带

［科属］石蒜科文殊兰属

［形态特征］鳞茎长圆柱形。叶深绿色，带状披针形。花茎直立，与叶近等长；伞形花序，花芳香，花被高脚碟状，花被筒绿白色，裂片白色，线形；雄蕊淡红色，花药线形。花期 7~9 月（图 8-110）。

［分布与习性］多生于海滨地区或河旁沙地。性喜温暖、不耐寒；喜湿润、光照充足与肥沃砂质土壤环境，耐盐碱土。但在幼苗期忌强直射光照，生长适宜温度 15~20℃，冬季鳞茎休眠期的适宜贮藏温度为 8℃左右。

［园林用途］花叶并美，具有较高的观赏价值，既可用于点缀园林景区、校园绿地、住宅小区的草坪，又可作庭园装饰花卉，及房舍周边的绿篱，还可作盆栽。

### 13. 朱顶红 *Hippeastrum rutilum*

［别名］对红、华胃兰、红花莲

［科属］石蒜科朱顶红属

［形态特征］常绿或半常绿性球根花卉。鳞茎近球形。叶 6~8 枚，与花同时抽出或花后抽出，带状线性。伞状花序，花 3~6 朵，花大漏斗形，平伸或稍下垂；花被片红色，中心及边缘具白色条纹，或白色具红紫色条纹。花期夏季（图 8-111）。

［分布与习性］原产于巴西。喜温暖湿润、阳光不过于强烈的环境，需给予充分的水肥；夏季宜凉爽，冬季休眠期要求冷凉干燥；喜富含腐殖质、疏松肥沃而排水良好的微酸性砂质土壤，忌积水。

［园林用途］花大似百合，花色鲜艳，适宜地

图8-110 文殊兰

图8-111 朱顶红

图8-112 石 蒜

图8-113　中国水仙

图8-114　紫娇花

栽，可形成群落景观；盆栽可用于室内、窗前装饰，也可作切花。是欧美十分流行的罐装花卉。

14. 石蒜 *Lycoris radiata*

[ 别名 ] 曼珠沙华、彼岸花、红花石蒜

[ 科属 ] 石蒜科石蒜属

[ 形态特征 ] 地下部分具鳞茎，皮膜紫褐色。叶深绿色，秋季出叶。花茎顶生伞形花序，花两侧对称，鲜红色，花被筒绿色；花被裂片窄倒披针形，上部开展并向后反卷，边缘皱波状；雄蕊伸出花被，与花冠同色。花期 8~9 月（图 8-112）。

[ 分布与习性 ] 常生于缓坡林缘、溪边等比较湿润及排水良好的地方。适应性强，耐寒力因产地不同而异；耐阴；不择土壤，喜腐殖质丰富的土壤和阴湿而排水良好的环境。

[ 园林用途 ] 宜作林下地被植物，也可花境丛植或用于溪涧石旁自然式布置，开花时无叶，露地时适合与其他低矮、枝叶密生的一二年生草本花卉混植；也可盆栽水养或作切花。

15. 中国水仙 *Narcissus tazetta* subsp. *chinensis*

[ 别名 ] 水仙花、金盏银台、天蒜、雅蒜

[ 科属 ] 石蒜科水仙属

[ 形态特征 ] 鳞茎卵球形，由多数肉质鳞片组成，外皮黄褐色或褐色。叶基生，叶面覆白粉。花梗不等长；伞房花序单生，白色或淡黄色，芳香。花期 1~2 月（图 8-113）。

[ 分布与习性 ] 原产于亚洲东部海滨的温暖地区。喜温暖、湿润气候，忌炎热高温，较耐寒；为秋植球根花卉，短日照花卉；露地栽培宜选用土层深厚、疏松且富含有机质、保水性强的砂壤土，pH 以 5~6.5 为宜。

[ 园林用途 ] 株丛低矮，花形奇特，花色淡雅，在室内适宜装饰案头、窗台；在室外适宜布置花坛、花境，也可在疏林下、草坪上成丛成片种植；水养持久，也是良好的切花材料。

16. 紫娇花 *Tulbaghia violacea*

[ 别名 ] 野蒜、洋韭菜

[ 科属 ] 石蒜科紫娇花属

[ 形态特征 ] 多年生球根花卉，成株丛生状。茎叶均含韭味。叶狭长线形。顶生聚伞花序，花茎细长，自叶丛抽生而出，着花十余朵，花粉紫色，芳香（图 8-114）。

[ 分布与习性 ] 我国湖南、江苏、浙江、陕西、云南、福建、贵州等地均有分布。喜温暖，喜光照，不喜湿热环境，耐寒性好；不择土壤，但以肥沃的砂质土壤为宜。

[ 园林用途 ] 花娇小可爱，清新宜人，园林中可带状片植于园路边、林缘观赏，也可用于冷色系花境配置，也适合点缀假山石边、岩石园，或用于营造庭园小型景观，还可盆栽装饰阳台、天台等。

图8-115　葱　莲

图8-116　番红花

图8-117　香雪兰

17. 葱莲 ***Zephyranthes candida***

［别名］葱兰、玉帘

［科属］石蒜科葱莲属

［形态特征］多年生草本。鳞茎卵形，直径约2.5cm，具有明显的颈部，颈长2.5~5cm。叶狭线形，肥厚，亮绿色，长20~30cm，宽2~4mm。花茎中空；花单生于花茎顶端，下有带褐红色的佛焰苞状总苞，总苞片顶端二裂；花梗长约1cm；花白色，外面常带淡红色；几无花被管，花被片6，近喉部常有很小的鳞片。种子黑色，扁平。花期秋季（图8-115）。

［分布与习性］原产于南美洲。喜光，耐半阴；耐寒；耐旱，喜湿润环境。

［园林用途］我国南北庭园、公园栽培供观赏，在南方已野化。宜作花坛、花境、草地或庭园小径的镶边材料，也可点缀树池，成片种植于缀花草坪、分车带、林缘或疏林下，还可盆栽装点几案，非常雅致。

18. 番红花 ***Crocus sativus***

［别名］西红花、藏红花

［科属］鸢尾科番红花属

［形态特征］球茎扁圆形，端部呈冠状。叶多数，长可达30~40cm，灰绿色，常与花同时抽出。花大，芳香；花被片长3.5~5cm，雪青色、红紫色或白色。花期9~10月（图8-116）。

［分布与习性］分布广泛，但大部分野生于巴尔干半岛和土耳其；我国新疆地区也有分布。喜温和凉爽，不耐炎热，夏季休眠，具有一定耐寒性；喜光，耐阴；要求富含有机质和腐叶土的疏松、排水良好的砂壤土。

［园林用途］植株矮小，叶丛纤细，花朵娇柔优雅，开放甚早，是早春重要花卉。适宜植于花坛、花境作镶边材料和配置岩石园。成片种植有很壮观的自然感染力。

19. 香雪兰 ***Freesia refracta***

［别名］菖蒲兰、小菖兰、小苍兰、麦兰

［科属］鸢尾科香雪兰属

［形态特征］地下鳞茎卵圆形，白色，外有膜质包被。叶基生，互生，中脉明显，黄绿色。茎细长、柔软，有分支，绿色。花淡黄色或黄绿色，有香味。花期 4~5 月（图 8-117）。

［分布与习性］原产于非洲南部。喜暖怕寒又怕热，要求光照充足，但在高温强光下易徒长，在短日照条件下有利于花芽分化诱导；对水分要求严格，怕潮又怕旱；喜疏松肥沃而排水良好的土壤。

［园林用途］体态清秀，花色艳丽，是优美的盆花和切花材料；盆花可用于装饰会议室、客厅、书房等；也可切花瓶插，或作花篮、花圈；还可用于花坛布置或栽植于花境边缘。

**20. 唐菖蒲 *Gladiolus gandavensis***

［别名］菖兰、剑兰、荸荠莲

［科属］鸢尾科唐菖蒲属

［形态特征］球茎呈扁球形，外披褐色纤维质表皮，内为黄白肉质鳞片。叶基生或在花茎基部互生，有数条纵脉及突出中脉。长穗状花序，着花数十朵，花朵由下向上逐渐变小，渐次开放；花瓣椭圆形，边缘微皱；花色丰富，有红色、黄色、棕色、紫色、蓝色和白色。花期 7~9 月（图 8-118）。

［分布与习性］原产于非洲热带和地中海地区。喜光，长日照植物；怕寒冷，夏季喜凉爽气候，不耐过度炎热；不耐涝，性喜排水良好、肥沃深厚的砂质土壤，不宜在黏重土壤及易有水涝处栽种。

［园林用途］为世界著名切花之一，品种繁多，花色艳丽丰富，花期长，也适于盆栽、布置花坛。因其对大气污染有较强抗性，是工矿绿化及城市美化的良好材料。

**21. 韭莲 *Zephyranthes carinata***

［别名］红花葱兰、韭菜莲、风雨花

［科属］石蒜科葱莲属

［形态特征］鳞茎卵形。叶线形。花玫瑰红或粉红色，几无花被筒；花被片 6，近离生或基部连合成极短的花被筒，近喉部常具小鳞片；花期 7~9 月（图 8-119）。

［分布与习性］原产于南美洲；我国华中、华

图8-118　唐菖蒲

图8-119　韭　莲

图8-120　荷兰鸢尾

东、华南、西南等地均有引种栽培。喜阳光充足，耐半阴与低湿；宜肥沃、带有黏性而排水良好的土壤；较耐寒，栽培需注意冬季适当做好防寒措施。

［园林用途］株丛低矮、终年常绿、花朵繁多、花期长，适用于林下、边缘或半阴处作园林地被植物，也可作花坛、花径的镶边材料，在草坪中成丛散植，可组成缀花草坪，也可盆栽供室内观赏。

**22. 荷兰鸢尾 *Iris × hollandica***

［别名］爱丽丝

［科属］鸢尾科鸢尾属

［形态特征］根状茎长条形或块状。叶多基生，剑形、条形或丝状，基部鞘状。花茎自叶丛中抽出，花序生于分支的顶端或仅在花茎顶端生1朵花，具苞片，膜质或草质；花较大，蓝紫色、紫色、红紫色、黄色、白色等（图8-120）。

［分布与习性］原产于欧洲等地，我国福建、浙江、江苏等东南及江南地区引种栽培。性喜阳光充足而凉爽的环境，耐寒，耐半阴，在我国长江流域可露地越冬，但在华北地区需覆盖或设风障保护越冬；要求排水良好的砂质土壤。

［园林用途］花色丰富，花大而花形奇特，花枝长，主要用作切花，也可布置庭园；也是布置花坛、花境及花丛的优良材料。

## 8.4 水生花卉

### 8.4.1 概述

#### 8.4.1.1 含义及类型

水生花卉是指常年生活在水中，或在其生命周期内有一段时间生活在水中的观赏植物。根据生活周期的不同，可分为一年生花卉、宿根花卉、球根花卉。根据水生花卉的生态习性、生活环境及生长方式的不同，又可分为挺水花卉、浮水花卉、漂浮花卉和沉水花卉。

①挺水花卉　指根系深入水下土壤中，茎叶挺出水面之上的花卉，多生长在靠近岸边的浅水处，如荷花、黄花鸢尾、千屈菜、水葱、香蒲等。

②浮水花卉　指叶片浮在水面，根或根状茎生于泥中的花卉，这类水生植物通常根状茎发达、花大色艳、无明显的茎或茎细弱不能直立，它们体内通常贮藏大量的气体，使叶片或植株能平衡地漂浮在水面上，如睡莲、萍蓬草、王莲等。

③漂浮花卉　指根不生长于泥中，植株漂浮于水面之上的花卉，随水流、风浪四处移动，如浮萍、满江红、凤眼莲等。

④沉水花卉　指整个植株沉没在水中，或仅有少许叶尖或花露在水面的花卉。这类植物通气组织发达，能适应水下氧气含量较低的环境，如金鱼藻、眼子菜、苦草等。

#### 8.4.1.2 生态习性

大多数水生花卉喜欢阳光充足、通风良好的环境，叶片通常呈丝状或带状以适应环境。不同水生花卉对温度的要求因原产地不同而存在很大差异，如睡莲的耐寒种类能在西伯利亚露地生长，而王莲生长适温则高达40℃，在北方地区不能露地越冬，需要在温室中栽培。大部分水生花卉喜黏质土壤，水池中的土壤应含有丰富的腐殖质。

水中的含氧量、二氧化碳含量影响水生植物的生长发育，只能在一定水深范围内分布。不同的水生花卉对水深的要求不同，生长于水体内的挺水和浮水花卉的种类一般要求40~100cm的水深，而近沼生习性的花卉在20~30cm的水深处即可；湿生花卉只适合种植在岸边的潮湿地。同种水生花卉在不同生长发育阶段的适宜水深也有所不同。

#### 8.4.1.3 园林应用及特点

水生花卉是园林造景中不可或缺的优良材料，其在观叶、品姿、赏花、欣赏水中倒影各个方面的观赏效果都很好。水生植物景观如今在公园、植物园、城市公共绿地、庭园及湿地景观中广泛应用；可布置成水生专类园，为游客提供科普知识；也多应用于居住小区内，与小区内的水溪景观协调搭配，主要以观叶、观花为主。

**（1）主要应用特点**

①是园林水体周围及水中植物造景的重要花卉。

②是花卉专类园——水生园的主要材料。

③常栽植于湖岸、各种水体中作为主景或配景，在规则式水景中常常作主景。

**（2）应用环境与作用**

①生态绿化　水生花卉能够保持生态平衡。由于水生花卉独特的生长环境，它能够吸收水中富集的营养物质及其他元素，使水中的含氧量大大增加，并且由于水中其他微生元素被吸收，水中的有害物质缺失了生长环境，可以抑制水生有害物质的繁殖。同时，水生花卉的必需生长物质如氮、磷等，也是污染水质的元凶，水生花卉能够吸收这些元素从而净化水质，保持水质清洁；水生花卉吸收的营养成分能够使水中的微生物快速分解，释放氧气，增加了水中可溶性氧气的含量，达到改善水质的效果。

水生花卉种类繁多，多姿多彩，包括多种草本、木本、藻类植物等。科学合理、巧妙地栽植水生植物，可大大提升园林的造景功能，突出园林的景观效果。在园林中，不论是主景、配景还是小景，多借助水生植物来丰富水景，加强水体的美感，在园林水景中有着广泛的应用，其作用越来越受重视。

②经济应用　一些水生花卉本身也是很好的食用植物，如莲藕、菱、芡实、紫芋、水芹等，在观赏造景的同时也可以食用增加其经济效应。水生花卉是良好的绿肥，也是很好的饲草，其生长快、营养丰富，水中的氮、磷被吸收后转化为蛋白质等营养物质。用这些植物来饲养鱼、鸭、鹅等能够产生一定的经济效益。在种植水生植物时，可有目的性地挑选利用价值高的水生植物，如浮萍、水葫芦等，在水中放养适量鱼、虾和水禽，适时收获水产品，使水体保持较为稳定的生态环境，从而实现环境效益与经济效益双丰收。另外，一些水生花卉还可以用来造纸或制作编织物，如纸莎草、水葱等。

**（3）应用方式**

①水景园　水是构成景观的重要因素，有水的园林更具活力和魅力。利用多姿多彩的水生花卉能够布置出观赏效果更好的水景园（图8-121）。合理搭配挺水花卉、浮水花卉、漂浮花卉、沉水花卉等，以及精心安排驳岸植物配置，可以形成自然舒适、风格独特、静雅的水景。

②微型水池　微型水池用于较窄小的环境中，用一池清水配上几丛水生植物，小中见大，使人感到空间开阔。常应用于住宅一隅，配上几株浮水和浮叶类的水生植物，如大薸、睡莲等，与其他植物相互衬托。

③容器栽植　许多水生植物可以种植在缸、桶、盆、瓶等容器中，有些甚至在小型碗碟里也可以生长开花（图8-122）。容器能够移动，可随意摆放造景。如小型荷花可放置于缸内，摆放于篱笆边或与其他花草配置，为居住环境增添光彩。

④插花应用　水生花卉中的睡莲、马蹄莲、

图8-121　水生花卉造景

图8-122　水草缸

荷花、鸢尾、香蒲、菖蒲等都是很好的插花材料，适合摆放在室内用于装饰居室空间，选择合适的插花材料巧妙地组合在一起，可使人心情舒畅，为居家生活添一份活力，如荷花、睡莲等可组成美丽动人的悬挂式插花。

### 8.4.2 常见水生花卉

**1. 荷花 *Nelumbo nucifera***

[别名] 莲、菡萏、芙蓉

[科属] 睡莲科莲属

[形态特征] 根茎肥厚，横生地下，节长。叶盾状圆形，伸出水面；叶柄中空，常具刺。花单生于花莛顶端；花瓣多数，红、粉红或白色，有时变态成雄蕊；雄蕊多数，花丝细长，药隔棒状；心皮多数，离生，埋于倒圆锥形花托穴内。花期 6~8 月（图 8-123）。

[分布与习性] 原产于亚洲热带和温带地区。喜相对稳定的平静浅水、湖沼、泽地、池塘，喜温暖多湿环境，喜光，极不耐阴，在半阴处生长就会表现出强烈的趋光性。

[园林用途] 花大叶丽，清香远溢，出淤泥而不染，是园林中重要的水面绿化植物；也可应用于盆栽、盆景及插花艺术。

**2. 萍蓬草 *Nuphar pumila***

[别名] 贵州萍蓬草、台湾萍蓬草

[科属] 睡莲科萍蓬草属

[形态特征] 根茎肥厚。叶生于根茎顶端，浮水叶纸质，卵形，宽卵形，稀椭圆形，先端圆，基部具弯缺，裂片开展，上面光亮，无毛，下面密被柔毛，侧脉羽状，上部二歧分支；沉水叶薄膜质，无毛。花茎 3~4cm；萼片 5，黄色，花瓣状；花瓣多数，窄楔形。花期 5~7 月，果期 7~9 月（图 8-124）。

[分布与习性] 产于我国贵州、江西；日本、欧洲北部及中部也有分布。喜温暖、湿润、阳光充足的环境；对土壤要求不严，以土质肥沃、略带黏性为好。生长适宜温度为 15~32℃，低于 12℃时停止生长，较耐低温，长江以南越冬不需防寒，可在露地水池越冬；在北方冬季需保护越冬，休眠期温度保持在 0~5℃即可。

[园林用途] 为观花、观叶植物，多用于池塘水景布置，与睡莲、莲花、荇菜、香蒲、黄花鸢尾等植物配置可形成绚丽多彩的景观；也可盆栽于庭园、建筑物、假山石前，或在居室前向阳处摆放；根具有净化水体的功能。

**3. 睡莲 *Nymphaea tetragona***

[别名] 子午莲、粉色睡莲、矮睡莲

[科属] 睡莲科睡莲属

[形态特征] 根茎粗短。叶漂浮，薄革质或纸质，心状卵形或卵状椭圆形，上面深绿色，光亮，下面带红或紫色，具小点。花梗细长；萼片 4，宽披针形或窄卵形，宿存；花瓣 8~17，白色，宽披针形，长圆形或倒卵形；花期 6~8 月（图 8-125）。

[分布与习性] 喜强光，通风良好；对土质要求不严，以富含有机质的黏质土壤为宜；生长季节池水深度以不超过 80 cm 为宜。3~4 月萌发长叶，5~8 月陆续开花，10~11 月茎叶枯萎。

[园林用途] 花朵清幽，常用于园林水景中，也可作专类园、水石盆景。

**4. 王莲 *Victoria amazonica***

[别名] 亚马孙王莲

[科属] 睡莲科王莲属

图8-123　荷　花

［形态特征］多年生或一年生大型浮叶草本。根状茎直立，具发达的不定根，白色。浮水叶椭圆形至圆形，叶缘上翘呈盘状，叶面绿色略带微红，有皱褶，背面紫红色，具刺。花单生，常伸出水面开放，初开白色，后变为淡红色至深红色，有香气。浆果（图 8-126）。花期 6~8 月。

［分布与习性］分布于南美洲热带地区，我国南方引种栽培。适宜高温、高湿、阳光充足的生长环境。幼苗期需要 12h 以上的光照，生长适宜的温度为 25~35℃，对水温十分敏感，以 21~24℃最为合适，生长迅速；气温低于 20℃时，植株停止生长，气温降至 10℃以下时，植株枯萎死亡。

［园林用途］在园林水景中称为“水生花卉之王”，具有很高的观赏价值，又能净化水体，可与荷花、睡莲等水生植物配置。

#### 5. 狐尾藻 *Myriophyllum verticillatum*

［别名］轮叶狐尾藻

［科属］小二仙草科狐尾藻属

［形态特征］多年生粗壮沉水草本。根状茎发达，节部生根。茎多分支。叶常 4 片轮生，或 3 或 5 片轮生，沉水叶丝状全裂，无叶柄，互生；水上叶互生，披针形，鲜绿色，裂片较宽（图 8-127）。

［分布与习性］中国南北各地池塘、河沟、沼泽中常有生长。喜无日光直射的明亮之处；性喜温暖，较耐低温，在 16~26℃的温度下生长较好，越冬温度不宜低于 4℃。

［园林用途］适合室内水体绿化，是装饰玻璃容器的良好材料。植于水族箱中时，常作为中景、背景草使用。

#### 6. 千屈菜 *Lythrum salicaria*

［别名］水柳、水枝柳、对叶莲

［科属］千屈菜科千屈菜属

［形态特征］根茎粗壮。叶对生或 3 片轮生，披针形或宽披针形；无柄。聚伞花序，簇生，花枝似一大型穗状花序；苞片宽披针形或三角状卵形；花玫瑰红色或蓝紫色。花期 6~10

图8-124　荇蓬草

图8-125　睡　莲

图8-126　王　莲

图8-127　狐尾藻

图8-128　千屈菜

图8-129 欧 菱

图8-130 野天胡荽

图8-131 荇 菜

月（图 8-128）。

［分布与习性］原产于欧洲和亚洲暖温带。喜温暖及光照充足、通风良好的环境，喜水湿，多生长在沼泽地、水旁湿地和河边、沟边。在浅水中栽培长势最好，也可旱地栽培；对土壤要求不严，在土质肥沃的塘泥基质中长势强壮。

［园林用途］优良水生植物，株丛整齐清秀，花色淡雅，花期长，在园林中可丛植于河岸边、水池中或园林道路的两边作花境，也可露地栽培，还能盆栽观赏、作切花。

### 7. 欧菱 *Trapa natans*

［别名］四角矮菱、乌菱、大头菱

［科属］菱科菱属

［形态特征］一年生水生浮水植物。茎长 1 m，具蔓性匍匐枝。叶二型，沉水叶对生，根状；浮水叶聚生茎顶，呈莲座状着生，三角形，上部叶缘具粗齿，下部全缘；叶表光滑，叶背有显著长毛。花单生叶腋，白或粉红色。坚果两侧各具一硬刺状角，紫红色。花期 7~9 月，果期 8~11 月（图 8-129）。

［分布与习性］原产于中国南部热带及亚热带地区。喜温暖，不耐寒，生长适温 16~30℃；适应性强。不择水深，喜静水。

［园林用途］用于水面绿化，可净化水体。

### 8. 野天胡荽 *Hydrocotyle vulgaris*

［别名］铜钱草、香菇草、毛天胡荽

［科属］伞形科天胡荽属

［形态特征］多年生草本。茎蔓性，节上常生根。叶具长柄；圆形盾状，边缘波状，绿色，光亮。伞形花序，小花白色。花期 6~8 月（图 8-130）。

［分布与习性］原产于欧洲、北美、非洲。喜光照；耐热性好，生长适温 18~30℃；喜湿，忌干旱，不择土壤。

［园林用途］叶圆润可爱，形似一片片小荷叶，常用于公园、绿地、庭园水景绿化，多植于浅水外或湿地，也可盆栽用于室内装饰。

### 9. 荇菜 *Nymphoides peltata*

［别名］凫葵、水荷叶、杏菜

［科属］睡菜科荅菜属

［形态特征］茎圆柱形，多分支，密生褐色斑点。上部叶对生，下部叶互生，叶片漂浮，近革质，基部心形，有不明显的掌状叶脉，下面紫褐色。花常多数，花冠金黄色，冠筒短，裂片宽倒卵形。花果期 4~10 月（图 8-131）。

［分布与习性］原产于我国，南北各地均有分布。喜充足光照，不喜庇荫，适生于多腐殖质的微酸性至中性的底泥和富营养的水域中，再生力强；浅水性植物，根入土。生长适温 15~30℃，低于 10℃停止生长。

［园林用途］叶片形似睡莲小巧别致，鲜黄色花朵挺出水面，花期长，是点缀庭园水景的佳品，用于绿化美化水面。

**10. 华夏慈姑 *Sagittaria trifolia* subsp. *leucopetala***

［别名］茨菰、燕尾草、慈姑

［科属］泽泻科慈姑属

［形态特征］根状茎匍匐。叶沉水、浮水、挺水，沉水叶条形或叶柄状；浮水叶长圆状披针形或卵状椭圆形；挺水叶箭形。花莛直立，花序总状或圆锥状，花单性；外轮花被片广卵形，内轮花被片大于外轮，白色，基部具紫色斑点。花果期 7~9 月（图 8-132）。

［分布与习性］我国各地普遍栽培，间或有野生。适应性强，在陆地上各种水面的浅水区均能生长；要求阳光充足、气候温和、较背风的环境，喜肥沃但土层不太深厚的黏土；风、雨易造成叶茎折断。

［园林用途］叶形奇特，适应能力较强，可作水边、岸边绿化材料，也可作盆栽观赏。

**11. 菖蒲 *Acorus calamus***

［别名］臭草、大菖蒲、剑菖蒲、家菖蒲

［科属］天南星科菖蒲属

［形态特征］根茎横走，分支，黄褐色；芳香。叶基生，向上渐窄，脱落；叶片剑状线形，基部对褶，中部以上渐窄，草质，绿色，光亮，两面中肋隆起。肉穗花序斜上或近直立，圆柱形。花期 6~9 月（图 8-133）。

［分布与习性］分布于我国南北各地。生于池塘、湖泊岸边浅水、沼泽地中，最适生长温度为 20~25℃，10℃以下停止生长；冬季以地下茎潜入泥下越冬。

图8-132　华夏慈姑

图8-133　菖　蒲

［园林用途］叶丛翠绿，端庄秀丽，具有香气，适宜水岸边及水体绿化，丛植于湖、塘岸边，或点缀于庭园水景和临水假山一隅。也可盆栽观赏或作布景用。叶、花序还可以作插花材料。

**12. 大薸 *Pistia stratiotes***

［别名］水白菜

［科属］天南星科大薸属

［形态特征］漂浮草本。有长而悬垂的根多数，须根羽状。茎节间短。叶簇生成莲座状，叶

图8-134　大　薸

图8-135　风车草

图8-136　水　葱

脉扇状伸展，背面明显隆起成折皱状（图 8-134）。

［分布与习性］广布于全球热带及亚热带地区。喜高温湿润气候，不耐严寒，生长发育适宜温度 23~35℃，能在中性或微碱性水中生长。喜氮肥，在肥水中生长发育快，肥料不足时，叶发黄、根变长，产量也降低。

［园林用途］常用于点缀园林水面。庭园小池，植上几丛大薸，再放养数条鲤鱼，使环境显得优雅自然，别具风趣。有发达的根系，可直接从污水中吸收有害物质和过剩营养物质，净化水体。

### 13. 风车草 *Cyperus involucratus*

［别名］旱伞草、紫苏

［科属］莎草科莎草属

［形态特征］多年生常绿草本。茎秆直立丛生，三棱形，不分支。叶退化呈鞘状，棕色。苞片 20 枚，长几相等，长度约为花序的 2 倍，向四周展开；多次复出长侧枝聚伞花序具多数第一次辐射枝（图 8-135）。

［分布与习性］原产于非洲，我国南北各地均见栽培。喜温暖、湿润及通风的环境，忌阳光暴晒，耐阴；生长适宜温度为 15~ 25℃，不耐寒冷，冬季应保持在 5~10℃；喜富含腐殖质、保水力强的黏质土壤。

［园林用途］常依水而生，植株茂密，茎秆秀雅挺拔，叶伞状，奇特优美。种植于溪流岸边，与假山、礁石搭配，四季常绿，风姿绰约，尽显安然娴静的自然美，是园林水体造景常用的观叶植物。

### 14. 水葱 *Schoenoplectus tabernaemontani*

［别名］南水葱

［科属］莎草科水葱属

［形态特征］多年生宿根挺水草本。茎高大通直，秆圆柱状。最上部叶鞘具叶片，叶片线形。苞片 1，为秆的延长，常短于花序。长侧枝聚伞花序简单或复出，假侧生，一面凸，一面凹，边缘有锯齿。观赏期 5~10 月，花果期 6~9 月（图 8-136）。

［分布与习性］常生长在湖边、水边、浅水塘、沼泽地或湿地草丛中，最佳生长温度 15~30℃，10℃以下停止生长。喜温暖潮湿的环境，需阳光；

能耐低温，北方大部分地区可露地越冬。

［园林用途］茎秆挺拔翠绿，在水景园中主要作背景材料，可作插花线状花材。

### 15.‘花叶’芦竹 *Arundo donax*‘Versicolor’

［别名］‘斑叶’芦竹、‘花’芦竹、‘玉带草’

［科属］禾本科芦竹属

［形态特征］植株高大，秆粗壮，易分支，形状似竹。叶线状披针形，有白色条纹，依季节不同条纹颜色常有变化，夏季白色增多。圆锥花序密而直立（图 8-137）。

［分布与习性］原产于地中海一带和我国台湾，我国长江流域以南有分布。性强健，不择土壤，生长良好，北京及华东地区均可露地越冬。

［园林用途］为主要观叶植物，多丛植于水边，在水中形成倒影，增加趣味。花序还可用作切花材料。

### 16. 芦苇 *Phragmites australis*

［别名］芦蓬茸、蓬茨、蓬茸

［科属］禾本科芦苇属

［形态特征］多年生高大草本，株高可达 2~5m。茎节有白粉。地上茎粗壮，簇生。带状披针形叶，基部微收缩；叶鞘圆筒形，叶舌极短。圆锥花序顶生、疏散多分支，小穗有花 4~7 朵；花期 8~9 月。颖果长约 1.5mm，成熟期 10~11 月（图 8-138）。

［分布与习性］广布于中国及全球温带地区。喜温暖湿润及阳光充足环境，耐盐碱、水涝与严寒，抗干旱，喜生于河边、溪涧等潮湿地或浅水中。

［园林用途］适宜植于庭园池边观赏，春夏赏翠绿叶丛，秋冬观大型花序随风摇曳；花序可作切花。

### 17. 再力花 *Thalia dealbata*

［别名］水竹芋、水莲蕉、塔利亚

［科属］竹芋科再力花属

［形态特征］多年生挺水草本。全株附有白粉。叶卵状披针形，浅灰蓝色，边缘紫色。复总状花序，花小，紫堇色。花期夏秋（图 8-139）。

图8-137 ‘花叶’芦竹

图8-138 芦 苇

图8-139 再力花

［分布与习性］原产于美国南部和墨西哥。在微碱性的土壤中生长良好。喜温暖水湿、阳光充足的气候环境，不耐寒，耐半阴，怕干旱。入冬后地上部分逐渐枯死，以根茎在泥中越冬。

［园林用途］植株紧凑，高大美观，硕大的绿色叶片似蕉叶，青翠宜人，花序大，小花奇特，多成片种植于大型水体的浅水处或湿地，或与同

图8-140　凤眼莲

图8-141　雨久花

图8-142　梭鱼草

属植物配置形成独特的水景。

**18. 凤眼莲 *Eichhornia crassipes***

[别名] 水葫芦、水浮莲、凤眼蓝

[科属] 雨久花科凤眼蓝属

[形态特征] 浮水草本。茎极短，具长匍匐枝。叶基生，莲座状排列，上面深绿色，光亮，质厚，两边微向上卷，顶端略向下翻卷。穗状花序，裂片 6，花瓣状，长圆形或倒卵形，紫蓝色；花冠近两侧对称，四周淡紫红色，中间蓝色的中央有一黄色圆斑。花期 7~9 月（图 8-140）。

[分布与习性] 广布于我国长江、黄河流域及华南各省。喜高温湿润的气候。耐碱性；抗病力强，极耐肥，好群生；在多风浪的水面上生长不良；有很强的净化污水的能力。若使用不当容易造成生物入侵，需谨慎选用。

[园林用途] 浮水草本植物，须根发达，茎极短，花形奇特，非常养眼、靓丽；是园林水景中常见的造景材料。植于小池一隅，以竹框之，野趣幽然；也可作水族箱或室内水池的装饰材料。

**19. 雨久花 *Monochoria korsakowii***

[别名] 浮蔷、蓝花菜

[科属] 雨久花科雨久花属

[形态特征] 一年生挺水植物。地下茎短，匍匐状；地上茎直立。基生叶具长柄；茎生叶其柄渐短，基部扩大呈鞘状，抱茎；叶卵状心形，端短尖，质地较肥厚，深绿色有光泽。花茎高于叶丛端生，圆锥花序，花被蓝紫色或稍带白色。蒴果长卵形。花期 7~10 月（图 8-141）。

[分布与习性] 原产于我国东北、华北、华中、华东和华南，生于池塘、湖沼靠岸的浅水处和稻田中。耐贫瘠，喜温暖、潮湿及阳光充足环境，不耐寒，耐半阴。常自播繁衍，无需特殊管理。

[园林用途] 用于水面绿化、岸旁绿化，也可盆栽观赏。

**20. 梭鱼草 *Pontederia cordata***

[别名] 白花梭鱼草

[科属] 雨久花科梭鱼草属

[形态特征] 多年生挺水草本植物。基生叶广卵圆状心形，顶端急尖或渐尖，基部心形，全缘；

叶柄绿色，圆筒形。穗状花序顶生，小花密集，蓝紫色带黄斑点。花果期7~10月（图8-142）。

［分布与习性］分布于北美洲。常栽于浅水池或塘边，喜温暖、喜阳光，喜湿，耐热，耐寒，耐瘠薄，不择土壤；生长适温18~28℃，18℃以下生长缓慢，10℃以下停止生长。

［园林用途］花色清幽，在我国应用极广，适合公园、绿地的湖泊、池塘、小溪的浅水处绿化，也可栽培于人工湿地、河流两岸观赏，常与其他水生植物如‘花叶’芦竹、水葱、香蒲等配置。

## 8.5 草坪草

### 8.5.1 概述

#### 8.5.1.1 含义及类型

草坪草，通常指以禾本科草或质地纤细的植被为覆盖，并以它们大量的根系或匍匐茎充满土壤表层的地被，是由草坪草的枝条系统、根系和土壤表层构成的整体。草坪植物是用以铺设草坪的植物的总称，原属地被植物的一部分。因其主要由禾本科和莎草科植物组成，所以草坪植物又称草坪草。草坪是用种草的方式形成的绿色覆盖面。

**（1）根据气候与地域分类**

①暖季型草坪草　最适生长温度25~32℃，主要分布于我国长江流域及江南地区，通常夏季至仲秋高温条件生长旺盛，冬季地上部分枯死，地下部分根茎呈休眠状态越冬，耐寒性弱，如狗牙根、结缕草等。

②冷季型草坪草　最适生长温度15~25℃，主要分布于我国华北、东北、西北等地区，在南方越夏较困难，必须采取特殊的养护措施，否则易衰老和死亡，如早熟禾、多年生黑麦草、羊茅。

**（2）根据园林用途分类**

①观赏草坪　指在园林绿地中专供观赏的草坪。这种草坪一般不允许游客入内游憩或践踏，常铺设于广场雕像、喷泉周围和纪念物前等处，作为景前装饰或陪衬景观，周边多采用精美的小栅栏加以保护。多选用低矮、纤细、绿期长的植物材料，栽培管理要求精细，严格控制杂草生长。

②游憩草坪　指供散步、休息、游戏或户外活动的草坪。这类草坪在绿地中面积大小不等，管理粗放，一般允许人们入内开展游憩活动。可在草坪内配置孤植树，点缀石景或栽植树群，也可在周围边缘配置花带、树丛。大面积游憩草坪所形成的空间能够分散人流。此类草坪一般铺设在大型绿地中，在公园中应用最多，其次在植物园、动物园、风景度假区、游乐园等处也广泛应用。

③固体护坡草坪　指在坡地、水岸为保持水土而铺设的草坪。一般选用适应性强、根系发达、草层紧密、抗性强的草种。在栽种护坡植物的地段上，通常不供游人活动，故对地上部分的生长高度等无特殊要求。但对航空港，如机场跑道四周的植物覆盖物，除了上述要求外，还要求低矮，且能吸尘、消声并抗碳氢化合物等废气。

④体育运动场草坪　指铺设于运动场地的草坪，如足球场草坪、高尔夫球场草坪、网球场草坪等。各类运动场地草坪均须选用适于体育活动的耐践踏、耐修剪、有弹性的草坪草。

**（3）根据草本植物组合的不同分类**

①单纯草坪　指由一种植物材料铺设而成的草坪，也称单一草坪，如结缕草草坪、狗牙根草坪等。我国北方多选用野牛草、草地早熟禾、结缕草等植物来铺设单纯草坪；我国南方常选用马尼拉草、假俭草、草地早熟禾等。单纯草坪植株低矮稠密，生长整齐，叶色一致，具有较高观赏价值，养护管理要求比较精细。

②混合草坪　指由几种禾本科多年生草本植物，或禾本科多年生草本植物与其他草本植物混合播种而形成的草坪。通常按草坪功能、植物材料抗性不同以及人们具体要求，按比例合理混合不同草种以提高草坪观赏价值。如我国南方地区常选用狗牙根、地毯草、结缕草为主要草种，并混入部分多年生黑麦草。

③缀花草坪　指在以禾本科植物为主题的草坪上，配置一些花色丰富且艳丽的多年生草本植物。如在草坪上自然疏落地点缀鸢尾、石蒜、玉

簪、二月蓝等，这些植物种植面积一般为草坪总面积的 1/4~1/3，要求分布疏密有致，自然错落。主要用于游憩草坪、森林草坪、林下草坪及护坡草坪等。

### 8.5.1.2 园林用途及其选择要点

**（1）园林用途**

草坪是园林绿化工作的重要组成部分，它在美化和保护环境、防止尘土飞扬和水土流失、调节小气候、减少噪声和维护生态平衡等方面都有重要作用。在国际上，把草坪建设作为衡量现代化城市建设水平的重要标志之一，同时，草坪又是营建各类运动场的必备材料。

图8-143 地毯草

图8-144 狗牙根

**（2）选择要点**

建设草坪时应根据当地立地条件和应用要求，选择适宜草种。理想的草坪植物应具备以下条件：

①繁殖容易，生长迅速，成坪快，绿期长；

②耐修剪，耐践踏，适应不良环境的能力强；

③株矮叶细，生长一致，叶色美观；

④多年生，且与杂草竞争能力强。

## 8.5.2 常见草坪草

**1. 地毯草 *Axonopus compressus***

［别名］大叶油草

［科属］禾本科地毯草属

［形态特征］多年生草本。具长匍匐枝，节密生白色柔毛。叶片扁平，质地柔薄，两面无毛或上面被柔毛。总状花序呈指状排列在主轴上，小穗长圆状披针形，花柱基分离，柱头羽状，白色。第一颖缺；第二颖与第一外稃等长或第二颖稍短；第一内稃缺；第二外稃革质，短于小穗，具细点状横皱纹，先端钝而疏生细毛，边缘稍厚，包着同质内稃；鳞片 2，折叠，具细脉纹（图 8-143）。

［分布与习性］原产于热带美洲，中国产于台湾、广东、广西及云南。喜温暖湿润，相对耐阴，生于荒野、路旁较潮湿处。

［园林用途］常作为铺建草坪的草种，根有固土作用，是一种良好的保土植物；又因叶秆柔嫩，可作优质牧草。

**2. 狗牙根 *Cynodon dactylon***

［别名］百慕达草

［科属］禾本科狗牙根属

［形态特征］低矮草本，具根茎。秆细而坚韧，直立或下部匍匐；节生不定根，蔓延生长。叶鞘微具脊，鞘口常具柔毛，叶舌有一轮纤毛；叶线形。穗状花序，小穗灰绿色，稀带紫色，具一小花。颖长 1.5~2mm，第二颖稍长，均具一脉，背部成脊而边缘膜质；外稃舟形，具三脉，背部明显成脊，脊上被柔毛；内稃与外稃近等长，具二脉。鳞被上缘近截平；花药淡紫色；子房无毛，柱头紫红色（图 8-144）。

［分布与习性］广布于我国黄河以南各地。多生长于村庄附近、道旁河岸、荒地山坡，是适于世界各温暖潮湿和温暖半干旱地区长寿命的多年生草坪草，极耐热和抗旱，但不抗寒也不耐阴。较耐淹，水淹下生长变慢；耐盐性也较好。

［园林用途］根系发达、根量多，是一种良好的水土保持植物；是高速公路、铁路两侧等处的固土护坡植物，也是铺设停机坪、运动场、公园、庭院园的良好的植物。

### 3. 高羊茅 *Festuca elata*

［别名］苇状羊茅

［科属］禾本科羊茅属

［形态特征］多年生草本。秆疏丛或单生。叶鞘光滑，具纵纹；叶舌膜质，平截；叶横切面具维管束 11~23，具泡状细胞，厚壁组织与维管束相对，上、下表皮内均有。圆锥花序，直立或下垂。花果期 4~8 月（图 8-145）。

图8-145　高羊茅

［分布与习性］产于我国广西、四川、贵州。常生于路旁、山坡和林下。性喜潮湿、温暖的气候，在肥沃、潮湿、富含有机质、pH 4.7~8.5 的细壤土中生长良好。耐高温；喜光，耐半阴；对肥料反应敏感，抗逆性强，耐酸、耐瘠薄；抗病性强。

［园林用途］国内使用量最多的冷季型草坪草之一。可用于家庭花园、公共绿地、公园、足球场等运动草坪，以及高尔夫球场的障碍区、自由区和低养护区的全阳面或半阴面。作为混播成分，还可与草地早熟禾和多年生黑麦草等混播起到抗中等程度修剪的作用。

### 4. 黑麦草 *Lolium perenne*

［科属］禾本科黑麦草属

［形态特征］秆 3~4 节，基部节生根。叶片线形，质软，扁平，有时具叶耳，上表面披微毛，下表面平滑，边缘粗糙。扁穗状花序直立，微弯曲，小穗无芒（图 8-146）。

图8-146　黑麦草

［分布与习性］原产于西南欧、北非及亚洲西南部。目前在我国，该草主要分布在华中、华东及西南地区；在江苏、浙江、湖南、四川、云贵高原等地都已大面积种植，生长良好，在北方地区越冬不良；草甸草场，路旁湿地常见。喜温凉湿润气候，宜于夏季凉爽、冬季不太寒冷地区生长；光照强、日照短、温度较低对分蘖有利；耐寒性、耐热性均差，不耐阴。

［园林用途］为高尔夫球道常用草坪草，也可用于庭园、公园、墓地、高草区、公路旁、机场或其他公用草坪。还可作快速建坪及暖季型草坪冬季覆播的材料。

### 5. 早熟禾 *Poa annua*

［别名］爬地早熟禾

［科属］禾本科早熟禾属

［形态特征］一年生或冬性禾草，具纤细横走的根状茎。秆高 6~30cm，全株无毛。叶片扁平或对折，柔软，常有横脉纹，先端骤尖呈船形，在生长季或冬季为浅绿色。圆锥花序小而疏松，整个生长季均可生成花序，在早春和仲春花序特别

图8-147　早熟禾

图8-148　草地早熟禾

图8-149　结缕草

多（图 8-147）。

［分布与习性］广布于我国南北各地。生于平原和丘陵的路旁草地、田野水沟或蔽荫荒坡湿地，海拔 100~4800m。抗热性、抗寒性、抗旱性均差，在严寒、炎热、干旱条件下不能生存。

［园林用途］是温带广泛利用的优质冷季型草坪草，绿期可达 280d 以上。可用于铺建运动场、高尔夫球场、公园、路旁、水坝等。

### 6. 草地早熟禾 *Poa pratensis*

［别名］多花早熟禾、绿早熟禾

［科属］禾本科早熟禾属

［形态特征］多年生草本。具发达的匍匐根状茎。叶鞘平滑或糙涩，长于节间，较叶片长。圆锥花序金字塔形或卵圆形；颖卵圆状披针形，顶端尖。外稃膜质，顶端稍钝，具少许膜质，脊与边脉在中部以下密生柔毛，间脉明显，基盘具稠密长绵毛；第一外稃长 3~3.5mm；内稃较短于外稃，脊粗糙至具小纤毛；花药长 1.5~2mm。颖果纺锤形，具三棱，长约 2mm；花期 5~6 月，7~9 月结实（图 8-148）。

［分布与习性］产于中国东北地区、黄河流域、江西、四川；广泛分布于欧亚大陆温带地区和北美洲。喜湿抗寒，最适生长温度 20~30℃，生于湿润草甸、沙地、草坡，是重要牧草和草坪水土保持资源。

［园林用途］可作运动场、公共广场、游乐场等地草坪，又可植于庭园、工矿厂区、路旁绿田等地。

### 7. 结缕草 *Zoysia japonica*

［别名］锥子草、延地青

［科属］禾本科结缕草属

［形态特征］多年生草本。秆直立，须根细弱。叶鞘无毛，下部松散而互相跨覆，上部紧密抱茎；叶舌纤毛状；叶扁平或稍内卷，上面疏生柔毛，下面近无毛。总状花序穗状，小穗柄通常弯曲，卵形，淡黄绿或带紫褐色颖果卵形，长 1.5~2mm。花果期 5~8 月（图 8-149）。

［分布与习性］产于我国江浙一带；日本、朝鲜也有分布。常分布于平原、山坡或海滨草地上。喜温暖湿润气候，受海洋气候影响的近海地区对其生长最为有利；喜光，在通气良好的开旷地上生长良好，但又有一定的耐阴性；抗旱、抗盐碱、抗病虫害能力强，耐瘠薄、耐践踏、耐一定的水湿。

［园林用途］可形成致密、整齐的优质草坪。广泛用于温暖潮湿和过渡地带的庭园草坪、操场、运动场，高尔夫球场的发球台、球道，以及机场等使用强度大的地方。

## 8.6 仙人掌与多浆植物

### 8.6.1 概述

#### 8.6.1.1 含义及类型

仙人掌泛指仙人掌科植物，该科约有110属1000余种，园艺栽培种通常具有较高的观赏价值，且品种丰富。为多年生肉质草本、乔木或灌木。其茎多肉为主，通常膨大呈粗细不同的柱状，分支或不分支；其上常具有多条棱、疣状突起，或呈厚叶状；棱、疣上长具有刺座（刺窝）和棘刺。仙人掌含有乔木型、灌木型、柱型、球型等多种外部形态，陆生或呈直立状、匍匐状、攀缘状、悬垂状附生。多条棱均匀或螺旋状排列，加之粗细、隆起高度不同，其上着生的棘刺（叶变态）多样等，使得这类植物形态千奇百怪，具有较高的观赏价值。

多浆植物也称多肉植物，是指营养器官（通常为茎、叶）具有发达的贮水组织，外形肥厚多汁，能在长期干旱的条件下生存的一类植物。其种类繁多，形态各异，主要包括景天科、番杏科、龙舌兰科、马齿苋等50余科植物。

由于仙人掌和多浆植物地上器官都是呈膨大状变态，有时统称多浆植物（多肉植物），本章节均统称为多肉植物。多肉植物作为盆栽在世界各地广受欢迎，常见种类大多数为景天科和仙人掌科植物。仙人掌科植物与其他多肉植物最大的区别在于其具有刺座。

多肉植物根据变态器官种类的不同又可分为叶多肉植物和茎多肉植物两大类。

①叶多肉植物　贮水组织主要为变态叶，大多数为景天科、百合科、龙舌兰科和番杏科植物。它们从形态上来看，叶为主体，大小不一。许多种类的叶呈莲座状排列，有的生于短茎上而贴近地表，如石莲花等；有的生于长茎顶端，如莲花掌和芦荟类。番杏科的很多种类叶高度肉质化，叶对生，外形似元宝或卵石，如肉锥石花和生石花类。

②茎多肉植物　贮水组织为茎，主要有仙人掌科、萝藦科和大戟科植物。其中，根据植物形态不同又可分为两类。一类是以茎膨大为主，有球形、柱形、线形、节肢形以及奇特的鸡冠形和山峦形等，能代替叶片进行光合作用，叶片退化或仅在茎初生时存在，以后脱落，如仙人掌、大犀角等；另一类茎基部膨大，常为球状和近似球，有时半埋入地下，叶着生在膨大的茎顶端或非肉质的细长枝条上，有时早落。

#### 8.6.1.2 生态习性

多肉植物大多喜凉爽、阳光充足的环境，耐干旱，不耐寒，忌暴晒和土壤积水。但其种类繁多，原产地的气候、土壤条件多样，因而其生态习性也有所差异。

**（1）温度要求**

多肉植物不耐寒，最适宜生长温度15~28℃，一般在温度低于5℃或高于35℃时，多肉植物会停止生长或休眠。昼夜温差达到10~15℃时，多肉植物会呈现出更加艳丽的色彩。

**（2）光照要求**

多肉植物大多对光照的要求较高。而对于光照的具体需求程度则因种类不同而异。地生类耐强光，室内栽培若光照不足，会导致落刺或植株变细，不易开花；夏季在露地放置的小苗应有遮阴设施。附生类，除冬天需要阳光充足外，以半阴条件为好；室内栽培多置于北侧。同一种类在不同时期对光照的要求也不尽相同。人工栽培多肉植物多置于在办公室、客厅等处，光照较弱时，可在早晨或多云的天气进行补光。

**（3）水分要求**

多肉植物多数种类原产地的生态环境是干旱而少水的，因此在栽培时，盆内忌长时间积水，否则导致根系呼吸困难，滋生病菌，易烂根，特别是夏季。多肉植物的类型、生长期和生长发育阶段不同，对水分的需求也不同。附生类要比陆生类需水量多；春秋生长季节要比冬夏时需水量多；幼苗阶段比成苗阶段需水量多。

**（4）土壤要求**

多肉植物喜疏松透气、排水良好的石灰质砂土或砂壤土，一般选用泥炭、珍珠岩、蛭石、椰糠、腐叶土、蜂窝煤渣等。

#### 8.6.1.3 园林应用及其特点

多肉植物因其种类繁多、形态奇特、管理粗放、生态适应性强等特点，越来越受到人们的欢迎，尤其是年轻人，它不仅可以用来布置家居，作室内观赏，还可以室外观赏，除此以外，有一些品种还可以食用和药用，甚至可以酿酒，因此，多肉植物是集观赏价值、食用价值和药用价值于一体的植物，在欣赏它美丽外观的同时，还具有净化空气、清热解毒等多种功用。

**（1）主要应用特点**

①植物种类繁多，观赏部位独特，植株体量、形态变化丰富，易形成特色景观。

②是沙漠景观的主要植物种类，可布置室内外仙人掌和多浆植物园。

③在世界大多数地区不能露地越冬，是温室展示的一类重要花卉。

④适应性强，耐干旱，管理相对简单粗放。

⑤许多种类有药用、经济或食用价值，可入药、食用果实、制酒或作饮料等。

⑥形态奇特，趣味性强，有多种体态小巧的品种，适用于家庭园艺。

**（2）应用方式**

①室内观赏　多以盆栽的形式进行，如盆栽多肉、嫁接仙人掌等，可以采用单株盆栽的形式或根据多肉植物的色彩、形态、体量等的不同，组合成不同的观赏形式，摆放于室内能够美化室内环境、改善室内环境质量。

②垂直绿化　此处的垂直绿化主要指对建筑的室外以及室内的竖向空间进行绿化美化。多肉植物应用于垂直绿化，多选用景天科植物，也可选用一些观花种类，其对环境要求低，耐寒、耐旱、抗虫害能力强，是良好的园林垂直绿化植物。

③屋顶绿化　在屋顶绿化的构建过程中，因屋顶存在风大、干燥、土层浅、水肥条件不良等恶劣条件，多选用植株矮小、根系浅的草本植物或灌木，从而适应屋顶环境。如佛甲草常应用于屋顶绿化中，具有很好的利用价值。

④其他园林绿化　多肉植物尤其是景天科植物，具有植株矮小、品种繁多以及具有良好的抗旱性以及耐寒能力的特点，且对土壤品质要求低，能够代替以往园林绿化栽培所用的草坪，从而能够降低园林绿化维护成本，如景天科的八宝景天，是一种良好的地被植物。除此以外，多肉植物还能应用在主题性公园及庭园美化中，在部分严重缺水的地区，多肉植物已成为园林绿化栽培的首选植物，可取代单一的草坪设计，能够降低对水源、成本的需求。

### 8.6.2 常见仙人掌与多浆植物

**1. 宝绿 *Glottiphyllum longum***

［别名］长舌叶花、佛手掌

［科属］番杏科舌叶花属

［形态特征］多年生多浆肉质草本植物，植株低矮，茎短或无。叶肉质舌状，对生 2 裂，鲜绿色，平滑有光泽，叶端略向外反转。花自叶丛抽出，具短梗，金黄色，秋、冬开花（图 8-150）。

［分布与习性］属亚热带干旱地区植物。喜温暖，较耐旱，但畏高温。喜冬季温暖、夏季凉爽的干燥环境，植株生长缓慢且呈半休眠状态。越冬温度须保持在 10℃以上。宜于肥沃、排水良好的砂壤土中生长。

［园林用途］叶片肥厚多汁、翠绿透明，形似翡翠，清雅别致。适宜盆栽观赏，常陈设在书桌、窗台、几案上，小巧玲珑，非常雅致。

**2. 生石花 *Lithops pseudotruncatella* subsp. *archerae***

［别名］元宝、象蹄

［科属］番杏科生石花属

［形态特征］多年生肉质草本。根状茎极短，植株卵圆形。地上部分是两片对生、基部连结的肉质叶，呈倒圆锥体，叶色白、浅灰、棕、红、蓝灰、黄、灰绿、紫红等。植株顶部具有深色枝状凹陷花纹，植株顶部具一裂缝，裂缝中开花，花单生，雏菊状，花白或黄色；花期盛夏至中秋（图 8-151）。

［分布与习性］原产于南非及纳米比亚的岩缝

及半沙漠地带；世界多地有栽培，供观赏用。喜冬暖夏凉气候，喜温暖干燥和阳光充足，怕低温，忌强光暴晒；生长适温为10~30℃，冬季温度不低于12℃，可短暂耐受4~5℃的低温。宜生长在疏松透气的中性砂壤土中。

［园林用途］形态别致，株形小巧，高度肉质，是市场上较受欢迎的小型多肉植物之一。适合栽植于岩石园石缝中，也可作室内盆栽观赏，十分别致。

图8-150 宝 绿

图8-151 生石花

### 3. 心叶日中花 *Mesembryanthemum cordifolium*

［别名］花蔓草、露花

［科属］番杏科日中花属

［形态特征］多年生常绿草本。茎斜卧，铺散，有分支，稍带肉质。叶对生，叶片心状卵形。花单个顶生或腋生；花瓣多数，红紫色，匙形；花期7~8月。蒴果肉质，星状4瓣裂；种子多数（图8-152）。

［分布与习性］原产于非洲南部，我国栽培观赏。耐干旱，喜阳光充足、通风环境。忌强光直射及高温多湿，喜疏松排水良好的砂壤土。易成活、生长快、适应性强。

［园林用途］四季常青，青枝绿叶之间绽放着星星点点的红色小花，既可赏花又能观叶，具有较高的观赏价值。可广泛应用于花坛、休闲绿地、住宅小区的垂直绿化，也可用作地被植物。

图8-152 心叶日中花

### 4. 鸾凤玉 *Astrophytum myriostigma*

［别名］多柱头星球、僧帽

［科属］仙人掌科星球属

［形态特征］多年生肉质草本。植株单生，呈球形至长球形，表面密布细小白色茸毛，呈星点状。株高10~20cm。茎球形至筒状，灰白色，具五棱，球体被白色小鳞片，顶部稍凹陷并被褐色毛。花黄色，外轮被片尖端黑褐色；花生于茎顶，花色橙黄，呈漏斗状。有棱数不同的变种（图8-153）。花期夏季。

［分布与习性］原产于墨西哥及美国得克萨斯州南部。喜温暖、阳光充足，稍耐半阴，也耐强光，若光照不足会使植株表面的白色星点减退；耐干旱，怕水涝，不耐寒，生长适温15~28℃；要求

图8-153 鸾凤玉

排水良好、含石灰质的砂质土壤。

［园林用途］本种球体端正、美观，极具沙漠风光，常用于植物园、公园等沙生植物区或多浆植物区布置点缀。鸾凤玉形态独特，非常适合家庭盆栽观赏，用于装饰窗台、阳台、桌案等。

**5. 金琥 *Kroenleinia grusonii***

［别名］象牙球、金琥仙人球

［科属］仙人掌科金琥属

［形态特征］多年生多浆植物。茎圆球形，球体大；浅黄绿色，顶部有多数浅黄色羊毛状刺；有20~37棱，棱上具刺座，具黄色硬刺4个，有光泽，周刺8~10个。花单生于先端，黄色，具光泽，喇叭状。花期夏季，中午开花（图8-154）。

［分布与习性］原产于墨西哥沙漠地区；中国南北方均有引种栽培。性喜温暖、干燥及阳光充足的环境，耐热、不耐寒，忌湿；耐瘠薄、以疏松、排水良好的砂质土壤为宜；生长适温18~30℃。

［园林用途］球体浑圆，金碧辉煌，常被各大植物园、风景区作为标本球栽培或展出，数十个或更多成片种植可以营造群体景观；也是一种城市家庭绿化十分理想的观赏植物。

**6. 仙人球 *Echinopsis tubiflora***

［别名］草球、长盛丸、短毛丸

［科属］仙人掌科仙人球属

［形态特征］多年生常绿肉质草本。茎球形，椭圆形或倒卵形，绿色，肉质；有纵棱12~14条，棱上有丛生的针刺，通常每丛6~10枚，硬直，黄色或黄褐色，长短不一，辐射状，刺丛内着生密集的白绒毛。花大形，侧生，着生于刺丛中，粉红色，夜间开放，长喇叭状。花期5~7月（图8-155）。

［分布与习性］原产于阿根廷及巴西南部干旱草原；中国有引种，各地普遍栽培。属亚热带草本植物。喜夏季温暖湿润和冬季干燥的气候，要求阳光充足的环境；耐干旱，稍耐阴，忌强阳光直射，怕积水，不耐寒；适宜生长于疏松排水透气性好的砂壤土中。

［园林用途］常见室内盆栽仙人球类植物。栽培容易，生长快，易开花，花大美丽，适宜盆栽观赏及布置专类园。株形奇特，花大形美，色彩洁白素雅，它是一种大众化、适合家庭栽培的仙人球，同时又是嫁接其他仙人球的良好砧木。

**7. 昙花 *Epiphyllum oxypetalum***

［别名］琼花、昙华、鬼仔花

［科属］仙人掌科昙花属

［形态特征］附生肉质灌木。分支多数，叶状侧扁，披针形至长圆状披针形，边缘波状或具深圆齿，基部急尖、短渐尖或渐狭成柄状，深绿色，无毛，中肋粗大。花单生，漏斗状，于夜间开放，芳香；萼状花被片绿白色、淡琥珀色或带红晕，通常反曲；瓣状花被片白色，有时具芒尖，边缘全缘

图8-154　金　琥

图8-155　仙人球

或啮蚀状；花期 6~9 月。浆果长球形，具纵棱脊，无毛，紫红色；种子多数，卵状肾形，亮黑色，具皱纹，无毛（图 8-156）。

［分布与习性］原产于美洲墨西哥至巴西的热带沙漠中。喜温暖湿润的半阴环境，忌强光暴晒；不耐霜冻，越冬温度在 10~12℃；土壤不宜过干。土壤要求富含腐殖质、排水性能好、疏松肥沃的微酸性砂质土。

［园林用途］著名观赏花卉，俗称“月下美人”。每逢夏秋节令，繁星满天、夜深人静时，昙花开放，展现美姿秀色，是一种珍贵的盆栽花卉，适用于点缀客厅、阳台及庭园。

图8-156　昙　花

**8. 仙人掌 *Opuntia dillenii***

［别名］仙巴掌、霸王树、火焰、火掌

［科属］仙人掌科仙人掌属

［形态特征］丛生肉质灌木。上部分支倒卵状椭圆形或近圆形，先端圆形，基部楔形或渐狭，绿色至蓝绿色。刺座内密生黄色刺，易脱落。花辐状，单生茎节上部，短漏斗形，鲜黄色；花期 6~12 月（图 8-157）。

［分布与习性］原产于墨西哥东海岸、美国南部及东南部沿海地区、西印度群岛、百慕大群岛和南美洲北部。喜阳光，喜温暖，怕寒冷；耐旱、怕涝；怕酸性土壤，适合在中性、微碱性土壤中生长，适宜 pH 7.0~7.5。

［园林用途］仙人掌姿态奇特，适合盆栽作室内观赏，夜间能释放出大量氧气，是居室内清洁空气的优良材料。地栽与山石相配，可形成热带沙漠景观。

图8-157　仙人掌

**9. 令箭荷花 *Nopalxochia ackermannii***

［别名］孔雀仙人掌、孔雀兰、荷令箭

［科属］仙人掌科令箭荷花属

［形态特征］附生类仙人掌植物。茎直立，茎边缘呈钝齿状。群生灌木状，植株基部主干细圆，分支扁平呈令箭状，绿色。花大型，喇叭状，花被重瓣或复瓣，白天开花，夜晚闭合，花色有紫红、大红、粉红、洋红、黄、白、蓝紫等；夏季白天开花，花期 4~6 月（图 8-158）。

［分布与习性］原产于美洲热带地区，以墨西

图8-158　令箭荷花

哥最多；中国以盆栽为主。喜温暖湿润、阳光充足、通风良好的环境，耐干燥，不耐寒，夏季怕强光暴晒。宜疏松、肥沃、排水良好的微酸性砂质土壤。生长适温 18~25℃。

［园林用途］花色品种繁多，以其娇丽轻盈的姿态，艳丽的色彩和幽郁的香气，深受人们喜爱。以盆栽观赏为主，在温室中多采用品种搭配，可提高观赏效果。用来点缀客厅、书房的窗前、阳台、门廊，为色彩、姿态、香气俱佳的室内优良盆花。

### 10. 木麒麟 *Pereskia aculeata*

［别名］叶仙人掌、虎刺

［科属］仙人掌科木麒麟属

［形态特征］多年生藤本或灌木状。基部主干灰褐色，表皮纵裂。茎初生直立，后蔓生，幼茎节上具短钩刺 1~3 个。叶片厚，互生，披针形至长圆状卵形，具短柄，叶腋处为刺座，老茎上部叶腋有深褐色直刺。圆锥状或伞房状花序，小花白色，芳香。花期夏秋季（图 8-159）。

［分布与习性］原产于美洲热带地区。喜温暖潮湿气候，越冬温度不得低于 10℃，低于 5℃时，叶片脱落进入休眠状态。喜阳光充足，较耐寒，耐半阴和高温；要求富含腐殖质、排水良好的砂壤土，也可耐微碱性土。

［园林用途］常用作嫁接蟹爪莲、仙人指和小形球类的砧木，也是立体绿化、盆栽观赏的好材料。

### 11. 蟹爪兰 *Schlumbergera truncata*

［别名］圣诞仙人掌、蟹爪莲、螃蟹兰

［科属］仙人掌科仙人指属

［形态特征］附生肉质植物，常呈灌木状，无叶。茎附生性，多分支，地栽常铺散下垂。茎节扁平，倒卵形，先端截形，边缘具 2~4 对尖锯齿，如蟹钳。花生茎节顶端，着花密集；花冠漏斗形，紫红色，花瓣数轮，愈向内侧管部愈长，上部反卷。浆果梨形，红色，直径约 1cm。花期 10 月至翌年 2 月（图 8-160）。

［分布与习性］原产于南美洲巴西，全球热带、亚热带地区常见栽培；我国有引进，各地均有栽培。喜温暖、湿润，不耐寒；喜半阴；宜疏松、透气、富含腐殖质的土壤。短日照花卉。

［园林用途］嫁接的蟹爪兰株形优美，砧木挺拔，枝扁平多节，形态奇趣，拱曲悬垂，繁茂如绿伞。室内冬春栽培，最适宜盆栽垂吊观赏。

### 12. 落地生根 *Bryophyllum pinnatum*

［别名］打不死、不死鸟、灯笼花

［科属］景天科落地生根属

［形态特征］多年生草本。茎有分支。羽状复叶，小叶长圆形或椭圆形，先端钝，有圆齿，圆齿基部易生芽，芽落地生根成一新植株。圆锥花序顶生，花下垂；花萼圆柱形；花冠高脚碟形，基部稍膨大，裂片 4，卵状披针形，淡红或紫红色。花期秋冬季（图 8-161）。

［分布与习性］原产于非洲；分布于我国云南、广西、广东、福建、台湾，我国各地栽培，有逸为野生的。性强健，喜阳光充足温暖湿润的环境，生长最适温度为 16~28℃；较耐阴；耐湿热，耐干旱，耐贫瘠，不择土壤，适宜生长于排水良好的酸性土壤中。

图8-159　木麒麟

图8-160　蟹爪兰

［园林用途］用于盆栽，是窗台绿化的好材料，点缀书房和客室也具雅趣。暖地可用于配置岩石园或花境。

图8-161　落地生根

### 13. 胧月 *Graptopetalum paraguayense*

［别名］宝石花

［科属］景天科风车草属

［形态特征］多年生草本。茎匍匐或下垂，通常从基部分支。多枚叶片在枝顶簇生，排列成莲座状，株形较疏松，叶基生，无柄，肥厚，灰蓝色或灰绿色，阳光充足时呈淡粉红色或淡紫色。花五星形，乳白色，上有放射状排列的紫红色斑点；花冠5裂，上有放射状排列的紫红色斑点，雄蕊10，两轮排列，花药鲜红色，中央具5枚淡红色的离生雌蕊，与雄蕊及花冠裂片相映。花期3~4月（图8-162）。

图8-162　胧　月

［分布与习性］原产于墨西哥。性强健，耐旱，忌积涝与过分水湿；喜阳光充足；不耐寒，宜生长于排水良好的砂壤土中。

［园林用途］叶形奇特，花朵有趣，宜作小型盆栽观赏。株形及花色均具观赏价值，适合家庭种植。它既适宜植于花盆和玻璃瓶中，点缀在光线充足的窗台及案头，也适宜吊篮栽培，利用其蔓生性悬挂在墙壁上。还可利用其耐热、耐旱、耐寒的特性，常年植于背风向阳的阳台种植槽中或点缀在庭园的立体花坛中。

### 14. 八宝 *Hylotelephium erythrostictum*

［别名］八宝景天、活血三七、对叶景天

［科属］景天科八宝属

［形态特征］多年生草本。块根胡萝卜状。茎直立，不分支。叶对生，少有互生或三叶轮生，长圆形至卵状长圆形，先端钝，基部楔形，有疏锯齿，无柄。伞房状花序顶生，花密生，萼片5，卵形，花瓣5，白或粉红色，宽披针形。花期8~10月（图8-163）。

图8-163　八　宝

［分布与习性］原产于我国东北及华北等地，生山坡草地。喜光；耐旱，忌积涝；耐寒，能耐−20℃低温，耐瘠薄土壤。

［园林用途］叶丛翠绿，花色鲜艳，花密成片，在庭园中适宜布置花境，或植于林缘灌丛前；极耐

干旱，适宜缺水地区园林绿化应用。花浅红白色，园林中常用于布置花坛，也可用作地被植物。

### 15. 长寿花 *Kalanchoe blossfeldiana*

［别名］寿星花、家乐花、伽蓝花

［科属］景天科伽蓝菜属

［形态特征］多年生肉质草本。茎直立，株高10~30cm。叶肉质交互对生，椭圆状长圆形，深绿色有光泽，边略带红色。圆锥状聚伞花序，花色有绯红、桃红、橙红、黄、橙黄和白等；花冠长管状，基部稍膨大；花期12月至翌年4月底（图8-164）。

［分布与习性］原产于非洲马达加斯加。喜温暖稍湿润和阳光充足环境。不耐寒，生长适温为15~25℃，夏季高温超过30℃则生长受阻，冬季室内温度需12~15℃。

［园林用途］花期临近圣诞节，且花期长，因而成为人们烘托节日气氛的节日用花。植株小巧玲珑，株形紧凑，叶片翠绿，花朵密集，是冬春季理想的室内盆栽花卉。也可用于布置窗台、书桌、案头。还可用于公共场所的花坛、橱窗和大厅等，其整体观赏效果极佳。

### 16. 佛甲草 *Sedum lineare*

［别名］狗豆芽、指甲草

［科属］景天科景天属

［形态特征］多年生草本，无毛。茎高达20cm。三叶轮生，少有四叶轮生或对生，叶线形，先端钝尖，基部无柄，有短距。花序聚伞状，顶生，疏生花，中央有一朵花具短梗，另有2~3分支，花无梗；萼片5，线状披针形，不等长，无距，有时有短距，先端钝；花瓣5，黄色，披针形。蓇葖略叉开，长4~5mm，花柱短；种子小。花期4~5月，果期6~7月（图8-165）。

［分布与习性］我国各地均有栽培，生于低山或平地草坡上。日本也有分布。野生生长于山坡或岩石上，适应性极强，不择土壤，耐寒力极强。

［园林用途］植株细腻、花美丽，碧绿的小叶宛如翡翠，整齐美观，可盆栽观赏，也适宜用作护坡草，还用于屋顶绿化。

### 17. 垂盆草 *Sedum sarmentosum*

［别名］三叶垂盆草

［科属］景天科景天属

［形态特征］多年生草本。茎淡红色，枝纤细、倾斜、匍匐，接近花序处亦易生根。3叶轮生，叶倒披针形至长圆形，先端近急尖，基部急狭，有距。聚伞花序，花无梗；萼片5，披针形至长圆形，先端钝，基部无距；花瓣5，黄色，披针形至长圆形，先端有稍长的短尖。种子卵形，长0.5mm，无翅而有细乳头状突起。花期5~7月，果期8月（图8-166）。

［分布与习性］我国各地均有栽培，生于海拔1600m以下山坡阳处或石上；朝鲜、日本也有分布。较耐寒，喜稍阴湿环境，以肥沃砂质土壤为宜，耐旱，耐瘠薄。

［园林用途］常作地被、花坛镶边植物，可配置于毛毡花坛中；也可盆栽观赏。

图8-164　长寿花

图8-165　‘金叶’佛甲草

### 18. 龙舌兰 *Agave americana*

［别名］龙舌掌、番麻

［科属］龙舌兰科龙舌兰属

［形态特征］多年生草本。茎不明显。叶基生呈莲座状，肉质，常 30~40 枚或更多，倒披针形，先端具暗褐色硬尖刺，叶缘疏生刺状小齿。花茎粗壮，大型圆锥花序，具多花。花期夏季（图 8-167）。

［分布与习性］原产于美洲热带地区；中国华南及西南各地常引种栽培。性喜阳光充足，不耐阴；稍耐寒，生长适温 15~25℃；喜凉爽、干燥的环境，耐旱力强，对土壤要求不严，以疏松、肥沃及排水良好的湿润砂质土壤为宜。

［园林用途］适宜盆栽观赏，暖地可植于庭园或摆放于花坛中心、草坪一角，能营造热带风情。

### 19. 芦荟 *Aloe vera*

［别名］中华芦荟、库拉索芦荟

［科属］百合科芦荟属

［形态特征］多年生常绿草本。茎较短。叶簇生，肉质，粉绿色，条状，先端渐尖，基部宽阔，边缘疏生刺状小齿。总状花序，苞片近披针形，花淡黄色而有红斑，裂片先端稍外弯；雄蕊与花被近等长或略长，花柱明显伸出花被外。冬季开花（图 8-168）。

［分布与习性］原产于印度干燥的热带地区。性强健，甚耐干旱，喜阳光充足，也耐半阴。喜肥沃、排水良好的砂质土壤。

［园林用途］四季常青，冬季开花，适宜盆栽布置于厅堂，暖地还可露地栽培于庭园。

图8-166　垂盆草

图8-167　龙舌兰

图8-168　芦　荟

## 8.7　蕨类植物

### 8.7.1　概述

#### 8.7.1.1　含义及特征

蕨类植物与藻类植物、菌类、地衣、苔藓植物和种子植物并列为现代植物界的六大门类。与真菌、地衣、苔藓一样，靠孢子繁殖后代，不开花结实，但其体内又出现了较原始的维管组织，所以它既是高等孢子植物，又是原始的维管束植物，在植物界的发展、演化过程中有承前启后的作用。因其多数种类叶片边缘通常细裂状，犹如被羊啃食后的嚼印，又称羊齿植物。

自然界存在的蕨类植物种类十分丰富，且具有下列共同特征：①有维管束构造。②生活史属于异型世代交替现象。蕨类植物的生活史中有孢子体和配子体两种植物体，孢子体和配子体各自独立生活，孢子体占优势，有根、茎、叶的分化，配子体为叶状体。③具有孢子囊和孢子囊群。④具有鳞片和毛被等附属物。

蕨类植物分布广泛，从寒带到热带都有生长，尤其以热带和亚热带地区分布较多。除沙漠外，在平原、森林、草地、岩隙、溪流、沼泽、高山甚至海底均有它们的踪迹。全世界现存蕨类植物约有 12 000 种，我国有 2600 余种，是世界蕨类植物资源最丰富地区之一，在我国多分布于长江以南、西南地区，其中西南地区分布最多，仅云南就有 1000 种蕨类植物，因而称为“蕨类植物王国”。

#### 8.7.1.2 生态习性

目前栽培的蕨类植物有的源自热带、亚热带森林，有的源自温带森林的草本层，原产地气候、土壤等环境条件不同，因而生态习性有较大的差异性。

**（1）光照**

蕨类植物多数为喜阴或耐阴植物，喜半阴的散射光，忌夏季阳光直射，但也存在部分喜光植物，如卷柏、芒萁、渐尖毛蕨、贯众等，可在阳光直射的环境中存活。

**（2）温度**

由于原产地不同，不同种类蕨类植物对温度要求差异大。原产于我国东北、华北的蕨类以及高山蕨类可耐 0℃以下低温，在北方地区可露地栽培，如荚果蕨；而原产于我国华中的种类半耐寒，可以耐 5℃低温，在长江以南可露地越冬；原产于热带和亚热带的种类则不耐寒，越冬温度要求在 10℃以上，也是室内观叶植物的重要类群。

**（3）水分**

蕨类植物含有多种生态类型。因此，对水分的需求因种类而异。大多数蕨类植物喜欢湿润环境，要求 60%~80% 的空气湿度，多为产于热带的种类；而一些水生和湿生蕨类则喜水，如中华水韭、槐叶蘋等；旱生类如卷柏、耳羽金毛裸蕨、银粉背蕨等，对水分的要求不高，缺水时叶片卷曲，有水时则可恢复展开。

**（4）土壤**

对土壤的要求也因种而异。地生类喜疏松肥沃、富含腐殖质的土壤，对土壤 pH 要求不同，有些喜石灰质土壤，如蜈蚣草；有些喜酸性土壤，如芒萁。附生类要求基质疏松、透气保水性好。

#### 8.7.1.3 园林应用特点及应用方式

蕨类植物在西方素有“无花之美”的美誉，尤其是在日本、欧美，更被视为高贵素雅的象征，代表着当今世界观赏植物的一大潮流，其清雅新奇、碧绿青翠的叶色，以及耐阴多样的生态适应性，使之具有广阔的应用前景，尤其在室内园艺上更显示出其优势。近年来，在我国的公园、庭园中应用蕨类作为布景和装饰材料日趋普遍。

**（1）应用特点**

①种类繁多，色彩丰富，应用形式多样，可用于花境、花丛花群、种植钵等。

②耐阴性强，是良好的室内绿化装饰材料。如对马耳蕨、虎尾铁角蕨、星蕨等。

③生态类型多样，易形成特色景观，可营造植物专类园。如蕨类植物园、阴生植物园、热带植物园等。

④形态变化丰富，叶形多样，脉序奇特，是优良的切叶植物。如肾蕨。

**（2）应用方式**

①庭园景观　陆生蕨类植物形态、质地、色彩变化丰富，并且植株高矮相差悬殊，以丛植、群植为主。目前，在我国北方地区多选用落叶性陆生蕨类植物。如荚果蕨、华北蹄盖蕨和峨眉蕨等。这些落叶性蕨类的拳芽春季钻出地面，郁郁葱葱，是早春一道独特的风景线。而在我国长江流域多选用温带蕨类，同时辅以适当的彩叶植物及观花植物作点缀成景，提升景观效果。如肾蕨、红盖鳞毛蕨、两色鳞毛蕨、贯众、复叶耳蕨等。热带地区可选用的陆生蕨类植物种类十分丰富，除大量宿根草本蕨类外，在主景区、视线焦点或

水景附近，还可孤植、丛植或群植树状蕨（如桫椤等），在树状蕨下配置中型草本蕨类，还可结合蕨类地被，形成蕨类植物群落的美丽景观。

②假山、岩石园景观　可将石生蕨类与山石搭配，形成独特的景观。园林中的假山、石墙、置石以及岩石园都可以用不同观赏蕨类植物来点缀，即可软化岩石生硬的线条，又能与岩石的质感形成对比，以增添层次感，供人们欣赏。如攀缘星蕨、卷柏、书带蕨、江南星蕨、石韦、崖姜蕨等。

③攀缘景观　在热带和亚热带地区少数陆生的藤本蕨类，其根状茎或叶轴攀附或缠绕在树木或灌木丛上生长。主要有海金沙属、藤石松、光叶藤蕨、铁线蕨等。它们都是极佳的攀缘植物，可作绿篱或点缀山石，也可用于室内悬吊观赏。

④湿地景观　应用湿生、沼生蕨类来构筑湿地景观，是园林设计中一项较新颖的工作。虽然我国北方地区水生蕨类较少，但在生长季仍可在水面布置槐叶苹和苹，并在池边沼泽地段布置湿生蕨类，如木贼、蕨、荚果蕨及紫萁类，形成美丽独特的景观。为提高水边植物配置的整体性，还可结合其他阴生植物配置。如使用叶片呈块状的种类，与大多数羽状浅裂的蕨类植物叶片形成对比，南方地区可选用海芋、龟背竹、绿萝等，北方地区可选用玉簪、紫萼、铃兰、玉竹等。

⑤展览温室　在温暖、湿润地区或展览温室内，可将鹿角蕨、槲蕨、巢蕨等附生蕨类悬垂布置，或植于朽木、枯枝、树干、木板等上，将根系裸露于空气中，模拟自然界的附生蕨类景观。而在热带地区也常见将肾蕨等植于棕榈科植物叶鞘处，或者沿墙做格子架布置附生蕨类，既可打破墙面的单调感，又可营造丰富的蕨类植物景观。

⑥室内盆栽　多数蕨类植物耐阴性较强，是很好的室内绿化材料，多作室内盆栽观赏。根据蕨类植物的叶形、姿态、株形大小不同，可形成不同类型的室内盆栽。可将附生种类（如崖姜蕨、槲蕨、鹿角蕨、巢蕨）或叶修长、纤细柔软的种类（如石松等）植于轻质吊盆中，悬挂于高处，显得自然而富有浪漫气息；铁线蕨、铁角蕨、卷柏等种类，配以山石即可作微型山水盆景；也可将金毛狗蕨、乌毛蕨、巢蕨、桫椤等大中型蕨类植物布置于办公场所、宾馆、餐厅等地。

### 8.7.2　常见蕨类植物

**1. 铁线蕨 *Adiantum capillus-veneris***

［别名］银杏蕨、条裂铁线蕨

［科属］铁线蕨科铁线蕨属

［形态特征］植株高 15~40cm。根状茎细长横走。叶远生或近生；柄长 5~20cm，纤细，栗黑色，叶片卵状三角形；叶羽片 3~5 对，互生，侧生末回小羽片 2~4 对，互生，斜向上，相距 6~15mm，大小几相等或基部一对略大；顶生小羽片扇形，基部为狭楔形。叶脉多回二歧分叉，直达边缘，两面均明显。叶干后薄草质，孢子周壁具粗颗粒状纹饰，常处理后保存（图 8-169）。

［分布与习性］广布于中国台湾、福建、广东、广西、北京等地。常生于流水溪旁石灰岩上或石灰岩洞底和滴水岩壁上。喜钙质土，适应性强。

［园林用途］铁线蕨适宜作小型盆栽，可点缀山石盆景，置于室内案头或门厅、走廊、台阶，也可悬吊布置；还可用于插瓶，配以鲜花陪衬，成为切花或干花的理想材料。在江南园林中，常用来布置假山缝隙和背阴屋角。

**2. 欧洲凤尾蕨 *Pteris cretica***

［别名］井口边草

［科属］凤尾蕨科凤尾蕨属

［形态特征］植株高 50~70cm。根状茎短而直立或斜升，粗约 1cm。叶簇生，二型或近二型；柄长 30~45cm（不育叶的柄较短），表面平滑；叶片卵圆形，一回羽状；不育叶的羽片（2）3~5 对，通常对生，斜向上，叶缘有软骨质的边并有锯齿；能育叶的羽片 3~5（8）对，对生或向上渐为互生，斜向上，先端渐尖并有锐锯齿，基部阔楔形，顶生三叉羽片的基部不下延或下延。主脉下面强度隆起，光滑。叶干后纸质，绿色或灰绿色，无毛（图 8-170）。

［分布与习性］产于中国多地；也广布于日本、菲律宾、越南等地。生于石灰岩地区的岩隙间或林下灌丛中。性喜温暖、湿润、阴暗的环境，忌

涝，要求庇荫、空气湿润、土壤透水性良好；较耐寒，生长适温为10~26℃。

［园林用途］盆栽可点缀于书桌、茶几、窗台和阳台，也适用于客厅、书房、卧室作悬挂式或镶挂式布置。

### 3. 巢蕨 *Asplenium nidus*

［别名］鸟巢蕨、山苏花

［科属］铁角蕨科巢蕨属

［形态特征］植株高80~100cm。根状茎直立，粗短，木质，深棕色，先端密被鳞片。鳞片阔披针形，先端渐尖，全缘，薄膜质，深棕色，稍有光泽。叶簇生，叶边全缘并有软骨质的狭边，干后略反卷（图8-171）。

［分布与习性］特产于云南西北部。常附生于雨林或季雨林内树干上或林下岩石上。喜温暖阴湿，不耐强光，不耐寒，宜疏松、排水及保水皆好的土壤。

［园林用途］较大型阴生观叶植物，悬吊于室内也别具热带风情，也可植于热带园林树木下或假山岩石上；盆栽的小型植株则可用于布置明亮的客厅、会议室及书房、卧室。

### 4. 肾蕨 *Nephrolepis cordifolia*

［别名］石黄皮

［科属］肾蕨科肾蕨属

［形态特征］附生或土生。根状茎直立，被蓬松的淡棕色长钻形鳞片；匍匐茎棕褐色，疏被鳞片。叶密集簇生，具短柄，其基部和叶轴上也具鳞片；叶披针形，一回羽状全裂，羽片无柄，叶浅绿色，近革质，具疏浅钝齿（图8-172）。

［分布与习性］原产于热带及亚热带地区；我国华南各地山地林缘有野生。喜温暖潮湿环境，喜半阴，忌强光直射，不耐寒，较耐旱；耐瘠薄，

图8-169　铁线蕨

图8-170　欧洲凤尾蕨

图8-171　巢　蕨

自然萌发力强，以疏松、肥沃、透气、富含腐殖质的中性或微酸性砂壤土为最好。

[园林用途] 盆栽可点缀于书桌、茶几、窗台和阳台，也可盆栽悬挂于客室和书房。在园林中可作阴性地被植物或布置在墙角、假山和水池边。其叶片可作切花、插瓶的陪衬材料。

**5.‘波士顿’蕨 *Nephrolepis exaltata* ‘Bostoniensis’**

[别名] 波斯顿蕨

[科属] 肾蕨科肾蕨属

[形态特征] 植株高 30~80cm。根状茎短而直立，向上有丛生叶，向下有线状匍匐茎从叶腋向四周扩展。叶长可达 1m，叶草质、光滑，叶形变化多端；孢子囊群圆形，生于每组叶脉的上侧一小脉顶端，囊群盖圆肾形或少为肾形，以缺刻着生，暗棕色，宿存。孢子椭圆形或肾形，不具周壁，外壁表面具不规则的疣状纹饰（图 8-173）。

[分布与习性] 原产于美洲雨林地区，我国已引种栽培。忌阳光直射，喜明亮散射光的半阴环境，性喜温暖。

[园林用途] 常以盆栽或吊篮置于阳台或居室的窗边。

**6. 鹿角蕨 *Platycerium wallichii***

[别名] 重裂鹿角蕨、长叶鹿角蕨

[科属] 鹿角蕨科鹿角蕨属

[形态特征] 附生植物。根状茎肉质。叶二列；基生不育叶（腐殖叶）宿存，厚革质，先端截形，全缘，主脉两面隆起，叶脉不明显，两面疏被星状毛，初时绿色，不久枯萎，褐色；正常能育叶常成对生长，下垂，灰绿色，基部楔形，下延，近无柄，内叶脉粗而突出。孢子囊散生于主裂片第一次分叉的凹缺处以下，不到基部，初时绿色，后变黄色；隔丝灰白色，星状毛。孢子绿色（图 8-174）。

[分布与习性] 产于我国云南西南部盈江县那邦坝，海拔 210~950m 山地雨林中；缅甸、印度东北部、泰国也有分布。喜温暖阴湿环境，怕强光直射，以散射光为好，冬季温度不低于 5℃，土壤以疏松的腐叶土为宜。

图8-172 肾 蕨

图8-173 ‘波士顿’蕨

图8-174 鹿角蕨

[园林用途] 株形小巧，叶形别致，是园林绿化中良好的观叶植物。可作悬吊式或镶挂式布置，是室内立体绿化的好材料。

**7. 卷柏 *Selaginella tamariscina***

[别名] 九死还魂草、见水还

[科属] 卷柏科卷柏属

[形态特征] 土生或石生，复苏蕨类，呈垫状。根托生于茎基部，根多分叉，密被毛，和茎及分支密集形成树状主干，主茎自中部羽状分支或不等二叉分支，非“之”字形，无关节，禾秆

图8-175　卷　柏

图8-176　翠云草

色或棕色，侧枝 2~5 对，二至三回羽状分支，小枝稀疏，规则，分支无毛。叶交互排列，二型，叶质厚，光滑，边缘具白边。孢子叶穗紧密，四棱柱形，单生于小枝末端（图 8-175）。

［分布与习性］我国大部分地区均产；俄罗斯西伯利亚、朝鲜半岛、日本、印度和菲律宾有分布。抗旱力极强，干时内卷成团，有水分时舒展开来；盛夏见干浇水，冬天扣水。耐瘠薄，通常不需施肥；要求疏松、排水良好的砂质土壤。

［园林用途］姿态优美，易栽培，常盆栽或配置成山石盆景观赏。园林中多植于假山、山石护坡上。

8. 翠云草 ***Selaginella uncinata***

［别名］吊兰翠、蓝地柏、绿绒草

［科属］卷柏科卷柏属

［形态特征］小枝常疏散，有长的横走茎，走茎上小枝远生；主茎禾秆色，茎圆柱状，具沟槽，二回羽状分支，小枝排列紧密。叶蓝绿色，交互排列，二型，光滑全缘，具白边；主茎的叶较疏，二型，绿色（图 8-176）。

［分布与习性］我国特有，其他国家也有栽培。生于海拔 40~1000m 的山谷林下，多腐殖质土壤或溪边阴湿杂草中，以及岩洞内、湿石上或石缝中。喜温暖湿润的半阴环境。有较强的抗旱性，生长适温 15~24℃；生长空气相对湿度以 60%~80% 为宜；栽植以秋冬季和早春的生长“停滞期”为宜，生长期注意遮阴和保湿。

［园林用途］常盆栽作小型室内观叶植物，最宜悬挂观赏，可置于书桌案头、茶几，或室内角隅的高脚花架上，其枝密叶小，垂于盆边的匍匐茎嫩时翠绿如片片云，老时蓝光灼灼，观赏价值较高。

## 小　结

我国风景园林花卉种类繁多、应用形式多样。在进行风景园林花卉认识的过程中，需要学习不同科属花卉的识别特点，掌握其生长习性、观赏特性及园林应用特点，并能够在实践中根据实际需求选择对应的花卉材料进行配置和种植。

## 思考题

1. 什么是草坪草？简述草坪草的常见分类及选择要点，并各举两例说明。
2. 列举你所在地区 5 种常见的一、二年生花卉，简述其主要识别特征、分布习性以及园林用途。
3. 试述蕨类植物与其他花卉植物在风景园林植物应用中的差异性。
4. 根据四季常绿、三季有花的原则，就所在地区自然条件选择 20 种风景园林花卉（可搭配少量灌木）进行花境设计。

# 参考文献


曹福亮，2014. 银杏奥秘 [M]. 北京：中国林业出版社 .

曹福亮，汪贵斌，郁万文，2014. 银杏叶用林定向培育技术体系的集成 [J]. 南京林业大学学报（自然科学版），38(6)：146-152.

陈俊愉，1994. 中国花经 [M]. 上海：上海文化出版社 .

陈俊愉，2001. 中国花卉品种分类学 [M]. 北京：中国林业出版社 .

陈瑞丹，周道瑛，2019. 园林种植设计 [M]. 2 版 . 北京：中国林业出版社 .

陈有民，2011. 园林树木学 [M]. 2 版 . 北京：中国林业出版社 .

邓莉兰，2010. 风景园林树木学 [M]. 北京：中国林业出版社 .

董丽，2020. 园林花卉应用设计 [M]. 4 版 . 北京：中国林业出版社 .

冷平生，2013. 园林生态学 [M]. 2 版 . 北京：中国农业出版社 .

刘燕，2020. 园林花卉学 [M]. 4 版 . 北京：中国林业出版社 .

芦建国，2008. 种植设计 [M]. 北京：中国建筑工业出版社 .

马炜梁，2015. 植物学 [M]. 2 版 . 北京：高等教育出版社 .

潘瑞炽，2012. 植物生理学 [M]. 7 版 . 北京：高等教育出版社 .

潘远智，车代弟，2018. 风景园林植物学 [M]. 北京：中国林业出版社 .

圣倩倩，2019. 园林植物对大气 $NO_2$ 消减能力的实践评价与耐受机理试验研究 [D]. 南京：南京林业大学 .

苏雪痕，2012. 植物景观规划设计 [M]. 北京：中国林业出版社 .

孙筱祥，2011. 园林艺术及园林设计 [M]. 北京：中国建筑工业出版社 .

汤庚国，2019. 风景园林树木学 [M]. 重庆：重庆大学出版社 .

臧德奎，2012. 园林树木学 [M]. 北京：中国建筑工业出版社 .

张德顺，芦建国，2018. 风景园林植物学（上）[M]. 上海：同济大学出版社 .

张德顺，芦建国，2018. 风景园林植物学（下）[M]. 上海：同济大学出版社 .

张天麟，2010. 园林树木 1600 种 [M]. 北京：中国建筑工业出版社 .

赵九洲，邢春艳，2019. 风景园林树木学 [M]. 重庆：重庆大学出版社 .

中国科学院中国植物志编辑委员会，1988. 中国植物志 [M]. 北京：科学出版社 .

祝遵凌，2007. 高速公路边坡生态恢复及景观重建 [D]. 南京：南京林业大学 .

祝遵凌，2015. 园林树木栽培学 [M]. 2 版 . 南京：东南大学出版社 .

祝遵凌，2019. 园林植物景观设计 [M]. 2 版 . 北京：中国林业出版社 .

# 附 录

## 附录1 植物拉丁名索引

（按字母顺序排列）

# 附录2 植物中文名索引

（按拼音顺序排列）